Wissenschaftliche Taschenbücher

Biologie

Richard Campbell

Akademie-Verlag · Berlin

WTB Wissenschaftliche Taschenbücher

Eine Auswahl lieferbarer Bände:

HEINRICH ARNOLD
Physikalische Chemie der Halbleiter

JOACHIM AUTH / DIETMAR GENZOW
KLAUS H. HERRMANN
Photoelektrische Erscheinungen

HANS BANDEMER
ANDREAS BELLMANN
WOLFHART JUNG / KLAUS RICHTER
Optimale Versuchsplanung

FRANK BEICHELT
Prophylaktische Erneuerung von Systemen

JOACHIM BELLACH / PETER FRANKEN
ELKE WARMUTH / WALTER WARMUTH
Maß, Integral und bedingter Erwartungswert

WOLFRAM BRAUER
HANS-WALDEMAR STREITWOLF
Theoretische Grundlagen der Halbleiterphysik

SIEGFRIED BREHMER
Einführung in die Maßtheorie

SIEGFRIED BREHMER
Hilbert-Räume und Spektralmaße

JOHN CUNNINGHAM
Vektoren

GEORG DAUTCOURT
Relativistische Astrophysik

K. CH. DELOKAROV
Relativitätstheorie und Materialismus

HANNELORE FISCHER
JOACHIM PIEHLER
Modellsysteme der Operationsforschung

GOTTFRIED FRITZSCHE
Grundlagen und Entwurf passiver Analogzweipole
Netzwerke I
Entwurf passiver Analogvierpole
Netzwerke II
Entwurf aktiver Analogsysteme
Netzwerke III

HERBERT GOERING
Asymptotische Methoden zur Lösung von Differentialgleichungen

HERBERT GOERING
Elementare Methoden zur Lösung von Differentialgleichungsproblemen

EDUARD HERLT / NIKOLAUS SALIÉ
Spezielle Relativitätstheorie

HELMUT HESS
Der elektrische Durchschlag in Gasen

V. I. KARPMAN
Nichtlineare Wellen in dispersiven Medien

ULRICH KAUSMANN
KLAUS LOMMATZSCH
FRANTIŠEK NOŽIČKA
Lineare parametrische Optimierung

A. R. KESSEL
Akustische Kernresonanz

KONRAD KREHER
Festkörperphysik

DIETER KRESS
Theoretische Grundlagen der Signal- und Informationsübertragung

DIETER LEUSCHNER
Grundbegriffe der Thermodynamik

W. S. LETOCHOW
Laserspektroskopie

DIERCK-EKKEHARD LIEBSCHER
Relativitätstheorie mit Zirkel und Lineal

WOLFGANG MEILING
Digitalrechner in der elektronischen Meßtechnik
Teil 1: Meßmethodik
Teil 2: Gerätetechnik und Anwendungen

GERNOT NEUGEBAUER
Relativistische Thermodynamik

L. I. MIROSCHNITSCHENKO
Kosmische Strahlung im interplanetaren Raum

PETER PAUFLER
GUSTAV E. R. SCHULZE
Physikalische Grundlagen mechanischer Festkörpereigenschaften
Teil I und II

ALBRECHT ROST
Messung dielektrischer Stoffeigenschaften

J. V. SAČKOV
Wahrscheinlichkeit und Struktur

E. M. SAWIZKI
Perspektiven der Metallforschung

WOLFGANG SCHÄFER
Theoretische Grundlagen der Stabilität technischer Systeme

ERNST SCHMUTZER
Symmetrien und Erhaltungssätze der Physik

VOLKMAR SCHURICHT
Kernexplosionen für friedliche Zwecke

NORBERT SIEBER
HANS-PETER LEIDHOLD
Einführung in die Datenverarbeitung

Festkörperphysik
Entwicklungstendenzen und Anwendungsmöglichkeiten

Die Schöpfer der physikalischen Optik
Eine Artikelsammlung

HANS-GEORG SCHÖPF
Von Kirchhoff bis Planck

HORST MELCHER
Albert Einstein wider Vorurteile und Denkgewohnheiten

RENATE WAHSNER
Mensch und Kosmos
Die copernicanische Wende

HELMUT FRIEMEL / JOSEF BROCK
Grundlagen der Immunologie

EBERHARD HOFMANN
Funktionelle Biochemie des Menschen
Band 1 und 2

LOTHAR JÄGER
Grundlagen der Klinischen Immunologie

KARLHEINZ LOHS
DIETER MARTINETZ
Entgiftung – Mittel, Methoden und Probleme

JOACHIM NITSCHMANN
Entwicklung bei Mensch und Tier

STEPHAN SCHNITZLER
Pharmakologische Aspekte von Immunreaktionen

DIETER SPAAR
HELMUT KLEINHEMPEL
HANS JOACHIM MÜLLER
KLAUS NAUMANN
Bakteriosen der Kulturpflanzen

Eberhard Teuscher
Pharmakognosie
Teil I–III

Heinrich Bremer
Klaus-Peter Wendlandt
Heterogene Katalyse

Peter Birner
Hans-Jörg Hofmann
Cornelius Weiss
MO-theoretische Methoden in der organischen Chemie

Günter Eppert
Einführung in die Schnelle Flüssigchromatographie

Gerhard Geiseler / Heinz Seidel
Die Wasserstoffbrückenbindung

Falko H. Herrmann
Martina Ch. Herrmann
Das Hämoglobin des Menschen

Helmut Hrapia
Einführung in die Chromatographie

Hans Luppa
Grundlagen der Histochemie
Teil I und II

Hasso Meinert
Fluorchemie

Dieter Onken
Antibiotika – Chemie und Anwendung

Joachim Schuppan
Theorie und Meßmethoden der Konduktometrie

Joachim Schuppan
Anwendungen der Konduktometrie

Kurt Schwabe
pH-Messung

Vorschau auf die nächsten Bände:

Ernst-Joachim Donth
Glasübergang

Gottfried Fritzsche
Zeitdiskrete und digitale Systeme
Netzwerke IV

I. T. Frolow / S. A. Pastusny
Der Mendelismus und die philosophischen Probleme der modernen Genetik

Martin Heinrich / Heinz Ulbricht
Mechanik der Kontinua

Wolfgang A. Knorre
Pharmakokinetik
Theoretische Grundlagen und praktische Anwendungen

Karl Lanius
Physik der Elementarteilchen

Dieter Michel
Grundlagen und Methoden der kernmagnetischen Resonanz

Volker Nollau
Semi-Markovsche Prozesse

Peter Paufler
Phasendiagramme

Volkmar Schuricht
Fusionsreaktoren und Umwelt

Werner Stolz
Reinhold Bernhardt
Dosimetrie ionisierender Strahlung

WTB

BAND 272

Richard Campbell

Mikrobielle Ökologie

mit 55 Abbildungen und 24 Tabellen

AKADEMIE-VERLAG · BERLIN

Reihe BIOLOGIE

Herausgeber:
Prof. Dr. H. Bochow, Berlin
Prof. Dr. H. Böhme, Gatersleben
Prof. Dr. H. Borriss, Greifswald
Prof. Dr. E. Hofmann, Leipzig
Prof. Dr. J. O. Hüsing, Rerik
Prof. Dr. U. Taubeneck, Jena

Übersetzt von:
Martin Bauer

Titel der Originalausgabe:
Microbial Ecology
Basic Microbiology Volume 5
Blackwell Scientific Publications, Oxford, London, Edinburgh, Melbourne

R. Campbell, BSc, MS, PhD, Department of Botany
University of Bristol

1981

Lizenzausgabe für die DDR: Akademie-Verlag,
DDR-1080 Berlin, Leipziger Straße 3—4
Lizenznummer: 202 · 100/539/80
Herstellung: VEB Druckhaus „Maxim Gorki", DDR-7400 Altenburg
Bestellnummer: 762 848 7 (7272) · LSV 1344, 1374
Printed in GDR
DDR 12,50 M
ISSN 0084 0963

Inhaltsverzeichnis

Vorwort

Dieses Buch ist ein Versuch, die Aktivitäten und die Verteilung von Mikroorganismen auf der Basis der chemischen Umsetzungen, die sie bewirken, und die Lebensräume, in denen sie vorkommen, zu beschreiben. Die physiologische Seite der mikrobiellen Ökologie soll hier nicht weiter ausgeführt werden, da meiner Ansicht nach die Notwendigkeit besteht, dieses Gebiet unter dem Aspekt der Wechselwirkungen in den Organismen-Gesellschaften zu betrachten. Diese Betrachtungsweise wird durch die sehr unterschiedliche Informationsqualität und -quantität über die verschiedenen Gruppen der Mikroorganismen erschwert, ebenso durch die unterschiedlichen Untersuchungsschwerpunkte der Spezialisten, die die einzelnen Gruppen bearbeitet haben. Ich habe versucht, die Algen, Protozoen, Bakterien und Pilze in den einzelnen Lebensräumen gemäß ihrer relativen Bedeutung in einem ausgewogenen Verhältnis darzustellen.

Ich danke allen meinen Kollegen der botanischen und bakteriologischen Abteilungen der Universität Bristol, die meine Fragen beantwortet und mir geholfen haben. Besonders danke ich Prof. D. C. Smitz, Dr. A. Beckett und S. Shales für ihren Rat während der Vorbereitung des Manuskripts. Ich möchte mich auch bei Tim Colborn bedanken, der bei vielen Illustrationen geholfen hat, und Jean Hancock für die Schreibarbeit. Schließlich möchte ich auch noch alle die erwähnen, deren Veröffentlichungen und Bücher mir wertvolle Ideen oder Informationen lieferten, die im Text aber nicht gesondert zitiert worden sind.

R. Campbell

1. Einleitung und Untersuchungsmethoden

1.1. Einleitung

Unter Ökologie versteht man die Beziehungen zwischen den Organismen und der Umwelt, in der sie leben. Dabei denkt man normalerweise an „natürliche" Lebensräume. Die Ökologie umfaßt jedoch auch Lebensräume von Städten und Industrieregionen, zumal es in den meisten industrialisierten Ländern tatsächlich keine Gebiete mehr gibt, die vom Menschen unberührt sind. Darüber hinaus ist der Mensch oft gerade an den stark gestörten Systemen am meisten interessiert: Er möchte wissen, was mit den im Boden lebenden Organismen geschieht, wenn er intensive Landwirtschaft betreibt, oder wie die Flüsse mit den Abwässern fertig werden, die er in sie einleitet. Das gegenwärtige Interesse an der Ökologie hat zu Untersuchungen in zwei Hauptrichtungen geführt: erstens, herauszufinden, wie natürliche Lebensräume funktionieren, solange noch Zeit zu solchen Untersuchungen ist, und zweitens, den Einfluß des Menschen auf diese natürlichen Vorgänge zu untersuchen.

Die Ökologie der Mikroorganismen umfaßt Bakterien, Pilze, Protozoen und Algen (siehe Literaturzitat [8] zur Erklärung der Gruppen). Ihr Größenbereich geht von weniger als einem Mikrometer (μm) bis zehn und mehr Dutzend μm. Sie zeigen große Unterschiede in ihren Lebensansprüchen und ihrer Toleranz gegen ungünstige Bedingungen. Sie können aerob oder anaerob, heterotroph, chemo- oder photoautotroph sein (weitere Literatur s. [2] und [8]). Die grundlegenden Prinzipien und Konzepte der Ökologie von Mikroorganismen entsprechen denen, die bereits für höhere Tiere und Pflanzen ausgearbeitet wurden. Bei den Mikroorganismen treten aber zusätzliche Probleme und Schwierigkeiten auf. So sind sie z. B. zu klein, um mit dem bloßen Auge gesehen zu werden. Man kann nicht einfach in ein Feld gehen und die Bakterien zählen, so wie man höhere Pflanzen durch Bestimmen und Auszählen aufnimmt. Eines der Hauptprobleme in der Ökologie der Mikroorganismen ist daher die Methodologie. Die wenigen verläßlichen Daten über Verteilung, Anzahl und Produktivität von Mikroorganismen, die bisher ermittelt wurden, bleiben einer der einschränkenden Faktoren in der Entwicklung einer mikrobiellen Ökologie als quantitativer Wissenschaft. Wir werden später in diesem Kapitel besprechen, welche Methoden zur Verfügung stehen.

Die geringe Größe der Mikroorganismen führt bei einer sehr großen Oberfläche im Verhältnis zum Volumen zu einem sehr engen Kontakt mit ihrer Umwelt. Über diese große Oberfläche können die Umweltfaktoren stark auf den Organismus einwirken. Viele der heterotrophen Organismen produzieren außerdem extrazelluläre Enzyme, die innerhalb der gepufferten Zelle mit ihrem kontrollierten Ionenmilieu nicht enthalten sind. Mikroorganismen sind daher ganz besonders empfindlich gegenüber Änderungen von Temperatur, Licht, pH-Wert, organischen und anorganischen Nährstoffen, Kohlendioxid, Sauerstoff, Wasser usw. Extremwerte dieser Faktoren können auf Mikroorganismen eine stärkere Wirkung ausüben als auf höhere Pflanzen und Tiere, die in mancher Hinsicht besser gegen die Umwelt geschützt sind (s. Lit. [2] für detaillierte Ausführungen über den Einfluß der Umwelt auf Mikroorganismen).

Es gibt im makroskopischen Bereich viele verschiedene Lebensräume, die durch gut untersuchte, oft charakteristische Gesellschaften höherer Pflanzen und Tiere gekennzeichnet sind. Es ist wahrscheinlich, daß auch die mikrobielle Flora und Fauna dieser Gesellschaften charakteristisch ist. Innerhalb solcher Lebensräume gibt es zudem Mikro-Habitate, die beispielsweise eine bestimmte Bodenart besitzen. Für Mikroben ist es darüber hinaus wichtig, um welchen Teil dieses Bodens (Bodenhorizonte vgl. Kap. 6.) es sich handelt, ja sogar um welches Bodenpartikel, sind sie mineralisch oder organischer Art. Davon hängen beispielsweise die verfügbaren Nährstoffe ab. In der Mikrobiologie sind Lebensräume in der Dimension eines Mikrometers oder höchstens Millimeters bedeutend. An diese Bereiche muß man seine Gedanken und Vorstellungen anpassen können, um zweierlei zu verstehen, einmal die großen Habitat-Variationen, zum anderen die sehr kleinen Dimensionen, in denen Änderungen der mikrobiellen Gesellschaften auftreten können.

Eine Folge der großen morphologischen Unterschiede und der chemischen Fähigkeiten von Mikroorganismen ist, daß sie in einer bemerkenswerten Vielfalt von Lebensräumen leben oder zumindest überleben können. Man findet sie überall dort auf der Erde, wo höhere Pflanzen und Tiere existieren, aber daneben noch in viel unwirtlicheren Biotopen, wie z. B. Tiefsee-Sedimenten oder den oberen Schichten der Atmosphäre. Manche können unter den Bedingungen des Weltalls überleben. So wurden sie z. B. vom Menschen zum Mond gebracht, wo sie außerhalb der Raumschiffe zumindest mehrere Monate lang überleben können.

Mikroorganismen sind im allgemeinen so weit verbreitet, daß sie überall dort, wo sie zu leben und zu wachsen vermögen, mit großer Wahrscheinlichkeit auch vorkommen. Oder anders ausgedrückt, wenn ein Mikroorganismus dort nicht vorhanden ist, so hat dies gewöhnlich einen Grund. Es ist daher schwierig, einen Mikroorganismus in eine fest etablierte Umwelt einzuführen, in der er gegenwärtig nicht existiert. Jede Störung des existierenden Gleichgewichts von biotischen und abiotischen Faktoren kann zu einer zeitweiligen Verschiebung in der Population führen, aber es wird sich bald ein neues Gleichgewicht einstellen. Lebensgemeinschaften, einschließlich der mikrobiellen, sind von Natur aus stabil; gleichzeitig sind sie jedoch dynamische Strukturen. Beispiele für diesen scheinbaren Gegensatz werden wir in späteren Kapiteln kennenlernen.

1.2. Untersuchungsmethoden der mikrobiellen Ökologie

Es ist nicht das Ziel dieses Abschnittes, die Methoden detailliert darzustellen, da diese leicht in der Literatur [1, 5, 6 und 7] nachzulesen sind. Statt dessen sollen einige Prinzipien und generelle Methoden vorgestellt werden.

Mikroorganismen müssen unter dem Mikroskop untersucht oder durch Kultivierung zu größeren Kolonien sichtbar gemacht werden. Beide Prozesse sind zeitaufwendig, und die Menge des untersuchten Materials ist im Verhältnis zu der des gesamten Habitats gewöhnlich sehr klein. Andererseits verlangt die Heterogenität der mikrobiellen Gesellschaften, daß zur Gewinnung repräsentativer Daten die Probe relativ groß sein muß. Dies ist ein grundlegender Konflikt in der Methodik der mikrobiellen Ökologie. In der Vergangenheit haben Mikroben-Ökologen oft auf statistische Absicherung verzichtet, die in der allgemeinen Ökologie als unerläßlich angesehen wird. Doch das ändert sich jetzt, da man erkannt hat, daß einige wenige, mühsam gewonnene Zahlen, die statistisch abgesichert sind, wertvoller sind als große Mengen an Daten, die weder objektiv verglichen noch analysiert werden können. Gleichgültig, welche spezielle Methode man verwendet, es wird eine lange, vielleicht ermüdende Arbeit werden, verläßliche Daten zu gewinnen, die die Beziehungen zwischen verschiedenen Mikroorganismen oder zwischen diesen und ihrer Umwelt ausdrücken.

Alle gebräuchlichen Methoden zählen in irgendeiner Form die Anzahl der Organismen. Die Anzahl allein enthält aber keine Information darüber, ob die Organismen aktiv oder inaktiv waren, und berücksichtigt auch nicht ihre Größe. Daher ist es nicht möglich, die ökologische Bedeutung von einem Organismus allein von seiner Anzahl her einzuschätzen. Die Biomasse am natürlichen Standort sagt mehr aus als Zahlen, sie trägt aber nicht den unterschiedlichen Stoffwechselraten der verschiedenen Organismen Rechnung. Im allgemeinen nimmt die Stoffwechselaktivität pro Masseneinheit ab, wenn die Masse zunimmt. Es kann daher vorkommen, daß ein großes Protozoon einem viel kleineren, aber stoffwechselaktiveren Bakterium gleichwertig ist (Tab. 1–1). Eine Zählung ist leichter als eine Bestimmung der Biomasse, am schwierigsten ist jedoch die Messung der Stoffwechselaktivität. Jede dieser Methoden soll nun vorgestellt werden.

Die direkte Untersuchung bedeutet die Beobachtung der Organismen — gewöhnlich mit dem Lichtmikroskop — und das Auszählen ihrer Anzahl oder bei filamentösen Organismen wie Pilzen und einigen Algen das Messen ihrer Länge. Die Ergebnisse (bei direkter Zählung) können als Anzahl pro Flächeneinheit, Volumen oder Gewicht dargestellt werden. Die Größe kann gemessen werden, um eine Abschätzung der Biomasse zu ermöglichen. In letzter Zeit hat die Vielfalt der benutzten Techniken stark zugenommen, einschließlich Phasenkontrast-, Normarski-Interferenz- und Fluoreszenzmikroskopie. Letztere kann eine generelle Färbung der Organismen (z. B. mit Acridin-Orange) umfassen, sie kann sich aber auch speziell für einen bestimmten Organismus durchführen lassen, indem der Fluoreszenzfarbstoff an einen Antikörper gekoppelt wird. Auch Elektronenmikroskope, sowohl Durchlicht- als auch Rasterelektronenmikroskope werden zur direkten Untersuchung von Mikroorganismen herangezogen [6].

Die Vielfalt der Methoden zur Kultur von Mikroorganismen ist groß. Es kann nötig sein, die Probe zu verdünnen oder zu konzentrieren, damit eine sinnvolle Zahl von Mikroorganismen auf jeder Kulturplatte oder in jeder Röhre wächst. Die grundlegende Annahme dabei ist, daß jeder Keim zur Entstehung einer makroskopi-

Tabelle 1-1

Durchschnittliche Sauerstoff-Aufnahme (Q_{O_2}), Zellgröße und verbrauchter Sauerstoff pro Zelle unter Laborbedingungen. Beachten Sie, daß einzelne Organismen an der gesamten Atmung des Lebensraumes unterschiedliche Anteile haben. Der Sauerstoff-Verbrauch von *Azotobacter* ist wegen der Fähigkeit des Bakteriums, Stickstoff zu binden, besonders hoch (Kap. 4).

Organismus	Q_{O_2}*)	Nettogewicht einer einzelnen Zelle in mg	µl verbrauchter Sauerstoff/ Zelle/h**)
Bakterien			
Azotobacter chroococcum	6000	$2{,}2 \cdot 10^{-9}$	$2{,}6 \cdot 10^{-4}$
Pseudomonas fluorescens	60	$1{,}7 \cdot 10^{-10}$	$2{,}0 \cdot 10^{-3}$
Pilze			
Saccharomyces cerviseae	95	$7{,}0 \cdot 10^{-8}$	$1{,}3 \cdot 10^{-6}$
Protozoen			
Paramecium aurelia	6	$5{,}0 \cdot 10^{-4}$	$6{,}2 \cdot 10^{-4}$
Algen			
Chlorella vulgaris	70	$3{,}0 \cdot 10^{-8}$	$4{,}0 \cdot 10^{-7}$

*) µl Sauerstoff/mg Trockenmasse/h
**) angenommen wird ein Wassergehalt von 80% des Gewichts

schen Kolonie führt, die ausgezählt werden kann. Diese Annahme kann kritisiert werden, da die Zellen in Verbänden oder Mikrokolonien zusammenhängen können oder das benutzte Medium vielleicht nicht zum Wachstum aller Mikroorganismen geeignet ist. Diese beiden Aspekte führen zu geringeren Werten als wirklich vorliegen; oft betragen die durch Kultivierung ermittelten Werte nur 1 bis 10% der direkten Zählungen im Boden, in Wasser manchmal sogar noch weniger. Dies kann zum Teil darauf beruhen, daß bei der direkten Methode neben den lebenden auch die toten Zellen mitgezählt werden (Tab. 1–2). Ein anderes Problem bei Kulturmethoden besteht darin, daß bei Pilzen und in gewissem Grade auch

Tabelle 1-2

Ein Vergleich der durch direkte Beobachtung und durch Kultur auf Verdünnungsplatten ermittelten Bakterienzahlen.

Herkunft der Probe	Verhältnis der direkten Zählungen zu Zählungen von Verdünnungsplatten
Bakterien im Boden und auf Wurzeln*)	
a) Wurzeloberfläche, Pflanze 17 Wochen alt	2,6
b) Boden um die Wurzel, Pflanze 17 Wochen alt	3,1
c) unbepflanzter Boden, 17 Wochen nach Beginn des Experiments	9,2
Bakterien auf Wurzeloberfläche, Pflanze 12 Wochen alt**)	10,2
Bakterien in marinen und küstennahen Gewässern+)	
a) direkte Zählung von Material, das mit einem Millipore-Filter abgetrennt wurde	147,0
b) direkte Zählung einer konzentrierten Wasserprobe	2.100,0

Aus:
*) Louw, H. A., und Webley, D. M. (1959), Journal of applied Bacteriology *22*, 216–226.
**) Rovira, A. D., Newman, E. I., Bowen, H. J., und Campbell, R. (1974), Soil Biology and Biochemistry *6*, 211–216.
+) Jannasch, H. W., und Jones, G. E. (1959), Limnology and Oceanography *4*, 128–139.

bei Algen die Anzahl wenig bedeutet. Es ist nicht leicht zu erkennen, ob die makroskopischen Pilzkolonien aus einer Hyphe oder einer Spore hervorgegangen sind und im ersteren Fall, wie groß das Hyphenstück war, d. h. welche Biomasse es hatte. Genaue Untersuchungen der Herkunft von Pilzkolonien haben gezeigt, daß diese meistens aus Sporen hervorgehen, die am natürlichen Standort in einem Ruhestadium vorliegen. Wiederholte Zellzahlbestimmungen mit Hilfe von Verdünnungsplatten während eines längeren Zeitraumes (etwa eines Jahres) können zu einer brauchbaren Ermittlung von Zahl und Aktivität für ruhende Zellen führen. Die Sporen werden von lebenden Mycelien produziert und ihre Zahl spiegelt die Zellaktivitäten wider, wenn sie über einen längeren Zeitraum erfaßt wird. Für die Messung der augenblicklichen Aktivität ist ihre Bestimmung nicht geeignet. Die Wahl des Kulturmediums und der gebotenen Milieubedingungen ist bei allen Kultivierungsversuchen eines der größten Probleme. Per Definition können obligate Parasiten in Kultur nicht wachsen. Verschiedene Inkubationstemperaturen, sowohl aerobe als auch anaerobe Bedingungen und verschiedene Nährmedien müssen angewendet werden, um das Wachstum von möglichst vielen verschiedenen Organismen zu gewährleisten. Die bei den Kultivierungsmedien und -bedingungen auftretenden Probleme werden genutzt, um durch verschiedene selektive Kulturmethoden bestimmte Organismengruppen zu isolieren. So ist bei Algenkulturen normalerweise keine Kohlenstoffquelle im Medium enthalten, und die Platten werden im Licht inkubiert. Stickstoffbindende Organismen (Kap. 4) können auf stickstofffreiem Medium isoliert werden, auf dem die meisten anderen heterotrophen Organismen nicht wachsen können. Daneben ist es möglich, bestimmte Organismen durch die Anwendung von Antibiotika, durch Belüftungs- und Temperaturbedingungen zu selektionieren. Eine weitere Möglichkeit ist das Pasteurisieren der Impfkultur, damit nur die Sporen überleben. Alle diese Methoden erlauben eine Auszählung der Organismen. Daneben gibt es aber auch Kulturmethoden, die nur darauf abzielen, eine ungefähre Anzahl zu ermitteln bzw. zu klären, ob bestimmte Mikroben vorkommen oder fehlen: es sind Anreicherungsmethoden. Sie werden angewendet, wenn der untersuchte Mikroorganismus im Lebensraum sehr selten vorkommt, so daß er bei den üblichen Methoden zwischen den vielen Kolonien anderer Organismen verlorenginge. Die natürliche Boden- oder Wasserprobe wird mit einem Substrat angereichert, das den gesuchten Organismus fördert; sobald dieser zahlenmäßig zugenommen hat, kann er isoliert werden. So können z. B. schwefeloxidierende Bakterien (Kap. 5) durch Zugabe von Schwefel und Calciumphosphat zum Boden angereichert werden, schwefelreduzierende Bakterien durch anaerobes Inkubieren des Wassers oder Sediments in Gegenwart hoher Konzentrationen von Sulfat. Der große Vorteil solcher Kulturmethoden liegt darin, daß es im Gegensatz zur direkten Untersuchung zwar schwierig, aber doch meist möglich ist, die Organismen der so erhaltenen Kultur zu identifizieren. In der mikrobiellen Ökologie werden Kulturmethoden häufig angewendet, besonders für Bakterien. Sie eignen sich am besten für vergleichende Untersuchungen, bei denen es auf die relative Anzahl wichtiger Arten ankommt, weniger auf eine vollständige Erfassung der Population.

Die dritte Gruppe von Methoden zielt darauf hin, die Stoffwechselaktivität der Mikroorganismen im Lebensraum zu analysieren. Wenn die Größe der Population bekannt ist, kann die Generationszeit (die Zeit, die zwischen zwei aufeinanderfolgenden Zellteilungen vergeht) anhand der Messung der Rate bestimmt werden, mit der mit Tritium markiertes Thymidin in die DNA der Population eingebaut wird. Auf ähnliche Weise kann auch der Verbrauch verschiedener Substrate durch Verwendung radioaktiver Tracer gemessen werden; dabei müssen die Menge der eingesetzten Verbindung und der Weg, auf dem sie in der Umwelt abgebaut wird, bekannt sein. Es wurden Versuche zur Analyse der Aktivität bestimmter allgemein vorkommender Enzyme, wie z. B. der Dehydrogenasen, durchgeführt. Dabei wird vorausgesetzt, daß alle aktiv Stoffwechsel betreibenden Zellen diese Enzyme besitzen und in gleichem Maße verwenden. Die Ergebnisse sind wegen der Komplexität natürlicher Systeme mit ihren vielen verschiedenen Substraten und gegenläufigen biochemischen Reaktionen, die zur gleichen Zeit ablaufen, schwierig zu interpretieren. Auch die Menge des im Lebensraum vorhandenen ATP (Adenosintriphosphat) ist verwendet worden, um die mikrobielle Aktivität zu erfassen (Abb. 1–1). Es wird dabei vorausgesetzt, daß ATP nur in lebenden Organismen vorkommt und daß der ATP-Gehalt innerhalb der Organismen immer ungefähr gleich bzw. für die jeweils untersuchten Arten bekannt ist. Unter natürlichen Bedingungen ist der ATP-Spiegel schwer zu messen, im Labor aber kann er mit einer sehr empfindlichen Analyse bestimmt werden. Etwa 10^{-5} µg ATP/l können noch gemessen werden. Die Biomasse und Aktivität von Algen kann geschätzt werden, indem man die Menge des Chlorophylls und anderer Pigmente mißt (s. Abb. 7–9). Diese Bestimmung geschieht gewöhnlich photometrisch, nachdem die Pigmente mit organischen Lösungsmitteln extrahiert wurden. Die am häufigsten zur Aktivitätsermittlung gebrauchte Methode ist eine Messung der Atmung, bei Algen der Photosynthese auf Grund der Veränderungen im Gasstoffwechsel von Sauerstoff und Kohlendioxid. Diese Methode hat zu einigen

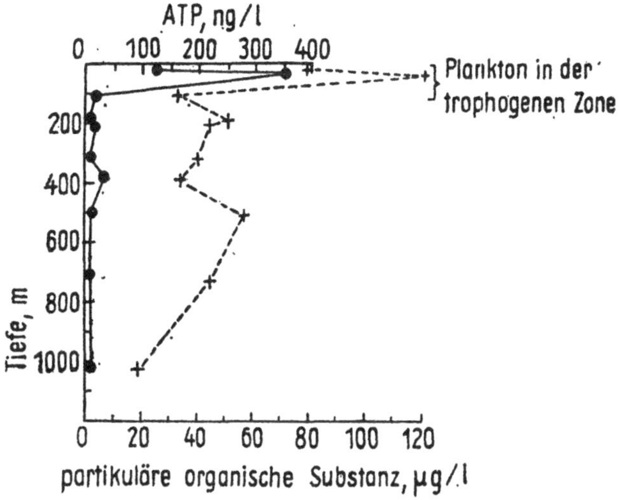

Abb. 1-1. ATP- (Adenosintriphosphat-) Konzentrationen (ng/l) in verschiedenen Tiefen des Pazifischen Ozeans vor der kalifornischen Küste. Die Konzentrationen der partikulären organischen Substanz einschließlich Phytoplankton und Bakterien sind für die gleichen Sammelpunkte angegeben.

●———● ATP-Konzentration

+– – – –+ partikuläre organische Substanz

(Aus: Holm-Hansen, O., und Booth, C. R. (1966), Limnology and Oceanography *11*, 510—519.)

Erfolgen geführt, obgleich dabei Probleme auftraten, z. B. durch anaerobe Mikrohabitate, oder durch die Nutzung von anderen Elektronen-Akzeptoren als Sauerstoff, z. B. Nitrat durch einige Mikroorganismen. Alle diese Methoden zur Messung der Stoffwechselaktivität ergeben normalerweise keine Information über die Arten, die im Lebensraum vorhanden sind.

Diese kurze Übersicht über die allgemeinen Methoden (Abb. 1–2) mag zunächst recht entmutigend klingen. Dennoch ist es möglich, durch Kombination verschiedener Methoden brauchbare Informationen zu erhalten. Voraussetzung ist die Kenntnis ihrer Grenzen. Die sorgfältige Überlegung der präzisen Fragen, die über einen bestimmten Lebensraum zu klären sind, und die Berücksichtigung damit verbundener Einschränkungen kann gewöhnlich zur Auswahl geeigneter Methoden führen. Wenn die Mikroben-

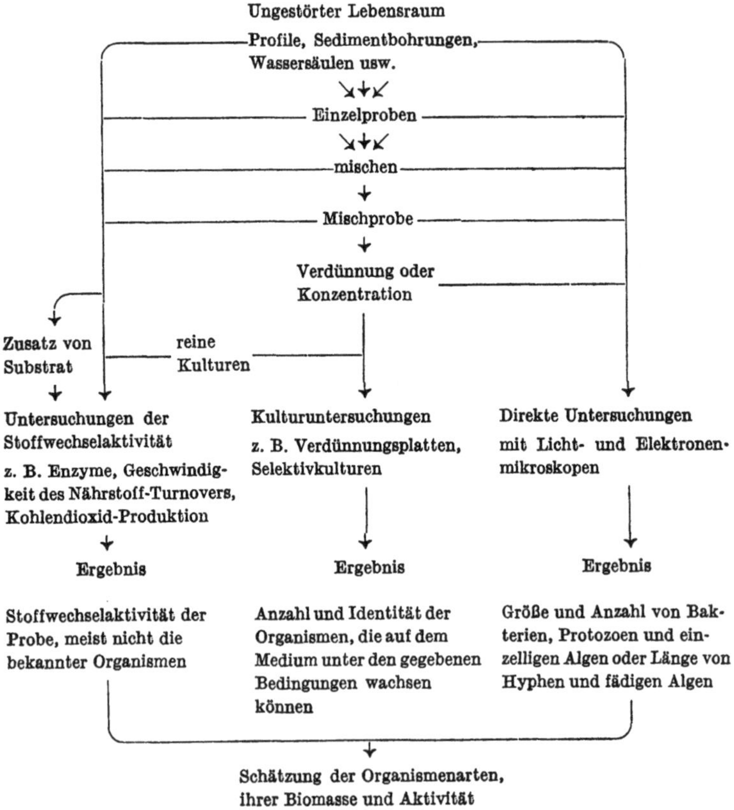

Abb. 1-2. Zusammenfassung der möglichen Methoden zur Untersuchung der Ökologie von Mikroorganismen.

Ökologen auf eine perfekte Technik gewartet hätten, wäre nichts erreicht worden. Der Antrieb zur Entwicklung besserer Methoden ist die Notwendigkeit, bestimmte Aktivitäten messen und bestimmte Probleme lösen zu können.

1.3. Modelle in der mikrobiellen Ökologie

Ein ganz anderer Weg zum Studium der Ökologie der Mikroorganismen bietet die Untersuchung künstlicher, normalerweise vereinfachter Lebensräume an, die im Labor durchgeführt werden kann (s. Abschn. 2.4.). So ist z. B. die Umwandlung von Ammonium- zu Nitrat-Ionen (Kap. 4) ein wichtiger Prozeß, an dem mehrere Gruppen von Mikroorganismen beteiligt sind. Sein Verlauf wurde an Boden- und Wasserproben untersucht, die zunächst sterilisiert und danach mit bekannten Populationen von Mikroorganismen beimpft wurden. Die Reaktionsgeschwindigkeit unter verschiedenen Bedingungen kann durch Entnahme von Proben aus dem System und deren chemische Analyse verfolgt werden. Ähnlich wie bei der Verwendung von Chemostaten ist es so möglich, die Beziehungen innerhalb einer genau bekannten Gesellschaft von Mikroorganismen unter kontrollierten Bedingungen zu untersuchen [3].

Die entscheidende „Vereinfachung" beim Studium der Ökologie der Mikroorganismen wird durch die Konstruktion mathematischer Lebensraum-Modelle erreicht, meist unter Benutzung eines Computers [4]. Dabei werden die komplexen natürlichen Systeme in viele kleine, einfachere Subsysteme zerlegt. Die Wechselbeziehungen zwischen und innerhalb dieser Systeme werden in Form mathematischer Gleichungen dargestellt. Meistens sind diese Modelle dynamisch aufgebaut, so daß Veränderungen über den Zeitverlauf untersucht werden können, die durch Änderungen der verschiedenen, beeinflussenden Parameter herbeigeführt werden. Es sind sowohl Basiswerte für jeden der eingebrachten Faktoren erforderlich, als auch die Veränderungen der Rate unter den jeweils gewählten Bedingungen.

Diese Modelle fordern vom mikrobiell arbeitenden Ökologen dreierlei: das erste und vielleicht wichtigste ist, sie zwingen ihn zu Überlegungen in detaillierter, mathematischer Form über die Faktoren, die bei der Kontrolle von Populationen wichtig sind, und über deren Verknüpfung. Zweitens erfordern Modelle grundlegende Daten und legen so die oft beachtlichen Lücken bloß, die für das Untersuchungsobjekt bestehen. Die Qualität des Inputs entscheidet darüber, wie groß die Aussagekraft des Outputs des Modells sein kann. Drittens führen Modelle zur Aufstellung von Hypothesen oder Voraussetzungen, die dann durch Experimente getestet werden können. Sie können daher den Weg zu sinnvoller Forschung aufzeigen. Während es viele Modelle für Untersuchungen an höheren Tieren und Pflanzen und auch für Energie- und Materialfluß in Ökosystemen gibt, sind Modelle über die mikrobielle Populationsdynamik in natürlichen Habitaten selten und durch die verfügbaren Daten stark eingeschränkt. Neben der Diskussion über die verfügbaren Methoden und deren Verläßlichkeit beschäftigt sich das nächste Kapitel damit, wie die daraus resultierenden Ergebnisse in die allgemeinen Konzeptionen der Ökologie eingefügt sind, die meist aus pflanzlichen und tierischen Systemen entwickelt wurden.

2. Untersuchungsgebiete in der Ökologie der Mikroorganismen

2.1. Energiefluß, Nahrungsketten und trophische Ebenen

Ökosysteme sind niemals statisch. Entweder befinden sie sich in einem dynamischen Fließgleichgewicht, welches einen komplexen negativen Feedback-Mechanismus darstellt, der die Anzahl und Aktivitäten der Individuen kontrolliert. Ober aber die Population ändert sich in einer Weise, daß sie die sich ändernden Material- und Energieniveaus der Umwelt widerspiegelt. Die Energie, meist in Form von Licht oder Wärme, stammt von der Sonne und in einem geringeren Maße aus den Energiereserven der Erde. Sie durchfließt das Ökosystem. Dabei wird sie teilweise von den Organismen des Systems eingefangen und evtl. in Form von Wärme wieder abgegeben oder als chemische Energie in reduzierte Verbindungen überführt. Die Energie wird zunächst von höheren grünen Pflanzen, Algen und einigen Bakterien aufgenommen, die das Licht in der Photosynthese zur Reduktion von Kohlendioxid verwenden. Solche Organismen werden Primärproduzenten genannt und sind meist unabhängig von der Zufuhr organischer Nährstoffe. Daneben gibt es eine kleine Anzahl von Primärproduzenten, den chemosynthetisch aktiven Bakterien, die anstelle von Lichtenergie chemische Energie verwenden können, um reduzierte Kohlenstoff-Verbindungen aufzubauen. Die Höhe der gebundenen Energie ist ein Maß für die Primärproduktion. Sie kann in Energieeinheiten ($kJ/m^2/d$) oder in der entsprechenden Menge organischer Substanz (kg Kohlenstoff$/m^2/d$) ausgedrückt werden.

Der Energiefluß durch das Ökosystem ist also eng mit dem Stofffluß verbunden (Kap. 3.), obwohl die Biomasse der Primärproduzenten nicht unbedingt eng mit der Produktivität gekoppelt sein muß. Die Wirksamkeit der Energiegewinnung ist bei den verschiedenen Organismen unterschiedlich. Die gebildete Biomasse kann das Ergebnis vorangegangener Energiefixierung sein, also nicht unbedingt der gegenwärtigen Rate. Da die Primärproduzenten atmen, wird die Primärproduktivität entweder als Bruttoproduktion (gleich der gesamten Produktionsrate) oder als Nettoproduktion (unter Berücksichtigung des Respirationsverlustes) dargestellt.

Es gibt zwei Hauptwege, auf denen die Primärproduktion eines Ökosystems von heterotrophen Organismen genutzt werden kann. Beim ersten Weg werden die Primärproduzenten in lebendem Zustand von Konsumenten 1. Ordnung (Herbivore) gefressen, die ihrerseits von Konsumenten 2. Ordnung (Carnivore) gefressen werden können. Diese Abfolge wird Nahrungskette genannt (Abb. 2–1). Man spricht von einem Nahrungsnetz, wenn die Beziehungen so komplex sind, daß sie keine lineare Reihe darstellen. Beim zweiten Weg werden die Primärproduzenten nicht lebend gefressen, so daß ihre Körper samt denen der Konsumenten 1. und 2. Ordnung in die Detritus-Nahrungskette eintreten (Abb. 2–1)..

In aquatischen Lebensräumen sind in der Regel Phytoplankter (mikroskopisch kleine, schwebende Algen und Blaualgen) die wichtigsten Primärproduzenten, obwohl in Flachwasserzonen die bodenbewachsenden (benthischen) Makrophyten wie große Tange oder Süßwasserpflanzen größere Bedeutung erlangen können. Die Zooplankter sind im Wasser die wichtigsten Konsumenten 1. Ordnung. Im Meer wird der größte Teil der Primärproduktion

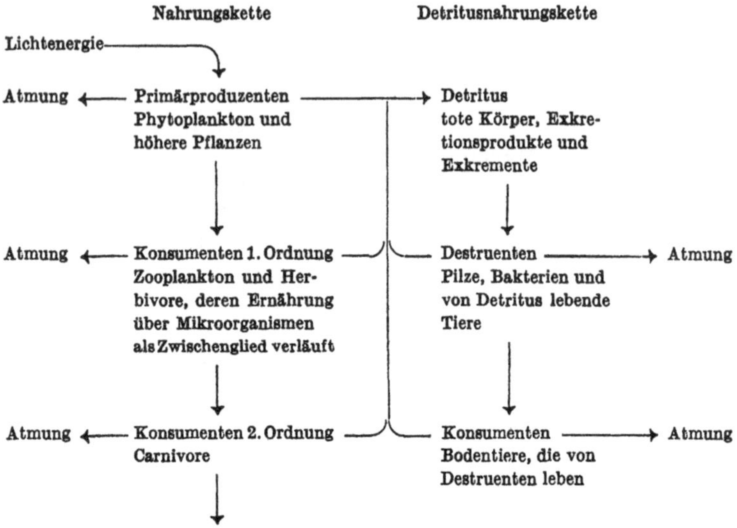

Abb. 2-1. Die Nahrungsketten (s. Abb. 2–2, S. 28, als Erweiterung zu einem Detritus-Nahrungsnetz.)

(90%) von diesen Konsumenten und den restlichen Organismen, die auf dieser Stufe der Nahrungskette leben, umgesetzt (Tabelle 2–1). Im Süßwasser dagegen – einige Autoren berichten aber auch von Untersuchungen im marinen Bereich – gelangt ein beachtlicher Anteil der Primärproduktion in die Detritus-Kette, entweder als partikuläres Material oder als Exsudate (Tab. 2–1). Im Gegensatz hierzu sind Mikroorganismen in terrestrischen Lebensräumen weder bedeutende Primärproduzenten noch werden sie als wichtige Konsumenten in den terrestrischen Nahrungsketten angesehen. Auf dem Land wird ein viel geringerer Teil der Primärproduktion von Herbivoren (Tab. 2–1) umgesetzt; es ist aber interessant, daß die meisten Pflanzenfresser auf Mikroorganismen in ihrem Pansen oder Blinddarm angewiesen sind, um das Pflanzenmaterial in eine von ihnen nutzbare Form aufzuschließen. Man könnte daher sagen, daß die Nahrungsketten auf dem Land ebenfalls von Mikroorganismen abhängig sind. In einer Nahrungskette ist die meiste Energie in den beteiligten Organismen festgelegt.

Unter den Organismen der Detritus-Nahrungskette, in der die Zersetzung stattfindet, spielen die Mikroorganismen oft nicht die dominierende Rolle. Häufig wird der größte Teil des Abbaus von Arthropoden und anderen kleinen Organismen durchgeführt (Abb. 2–2), die auch bei der Zerkleinerung organischer Substanz eine wichtige Rolle spielen. Sie stellen dabei neue Oberflächen für die mikrobielle Besiedlung zur Verfügung. Ihre Exkremente sind hervorragende Substrate für Mikroorganismen, da sie während ihrer Passage durch den Darm mit verschiedenen organischen Verbindungen und Wasser angereichert werden. Die mikrobielle Aktivität, gemessen als Freisetzung von Kohlendioxid, kann auf Fäkalien um ein oder zwei Einheiten höher liegen als auf unverarbeitetem Detritus. In der Detritus-Nahrungskette sind in der Regel Bakterien und Pilze für 90% des Energieflusses verantwortlich. Im Gegensatz zu anderen Nahrungsketten wird hier der größte Teil der Energie nicht in den Organismen selbst, sondern in ihrer Umgebung gelagert. Die Kette ist von der Primärproduktion außerhalb des Detritus-Systems abhängig, meist von einer Nahrungskette, die sich in einem anderen Lebensraum befindet. Sie kann aber auch zeitlich von der Detritus-Kette getrennt sein, wenn organische Substrate, z. B. Torf, die zu einer erdgeschichtlich früheren Zeit produziert wurden, abgebaut werden. Die Detritus-Kette dient nicht ausschließlich der Zersetzung, sondern enthält auch Räuber, die, zumindest teilweise, von anderen Destruenten leben (Abb. 2–2). Daneben gibt es Verbindungen zu Carnivoren in anderen Nahrungsketten; so fressen z. B. Füchse nicht nur Herbivore, wie z. B. Kaninchen, sondern gelegentlich auch Regenwürmer und Käfer. Nahrungsketten und -netze sind von Ökologen aufgestellte Konzepte. In der tatsächlichen Umwelt können Organismen nicht so leicht klassifiziert werden!

Bei der Einteilung der Primärproduzenten gibt es offensichtlich grundlegende Unterschiede zwischen marinen, limnischen und terrestrischen Lebensräumen. Darüber hinaus treten Variationen innerhalb dieser Lebensräume auf. So ist es z. B. wichtig, ob sie in tropischen oder gemäßigten Zonen liegen und wie groß ihre Wassertiefe ist.

Die Primärproduzenten und die verschiedenen Ordnungen der heterotrophen Organismen in einer Nahrungskette befinden sich auf verschiedenen trophischen Ebenen. In einer Nahrungskette können Mikroorganismen als Primärproduzenten und Konsumen-

Tabelle 2-1

Umsatz der Netto-Primärproduktion in verschiedenen Ökosystemen. Dabei wird die Netto-Primärproduktion gleich 100% gesetzt, der Rest wird entsprechend aufgeteilt: Beachten Sie die wechselnde Bedeutung von Freß- und Detritus-Nahrungsketten. Die Daten für die Atmung beruhen meist auf der Kohlendioxid-Produktion im Dunkeln. Die Daten der Netto-Primärproduktion lassen die Photorespiration außer Betracht. (Zur weiteren Untersuchung dieses Aspektes s. ZELITCH, I. (1971), Photosynthesis, Photorespiration and Plant Productivity. Academic Press, New York und London.)

	marine Makrophyten in küstennahen Gewässern [1]	marines Plankton im Ozean [2]	Süßwasserplankton (Loch Leven) [3]	Süßwasserplankton (Lake George) [3]	Süßwasserplankton und Makrophyten (Cedar Bog Lake) [4]	Beweidete Wiese [2]	Buchenwald [2]
	%	%	%	%	%	%	%
Netto-Primärproduktion	100	100	100	100	100	100	100
Atmung der Primärproduzenten	14,2	8,5	40,3	81,1	21,0	10,3	42,6
Aufnahme von Primärproduzenten durch Pflanzenfresser: Durchlauf durch eine Nahrungskette	11,2	90,3	11,9	17,4	13,3	33,3	40,4

Organische Substanz, die bei der Zersetzung toter Primärproduzenten und gelöster organischer Substanz aus lebenden Primärproduzenten freigesetzt wird	74,6	1,2	47,8	1,5	65,7	56,4	17,0
Bemerkungen	die Hälfte der freigesetzten organischen Substanz von lebenden Primärproduzenten	der Verbrauch durch die Nahrungskette ist am wichtigsten	die Detritus-Nahrungskette ist am wichtigsten	unter tropischen Bedingungen sehr hohe Respiration	von den 65,7% organischer Substanz sind 63,2% unlösliches, unzersetztes Sediment, was zu einer Akkumulation organischen Materials führt	mehr als die Hälfte der Primärproduktion geht direkt in die Detritus-Nahrungskette	ein großer Teil der Primärproduktion geht durch die Atmung der Bäume verloren

Literatur:

[1] Khailov, K. M., und Burlakova, Z. P. (1969), *Limnology und Oceanography 14*, S. 521—527.

[2] Gray, T. R. G., und Williams, S. T. (1971), 21st Symposium Soc. General Microbiology. Microbes and biological productivity. Cambridge Univ. Press, London, S. 255—286.

[3] Open university (1974), Ecology; Energy Flow through Ecosystems. Unit 5; Whole Ecosystems. Open Univ. Press, Milton Keynes (Eng.).

[4] Linderman, R. L. (1942), *Ecology* S. *23*, 399—418.

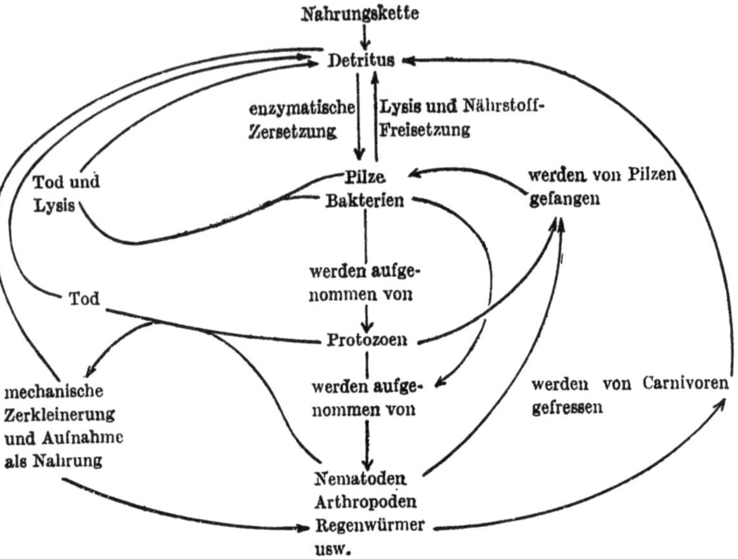

Abb. 2-2. Das Detritus-Nahrungsnetz stellt die Wechselbeziehungen zwischen Organismen dar, die die Nährstoffe im Lebensraum rezyklisieren.

ten die unteren Ebenen besiedeln, während höhere Tiere die oberen Ebenen besetzen. Gleichzeitig bauen Mikroorganismen aber auch die Leichen der Organismen aus allen Ebenen des Systems ab. Je höher die trophische Ebene ist, desto weniger Energie wird ihr aufgrund von Atmungsverlusten von der unter ihr liegenden Ebene zugeführt. Ihre Biomasse ist daher normalerweise, wenn auch nicht immer, geringer als die der unteren Ebenen (Abb. 2–3a). Der proportionale Anteil der Primärproduktion, der in die verschiedenen Ebenen eintritt, hängt vom Lebensraum ab. Nicht alle Standorte enthalten alle möglichen trophischen Ebenen. So befindet sich z. B. die Primärproduktion eines Lebensraumes, in dem nur die Detritus-Kette arbeitet, außerhalb dieses Systems, oder ein Lebensraum enthält vielleicht nur Primärproduzenten und Destruenten, aber keine Konsumenten.

Die auf der Biomasse basierenden Pyramiden der trophischen Ebenen (Abb. 2–3a) sind aber nicht die einzig mögliche Betrach-

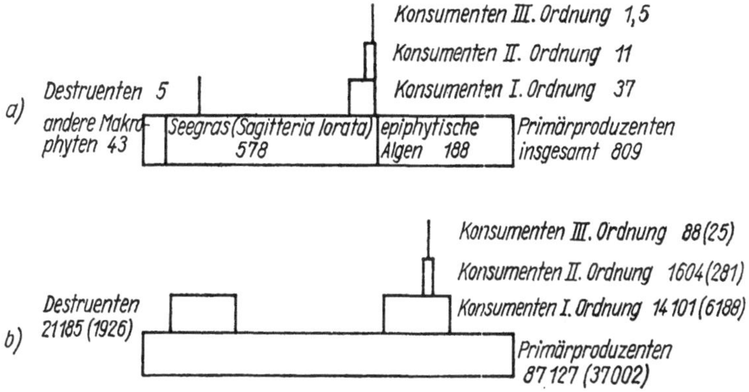

Abb. 2-3. a) Pyramide der Biomasse im Silver-Springs-Quellgebiet in Florida. Die Zahlen geben g Trockenmasse/m² an. Die Destruenten haben eine geringere Biomasse, aber eine hohe Stoffwechselaktivität; vgl. mit Abb. 2-3 b). Auf der waagerechten Achse bedeutet 1 cm 160 g/m². (Aus ODUM, H. T. (1957), Ecological Monographs **27** (1), 55—112).
b) Pyramide der Energie im Silver-Springs-Quellgebiet in Florida. Die Zahlen geben die Brutto-Primärproduktion bzw. den Bedarf der Konsumenten in kg/m²/Jahr an. Der Anteil des gesamten Energieflusses durch die einzelnen Organismengruppen, der wirklich als organische Biomasse gebunden wird und damit als potentielle Nahrung den Populationen der nächst höheren Nahrungsebene zur Verfügung steht, ist in Klammern angegeben. Auf der waagerechten Achse bedeutet 1 cm 15900 kJ/m²/Jahr. Beachten Sie die Bedeutung der Destruenten, wenn ihre Aktivität als Energie und nicht als Biomasse wie in Abb. 2-3a) ausgedrückt wird. (Aus ODUM, E. P. (1959), Fundamentals of Ecology. W. B. Saunders Co., Philadelphia und London.)

tungsweise. Wie schon früher erwähnt (Kap. 1), kann die Stoffwechselaktivität im Ökosystem der Faktor sein, der uns interessiert: Eine Energiepyramide (Abb. 2-3b) für das gleiche Ökosystem wie in Abb. 2-3a verdeutlicht diesen Aspekt, besonders im Hinblick auf die Destruenten. So beträgt die Biomasse der Destruenten nur etwa 0,6% der Biomasse der Primärproduzenten pro Quadratmeter. Etwa 25% der Energie, die durch die Primärproduktion entstanden ist, fließen aber durch die Destruenten in diesem Ökosystem.

Obgleich Mikroorganismen in diesen Systemen in erster Linie

als Primärproduzenten oder Destruenten (Saprophyten) betrachtet werden, können sie auch Krankheitserreger sein: Sie können ihre Nahrung direkt von den lebenden Primärproduzenten, Herbivoren oder Carnivoren entnehmen. Es gibt verschiedene Stufen von Pathogenität und Wirtsresistenz, so daß es ein ganzes Spektrum der Übergänge von Saprophyten bis zu obligaten Parasiten gibt. Eine einzige Art kann sogar in einer Situation auf einem Wirt als Saprophyt, in einer anderen Situation und auf einem anderen Wirt als Parasit leben (z. B. viele Pilze). Die trophischen Ebenen sind also nicht in sich abgeschlossen; die Bewegung zwischen ihnen kann grundlegende Änderungen im Stoffwechsel mit sich bringen. Manche Algen, die normalerweise photosynthetisch aktive Primärproduzenten sind, können zu heterotrophen Organismen werden, wenn sie im Dunkeln mit organischem Material gehalten werden. Sie werden dann zu einem Teil des Destruentensystems. Es gibt sogar Pilze, die ihren Stickstoff-Bedarf durch den Fang von Protozoen und Nematoden in speziellen Fallen ergänzen (Abb. 2–2). Dieser Vorgang stellt diese Pilze, die normalerweise Destruenten sind, auf dieselbe trophische Ebene wie carnivore Tiere.

2.2. Nährstoff-Kreisläufe

Während die Energie nur in einer Richtung durch einen Lebensraum fließt, werden die Nährstoffe häufig wiederholt rezirkuliert. Daher können die Substanzflüsse als biogeochemische Kreisläufe beschrieben werden, in die sowohl Pflanzen, Tiere und Mikroorganismen als auch physikalische und chemische Reaktionen einbezogen sind. Ein Kreislauf einer bestimmten Substanz umfaßt meist mehrere Speicher (Pools), z. B. einen Pool löslichen Materials, einen Pool organisch gebundener Substanz und einen abiotischen, atmosphärischen Pool mit dem betreffenden Material in Gasform (Abb. 2–4 und z. B. den Stickstoff-Kreislauf Kap. 4.). Die Größe der verschiedenen Pools kann mit lokalem oder sogar biosphärischem Maßstab gemessen werden. Gemessen wird jedoch nicht der Inhalt der Pools, sondern die Fließraten zwischen ihnen. Sie sind ein Maß für die Geschwindigkeit, mit der Material ausgetauscht wird. Selbst wenn ein Pool nur sehr klein ist, kann die in ihm enthaltene Art der betreffenden Substanz für die Umwelt sehr wichtig sein. Der Abfluß aus dem Pool kann genauso schnell erfolgen wie der Zufluß, so daß eine sehr wichtige Substanz mit der höchsten Fließgeschwindigkeit sehr wohl den kleinsten, zunächst scheinbar unwichtigsten Pool haben kann. Eine andere Möglichkeit, Pool-Größen und Fließraten zu betrachten, ist die Messung der Umsatzrate (Turnover) eines Pools; mit ihr wird die Zeit gemessen, die von einer Materialeinheit für die Wanderung durch den ganzen Pool benötigt wird. Die Geschwindigkeit, mit der der ganze Kreislauf abläuft, wird durch die langsamste Umsatzrate bestimmt: Im Fluß innerhalb eines Kreislaufs gibt es Engpässe, wie z. B. den der Zersetzung von Cellulose im Kohlenstoff-Kreis-

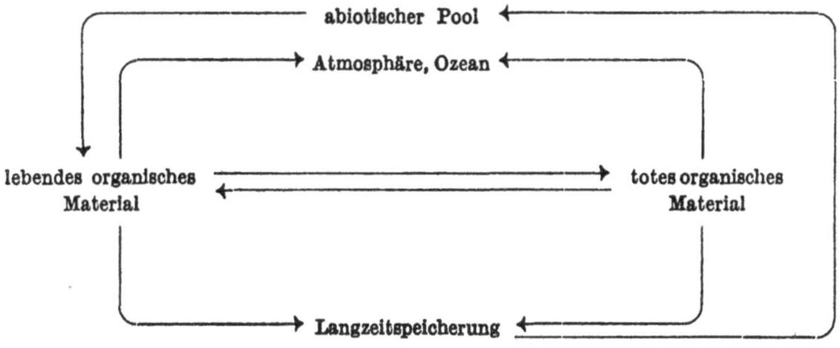

Abb. 2-4. Schematisierter biogeochemischer Kreislauf.

lauf (Kap. 3.) oder der Fixierung atmosphärischen Stickstoffs (Kap. 4.) in einem Stickstoff-Kreislauf ohne synthetische Düngemittel.

Es besteht der Trend, zugunsten einer klareren, leichteren Erforschung und Beschreibung die Kreisläufe isoliert zu betrachten. Man spricht vom Kohlenstoff-Kreislauf, Stickstoff-Kreislauf, Wasser-Kreislauf usw. Innerhalb eines Lebensraumes stehen sie aber alle miteinander in Verbindung und sind voneinander abhängig. Die drei erwähnten Kreisläufe würden im allgemeinen Pool organischer Substanz da zusammentreffen, wo Kohlenstoff, Stickstoff und Wasser im Protoplasma miteinander verbunden sind. Entsprechend beinhaltet die Zersetzung organischer Substanz die gleichzeitige Mineralisierung von Kohlenstoff, Stickstoff, Phosphat, Schwefel usw. In der Natur sind die Kreisläufe nicht zu trennen, die Fließgeschwindigkeit und Pool-Größe des einen Kreislaufs kann die eines anderen beeinflussen.

Die biogeochemischen Kreisläufe enthalten normalerweise Kontrollmechanismen mit negativer Rückkopplung (Feedback), so daß sich jeder ungewöhnlich hohe Pool-Spiegel und jede zu schnelle Fließgeschwindigkeit selbst korrigiert und das System in den Gleichgewichtszustand zurückkehrt. Auch über lange Zeiträume, selbst wenn sie so lang sind wie die geologische Zeitskala, müssen die verschiedenen miteinander verbundenen Substanz- und Energie-Kreisläufe im Gleichgewicht stehen: Wäre dies nicht der Fall, so könnten sie evtl. einmal zum Stillstand kommen. Eines der großen gegenwärtigen Probleme in der Ökologie ist, daß wir nicht genug über die normalen Pool-Größen und Turnover-Zeiten der biogeochemischen Kreisläufe wissen. Der Mensch greift in Prozesse ein, zerstört oder lagert große Mengen von Material ab, die auf lokaler Ebene ausreichen, um die Kreisläufe zu beeinflussen. Dabei ist unbekannt, ob wir die Kompensationsfähigkeit der globalen Kreisläufe überschreiten oder bereits überschritten haben oder nicht. Die Überschreitung der Kompensationskraft eines Kreislaufs kann nicht ohne ernste und möglicherweise irreversible Veränderungen in der Umwelt bleiben. Was allgemein als „Verschmutzung" bezeichnet wird, ist entweder übermäßiger Energiefluß oder die Störung von Nährstoff-Kreisläufen durch übergroße Mengen oder durch ungewöhnliche Materialien.

Die Erhaltung des Lebens hängt daher von der kontinuierlichen Wiederverwendung anorganischen Materials und der Zersetzung organischer Substanz ab, damit Substrate produziert werden, die andere Organismen benötigen. Das Wachstum eines Organismus oder die Größe und Produktivität einer Gesellschaft werden durch diejenigen biotischen oder abiotischen Umwelt-Faktoren limitiert, die dem zur Lebenserhaltung nötigen kritischen Minimum am nächsten sind. So wird z.B. das Wachstum aerober Organismen oft durch niedrige Konzentrationen an Sauerstoff oder anderen verfügbaren Nährstoffen begrenzt. Die Organismen werden sowohl durch hohe wie durch niedrige Konzentrationen beeinflußt: Potentiell giftige Substanzen können schädliche Konzentrationen erreichen, oder gelöstes Material kann in Salzseen zu einem so hohen osmotischen Druck führen, daß das Wasser physiologisch nicht mehr verfügbar ist.

2.3. Wechselwirkungen zwischen Mikroorganismen

Sofern die Umweltbedingungen nicht so extrem sind, daß nur ein paar spezialisierte Organismen überleben können, wird es zwischen den Mitgliedern einer Gesellschaft immer Konkurrenz um diejenigen Nährstoffe und Energiequellen geben, die nicht ausreichend zur Verfügung stehen. Wenn abiotische Faktoren und die Nährstoffversorgung ausreichend sind, werden sich die Mikroorganismen vermehren und um den Raum konkurrieren. Dabei wird normalerweise nicht der zur Verfügung stehende Gesamtraum zum limitierenden Faktor, sondern die in nur begrenzter Anzahl vorhandenen geeigneten Standorte, die mit Nährstoffen usw. versorgt sind. In solchen Situationen kann es mehr zur Konkurrenz um den nutzbaren als um den gesamten Raum kommen. Es gibt viele Merkmale für einen Mikroorganismus, die ihn zu einem guten Konkurrenten machen. Dazu gehören: 1. Anspruchslosigkeit im Nährstoffbedarf und eine weite Toleranz für Umweltbedingungen, so daß der Organismus auf einer großen Vielfalt von Substraten und unter verschiedensten Bedingungen weiter wachsen und sich reproduzieren kann. 2. Schnelle Wachstumsraten und schnelle Reproduktion, so daß der Organismus binnen kurzer Zeit jeden verfügbaren Standort besiedelt hat; er bildet an fast allen Orten Ruhestadien und verteilt sich weit, d. h. er hat ein hohes Inoculum-Potential. 3. Die Fähigkeit, Hemmstoffe, z. B. Antibiotika, zu produzieren, um Konkurrenten von dem besiedelten Standort auszuschließen, gleichzeitig aber eine Toleranz gegen die Hemmstoffe anderer Organismen zu entwickeln, so daß er auch bereits besiedelte Habitate erobern kann. Daneben gibt es Organismen mit extremer Toleranz gegen Umweltbedingungen; sie können die Konkurrenz vermeiden, indem sie an Orten leben, die von anderen Organismen nicht besiedelt werden (z. B. Algen, die auf Schnee wachsen, oder Cyanophyten, Blaualgen, in Salzseen oder Thermalquellen), oder sie benutzen Substrate, die von der Mehrheit der Population nicht angegriffen werden können.

Neben der Konkurrenz gibt es viele andere Arten von Wechselbeziehungen zwischen Organismen. Die allgemeine Bezeichnung für diese Wechselbeziehungen ist Symbiose, obgleich dieser Begriff manchmal gleichbedeutend mit Mutualismus benutzt wird, bei dem beide Organismen gleichermaßen stimuliert werden. Beim

Kommensalismus wird der eine Organismus gefördert, ohne daß der andere erkennbar beeinflußt wird. Beim Parasitismus und räuberischer Lebensweise erlangt der eine Organismus Vorteile, während der andere geschädigt wird. Andererseits können Organismen ohne Wechselbeziehungen nebeneinander leben; diese Beziehungen wird dann Neutralität genannt.

Diese Aufzählung zeigt das Spektrum möglicher Reaktionen, obgleich feinere Unterteilungen vorgeschlagen worden sind (und noch mehr Termini erhalten haben!). Es muß unbedingt betont werden, daß es sich um ein kontinuierliches Spektrum von Beziehungen mit fließenden Übergängen handelt.

Wenn sich Umweltbedingungen verändern, so zeigt sich, daß es Mikroorganismen gibt, die am besten ausgerüstet sind, um in der neuen Umwelt zu überleben. Daher finden sowohl über kurze wie auch über lange Zeiträume Sukzessionen von Organismen statt. Eine Sukzession ist die Ablösung einer Gesellschaft durch eine andere, wenn sich die Bedingungen innerhalb des Standorts verändern. Die Änderungen können durch die Organismen selbst herbeigeführt werden, z. B. durch eine Verminderung des Nährstoff- und Sauerstoff-Angebots oder Änderungen im pH-Wert, sie können aber auch von außerhalb kommen, z. B. durch klimatische Faktoren. Die Änderungen einer Population verlaufen nur selten abrupt. Vielmehr wird sich die relative Bedeutung der Arten innerhalb der Gesellschaft verschieben, bis die Änderungen so groß sind, daß ein neuer Gesellschaftstyp erkennbar wird. So läßt sich z. B. in einem See während eines Jahres eine Abfolge von Algen-Populationen beobachten, die bei sich ändernden Wassertemperaturen und Nährstoff-Angeboten auftreten (Kap. 7.). Das Artenspektrum von Pilzen und Bakterien, die tote Blätter besiedeln, wird sich in dem Moment ändern, in dem die leicht abbaubaren Substanzen aufgebraucht sind, und anschließend werden die Cellulose und das Lignin von einer anderen Artengruppe hydrolisiert (Kap. 6.). Wie bei höheren Tieren und Pflanzen, treten auch in Populationen von Mikroorganismen langfristige Änderungen auf. So gibt es auf bloßem Sand oder Fels eine Sukzession von Gesellschaften, die gewöhnlich mit Algen oder Flechten beginnt, bevor die Substrate langsam zu Boden umgewandelt werden (Kap. 6.). Am Beginn einer Sukzessionsabfolge ist der Selektionsdruck meist groß (d. h. es sind wenig Nährstoffe vorhanden), und die Arten, die überleben können, sind zahlenmäßig gering. Wird der

Standort allmählich besiedelt, verändert und verbessert, dann nimmt die Zahl der Arten, die hier wachsen können, zu. Das Endstadium einer Sukzessionsreihe, die Klimax, ist ein dynamisches Gleichgewicht zwischen den Organismen und ihrer Umwelt; es weist normalerweise eine große Artenvielfalt auf.

2.4. Anwendbarkeit von Laboruntersuchungen

Laboruntersuchungen haben ihre Berechtigung als vereinfachte Systeme, bei denen die Möglichkeit für ein Verständnis der Wechselbeziehungen besteht. Allerdings sind Mikroorganismen normalerweise in Nahrungsnetze und zusammenhängende Nährstoff-Kreisläufe verwickelt und konkurrieren oftmals in überfüllten, Nährstoff-verarmten und antagonistischen Lebensräumen miteinander. Diese Bedingungen unterscheiden sich auffällig vom Wachstum in Reinkultur auf sorgfältig hergestellten Nährlösungen und unter kontrollierten Temperatur-, Licht- und Belüftungs-Bedingungen [3]. In der natürlichen Umgebung sind die Generationszeiten von Mikroorganismen oft viel länger. So ergeben sich in Laboruntersuchungen für Bakterien Generationszeiten von Minuten oder wenigen Stunden (30 min bei *Escherichia coli*, 2 h bei *Leucothrix mucor*), während sie in der natürlichen Umgebung Stunden oder sogar Tage dauern können (12 h für *E. coli*, 11 h für *L. mucor*). Darüber hinaus kann es in der natürlichen Gesellschaft aufgrund der Vielfalt der Mikro-Standorte eine viel größere Variation der Generationszeiten geben als unter den uniformen Kulturbedingungen. Daher sollten im Labor gewonnene Daten über Wachstumsrate, Nährstoffbedarf, Dauer des Nährstoff-Umsatzes oder Konkurrenzfähigkeit mit Bedacht auf natürliche Situationen übertragen werden.

3. Mikrobiologische Umsetzungen des Kohlenstoffs in der Umwelt

Kohlenstoff ist eine der wichtigsten Komponenten lebender Organismen; er macht etwa 50% der Trockenmasse der organischen Substanz aus. Sein Kreislauf in der Umwelt ist mit dem Energiefluß eng verbunden, da die hauptsächlichen Energiereserven der

Organismen reduzierte Kohlenstoff-Verbindungen sind, die letztlich durch photosynthetische, viel seltener durch chemosynthetische Fixierung des atmosphärischen Kohlendioxids erhalten wurden. Wenn Tiere und Pflanzen sterben und von Mikroorganismen (besonders Bakterien und Pilzen) zersetzt werden, wird der Kohlenstoff als Kohlendioxid an die Umgebung zurückgegeben. Das ist das Prinzip des Kohlenstoff-Kreislaufs, dessen Details in diesem Kapitel behandelt werden sollen.

3.1. Der biogeochemische Kreislauf

Wir wollen den Kohlenstoff-Fluß zunächst als globales System betrachten, um eine Vorstellung von seiner Größenordnung zu bekommen. Abb. 3—1 zeigt die wichtigsten Kohlenstoff-Pools in der Biosphäre und gibt einige Schätzungen ihrer Größe und der Fließraten zwischen ihnen an. Obgleich sich die absoluten Werte dieser Schätzung bei verschiedenen Wissenschaftlern unterscheiden, besteht doch eine allgemeine Übereinstimmung in der Größenordnung und über die relative Größe der Pools und Flußraten zueinander. Eine Ausnahme bilden die Schätzungen für die Kohle- und Öl-Vorräte, bei denen die geschätzte Größe aufgrund intensiver Suche nach neuen Lagerstätten ständig wächst, so daß Mengen bis zu $3 \cdot 10^{15}$ Tonnen vorgeschlagen wurden. Neuere Prognosen halten die gesamte ozeanische Produktivität für kleiner als die terrestrische — vor allem aufgrund einer Zunahme der jüngsten Schätzungen für letztere (z. B. bis zu $115 \cdot 10^9$ t/a, Tab. 3—1).

Das auffälligste Merkmal des Kreislaufs (Abb. 3—1) ist, daß sich die Masse des Kohlenstoffs nicht im Kreislauf-Prozeß befindet, sondern in Sedimenten und Speicherprodukten wie carbonathaltigem Gestein und als reduzierte organische Verbindungen in Kohle und Öl festgelegt ist. Verschiedene Organismen mit kalkhaltigen Skeletten oder Schalen wie Korallen, Arthropoden, Krebse und Weichtiere können Carbonate in ihren Stützelementen ablagern. Auch manche Algen können während der Photosynthese Carbonate ausscheiden (Kap. 7.). Eine ausgedehnte Puffer-Kapazität innerhalb des Systems wird durch das in stehendem Wasser gelöste Kohlendioxid bedingt, besonders in den Ozeanen. Trotz lokaler Abweichungen im atmosphärischen Kohlendioxidgehalt, die von den sich ändernden Populationen und Aktivitätsgraden

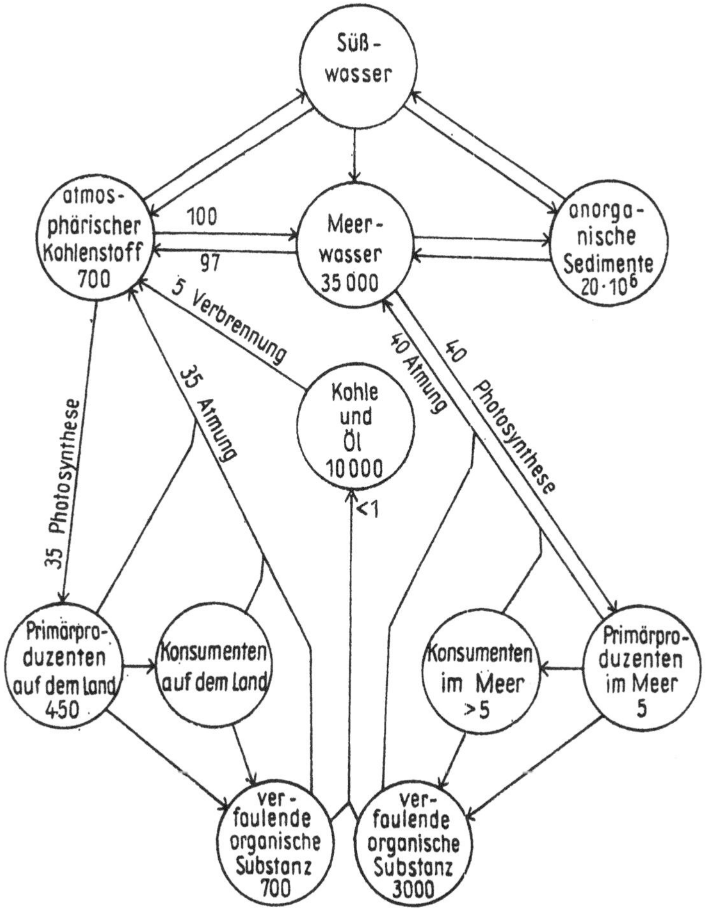

Abb. 3—1. Diagramm des Kohlenstoff-Kreislaufs im globalen Maßstab. Die Zahlen geben die geschätzten Vorräte ($x \cdot 10^9$ t) oder die geschätzten Fließraten zwischen den einzelnen Pools ($x \cdot 10^9$ t/a) an. (Werte aus BOLIN, B. (1970), Scientific American *223*, 125—132.)

Tabelle 3–1

Verteilung der mittleren Netto-Primärproduktion der Biomasse in der Welt. Erheblich höhere Werte können bei Berücksichtigung kurzer Zeiträume erhalten werden. So sind z. B. sogar die Tundra-Regionen während des Sommers recht produktiv, allerdings ist ihre Produktion während eines großen Teiles des Jahres gleich Null. (Aus: WHITTAKER, R. H. (1975), Communities and Ecosystems, 2nd Edition, Macmillan, New York, pp. 385.)

Ökosystem	mittlere Trockenmasse der Produktion g/m²/Jahr	Netto-Trockenmasse der Produktion der Welt 10^9 t/Jahr
tropische Regenwälder	2200	37,4
laubabwerfende tropische Wälder	1600	12,0
immergrüne Wälder gemäßigte Breiten	1300	6,5
laubabwerfende Wälder gemäßigter Breiten	1200	8,4
boreale Wälder	800	9,6
Waldland und Buschland	700	6,0
Savannen	900	13,5
Steppen der gemäßigten Breiten	600	5,4
Tundren und alpine Ökosysteme	140	1,1
Wüsten und halbwüstenartige Dornsavannen	90	1,6
extreme Wüsten (Fels-, Sand- und Eiswüsten)	3	0,07
Kulturland	650	9,1
Sümpfe und Marschen	2000	4,0
Seen und Flüsse	250	0,5
Gesamtheit der Kontinente	*773*	*115,0*
offene Meere	125	41,5
Gebiete aufsteigenden Wassers	500	0,2
Kontinentalsockel	360	9,6
Algenrasen und Riffe	2500	1,6
Flußmündungen	1500	2,1
Gesamtheit der Meere	*152*	*55,0*

der photosynthetisierenden und atmenden Organismen abhängen, ist die gesamte Konzentration des atmosphärischen Kohlendioxids praktisch konstant (s. Abschn. 3.4.).

Nicht nur innerhalb terrestrischer und aquatischer Lebensräume gibt es große Unterschiede in der Produktivität, sondern auch zwischen ihnen. Dies hängt von der Landnutzung, der Wassertiefe, dem Nährstoffangebot und der geographischen Lage ab. Die Produktivitäten verschiedener Lebensräume sind in Tab. 3—1 zusammengefaßt.

3.2. Der Kohlenstoff-Kreislauf auf lokaler Ebene

Das oben beschriebene System wurde durch das Studium von vielen kleinen, relativ eng umgrenzten Ökosystemen, wie einzelnen Teichen, Seen oder Flüssen, und von bestimmten landwirtschaftlichen oder natürlichen Vegetationstypen entwickelt. Die Mikrobiologen beschäftigen sich entweder mit Destruenten oder mit Algen als Primärproduzenten; diese beiden Aspekte sollen jetzt im Detail für Boden und Wasser betrachtet werden (Abb. 3—2).

3.2.1. Der Kohlenstoff-Kreislauf im Boden

Die wichtigsten Primärproduzenten (Abb. 3—2) im Boden sind höhere Pflanzen, obgleich in einigen wenigen Situationen auch die Cyanophyten und in geringerem Maße die eukaryontischen Algen von Bedeutung sein können, z. B. in überschwemmten Reisfeldern, auf erodierten Böden und während der Bodenbildung (z. B. *Chlorococcum*, *Palmogloea*, *Nostoc*, *Gloeocapsa*, *Anabaena*). Photosynthetisch aktive Bakterien, wie *Thiocapsa* und *Rhodopseudomonas*, tragen nur sehr wenig zur gesamten Kohlenstoff-Fixierung bei. Die Konsumenten im Boden sind meistens Metazoen; Protozoen sind wahrscheinlich nicht sehr wichtig.

Kohlendioxid liegt in der Bodenatmosphäre normalerweise in einer höheren Konzentration als in der Luft vor. Es gibt aber einen Austausch zwischen den beiden Pools, sowohl durch Diffusion über die Lufträume des Bodens als auch über das Bodenwasser und das Bicarbonat-Gleichgewicht.

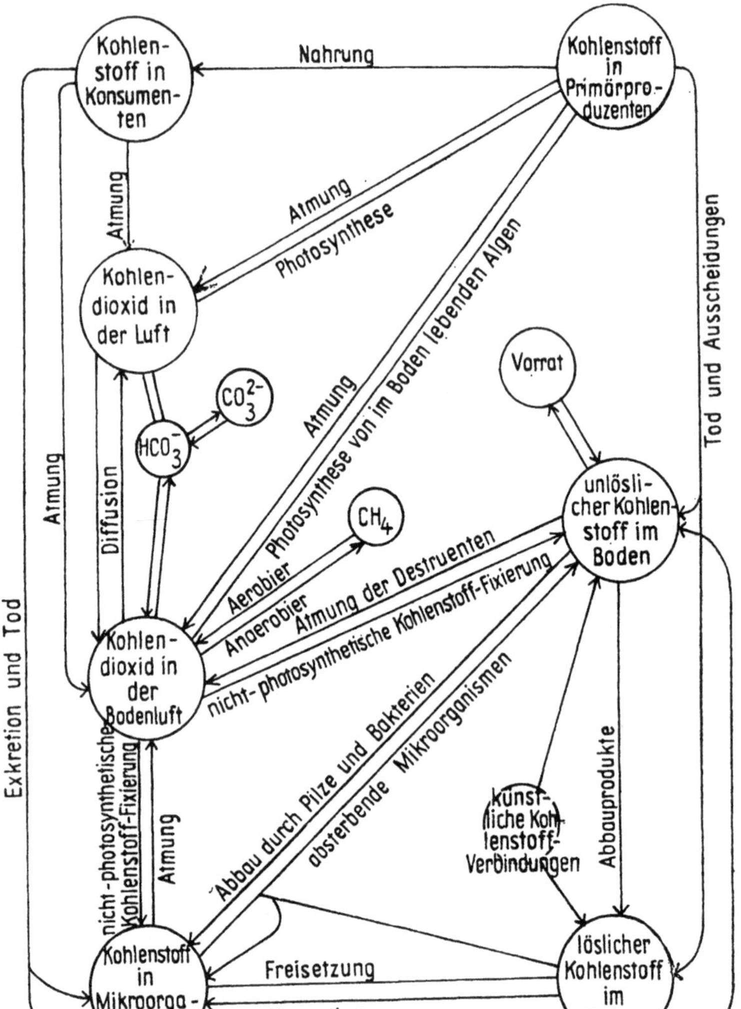

Abb. 3—2. Diagramm eines Ausschnitts des globalen Kohlenstoff-Kreislaufs: die Destruenten im Boden. Chemisch hergestellte Kohlenstoff-Verbindungen schließen Pestizide und andere „künstliche“ Rückstände ein.

Die organische Substanz der höheren Primärproduzenten gelangt entweder als tote Blätter, Wurzeln oder Sprosse (bekannt als pflanzliche Spreu) oder über Wurzel-Ausscheidungen in den Boden. Die Mengen an produzierter Spreu und die Mechanismen der Zersetzung sind für viele Standorte gründlich untersucht worden [4]. Die Zufuhr pflanzlichen Materials kann direkt über Blattfall und Wurzeltod oder indirekt durch die Körper und Exkremente tierischer Konsumenten erfolgen, einschließlich grasender Säugetiere, Bodenarthropoden, Regenwürmer usw. Die organische Substanz geht dann im Boden in drei wichtige Pools ein, den unlöslichen, den löslichen und den mikrobiellen Pool. Zum *unlöslichen* Pool rechnet man denjenigen Kohlenstoff, der in der Cellulose, im Lignin pflanzlicher Zellwände, im Chitin des Exoskeletts der Arthropoden und den Zellwänden einiger Pilze und in anderen Substanzen enthalten ist. Diese müssen enzymatisch aufgespalten werden, bevor sie brauchbare Stoffwechselprodukte abgeben. Auch der Humus ist ein Teil dieses Pools. In bestimmten Situationen, z. B. unter sauren oder schlecht durchlüfteten Bedingungen, kann eine beachtliche Menge dieses unlöslichen Kohlenstoffs als Torf gespeichert werden. Zum *löslichen* Kohlenstoff-Pool gehört all das, was in irgendeiner Form für andere Organismen sofort verfügbar ist. Solche Substanzen werden entweder durch lebende Organismen, wie z. B. Pflanzenwurzeln, freigesetzt (s. Abschn. 6.5.1. und 6.5.2.), oder sie werden frei, nachdem die Körper der Primärproduzenten, Konsumenten und Destruenten selbst zersetzt worden sind. Ein beachtlicher Teil dieses löslichen Kohlenstoffs wird zeitweilig in den Zellen der zersetzenden Mikroorganismen festgelegt und dadurch dem Kreislauf entzogen, so daß die Konzentration dieses Pools normalerweise niedrig ist. Dies bedeutet nicht, daß er deshalb nicht wichtig wäre; es ist nicht die Konzentration einer Verbindung, sondern die Zufuhrrate, auf die es ankommt (siehe Abschn. 2.2.). Der *mikrobielle* Pool selbst ist klein, hat aber, wenn die Mikroorganismen aktiv sind, einen schnellen Turnover. Fast alle organische Substanz wandert im Verlauf der Zersetzung durch die Mikroben, bevor sie wieder auf die anderen Pools verteilt wird.

Daneben gibt es im Kohlenstoff-Kreislauf noch viele Nebenreaktionen, wie z. B. die Produktion von Methan (Abb. 3—2) durch *Methanobacillus* und seine spätere Oxidation unter aeroben Bedingungen durch *Methanomonas*. Einige der möglichen Reaktionen werden durch folgende Gleichung zusammengefaßt:

$$CO_2 + 4\,H_2 \rightarrow CH_4 + 2H_2O$$

$$4\,C_2H_5COOH + 2\,H_2O \rightarrow 4\,CH_3COOH + CO_2 + 3\,CH_4$$

$$CH_3COOH \rightarrow CH_4 + CO_2$$

$$2\,CH_4 + O_2 \rightarrow \text{Intermediärprodukte} \rightarrow 2\,CH_3OH$$

einschl. Dimethyläther, Methoxymethanol undMethylformiat

In Abb. 3—2 könnten noch andere Querverbindungen hinzugefügt werden, z. B. die Produktion von Kohlenmonoxid bei der Holz- oder Torfverbrennung.

3.2.2. Der Kohlenstoff-Kreislauf im Wasser

Der Kohlenstoff-Kreislauf aquatischer Lebensräume zeigt eine Reihe ähnlicher Beziehungen, wie sie für den Boden beschrieben wurden, allerdings gibt es unterschiedliche Schwerpunkte. Erstens kann z. B. eine große räumliche Trennung der am Kreislauf beteiligten Komponenten gegeben sein. Dazu gehören die Bewegung von Organismen und Material in Flüssen und die Sedimentation in tiefen Gewässern, so daß viele der Destruenten im Bodenschlamm leben, während die Primärproduzenten viele Meter höher in den oberen Wasserschichten existieren. Zweitens neigen aquatische Lebensräume (Kap. 7.) dazu, homogener zu sein als Böden, wo es viele kleine Mikro-Standorte mit verschiedenen Nährstoff-Bedingungen geben kann (Kap. 1. und 6.). Es gibt jedoch auch innerhalb eines großen Sees verschiedene Schichten oder Strömungen in einem Ozean.

Das völlige Fehlen von gasförmigem Kohlendioxid und Sauerstoff im Wasser hat grundlegende Auswirkungen auf den Kohlenstoff-Kreislauf und die Ökologie aquatischer Lebensräume. Das „Kohlendioxid der Bodenatmosphäre“ in Abb. 3—2 wird im Wasser durch gelöstes Bicarbonat ersetzt, das beim Kohlenstoff-Austausch innerhalb des wäßrigen Systems und zwischen diesem und der Atmosphäre eine zentrale Rolle spielt (Kap. 7.). Obgleich es recht gut löslich ist, ist die Diffusionsrate von Kohlendioxid in Wasser 10000mal langsamer als in Luft. Besonders in nährstoffreichem Wasser ist es daher möglich, daß ein Mangel an

Kohlendioxid oder Bicarbonat die Produktivität limitieren kann. Die tiefsten Wasserschichten haben einen sehr niedrigen Sauerstoffgehalt, sofern sie nicht überhaupt anaerob sind. Die Zersetzung organischer Kohlenstoffverbindungen läuft hier viel langsamer als unter aeroben Bedingungen ab, sie geht außerdem andere Wege. Die Änderung des Sauerstoff- und Kohlendioxidgehalts mit zunehmender Tiefe hängt von vielen Faktoren ab, die in Kap. 7. behandelt werden.

In aquatischen Systemen sind die Primärproduzenten meistens Phytoplankter, obgleich in flachen Gewässern — sowohl im Süß- als auch im Salzwasser — Makrophyten von Bedeutung sein können. Wie im Boden tragen chemosynthetische und photosynthetische Bakterien kaum zur Primärproduktion bei, obwohl es einige wenige Situationen gibt, z. B. flache, nährstoffreiche, anaerobe Tümpel, in denen sie einen beträchtlichen Anteil des fixierten Kohlenstoffs produzieren können. Die Produkte der Photosynthese gelangen auf zwei verschiedenen Wegen in die Umgebung: Erstens können sie durch die Ausscheidung löslicher Verbindungen wie Zucker, Aminosäuren und organischer Säuren (bes. Glycolsäure) freigesetzt werden. Die Ausscheidung beträgt normalerweise 5 bis 10% (d. h. 7 μg Kohlenstoff/m^2/d) der gesamten Primärproduktion für Süßwasserplankton und Benthos; für sehr nährstoffarme Gewässer sind höhere Daten ermittelt worden. Marine Makrophyten scheiden bis zu 37% ihrer Photosynthese-Produkte aus. Zweitens können die Primärproduzenten zu partikulärer organischer Substanz werden, entweder durch den Tod kleiner Algen oder durch den Zerfall von Makrophyten, besonders bei starker Wellenbewegung.

Diese in situ produzierte organische Substanz (autochthones Material) [4] unterscheidet sich in vielen Gewässern sowohl in der chemischen Zusammensetzung als auch in der Bedeutung von der organischen Substanz, die von außerhalb stammt (allochthon). Die natürlichen allochthonen Substanzen, z. B. Blätter oder aus Böden oder Torf ausgewaschene organische Substanz, sind normalerweise stickstoffärmer als autochthones Material. In relativ stillen Gewässern wie Seen ist die Menge partikulärer organischer Substanz, die suspendiert im Wasserkörper vorliegt, gering. Daher verliert die suspendierte Substanz relativ an Bedeutung, wenn die Konzentration der im Wasser gelösten organischen Substanz steigt, so daß das gelöste Material die hauptsächliche Komponente stellt. Gelöste organische Substanz wird gewöhnlich leichter zersetzt als partikuläre Substanz, da sie meist aus Kohlenhydraten mit niedriger relativer Molekülmasse besteht; der Proteingehalt jedoch ist gering und damit auch die Stickstoff-Konzentration. Diese Punkte sind in Tab. 3—2 dargestellt.

Über die organische Substanz in marinen Lebensräumen ist viel weniger bekannt [4]. Im offenen Meer ist die Konzentration der partikulären wie auch der löslichen organischen Substanz normalerweise viel niedriger (selten mehr als 1 mg Kohlenstoff/l an der Oberfläche) als in den meisten Seen, Küstengewässern oder Flußmündungen. Bis in mehrere hundert Meter Tiefe nimmt die Kohlenstoff-Konzentration mit zunehmender Tiefe ab. Vermutlich wird der Kohlenstoff von heterotrophen Organismen veratmet, und Photosynthese kann aufgrund des schwachen Lichteinfalls nicht mehr ablaufen. Unterhalb dieser Grenze ändert sich die Konzentration nicht mehr, bis das Sediment erreicht ist. Bei den niedrigen Nährstoff-Konzentrationen in großen Tiefen läuft die Absorption durch heterotrophe Bakterien sehr langsam ab. Daher

Tabelle 3—2

Ungefähre Verteilung der organischen Bestandteile in Seen mit verschiedenem Gehalt an organischer Substanz. Innerhalb der einzelnen Klassen geben die Zahlen den Mittelwert an, der aus den Werten vieler verschiedener Seen gewonnen wurde. (Aus: Hutchinson, G. E. (1957), A Treatise on Limnology. Vol. 1., Wiley, New York und London, S. 1015. Basiert auf Werten von Birge und Juday.)

gesamter Kohlenstoffgehalt mg/l	lebende und tote organische Substanz mg/l	lösliche organische Substanz mg/l	Rohprotein %	Ätherextrakt %	Kohlenhydrate %	C:N-Verhältnis %
1,0— 1,9	0,62	3,9	24,3	2,3	73,6	12,2
5,0— 5,9	1,27	10,33	19,4	1,3	79,0	15,1
10,0—10,9	1,89	20,48	14,4	0,4	85,2	20,1
15,0—15,9	2,32	31,30	12,9	0,2	86,9	22,4
20,0—25,9	2,22	48,12	9,9	0,2	89,9	29,0

wird die Adsorption von Nährstoffen an partikulärer Substanz bedeutsam, da sie durch diese Konzentration verfügbar werden. Der Anteil der marinen partikulären Substanz, der lebt, schwankt. Im offenen Ozean reicht er von weniger als 1% bis etwa 20%; in Küstengewässern kann die lebende Komponente bis zu 50% erreichen, und in Algenblüten sogar bis zu 100%. Die meiste organische Substanz im Meer befindet sich aber dennoch im Sediment. Das Verhältnis von Kohlenstoff im Sediment : suspendierte Partikel : gelöste Substanz : lebende Organismen beträgt etwa 1000:100:10:1. Der Kohlenstoff sammelt sich in den Sedimenten an, da der geringe Sauerstoffgehalt in großen Tiefen eine langsame Zersetzung bedingt. Trotz dieser Ansammlung wird der größte Teil des organischen Kohlenstoffs aber schon in den oberflächennahen Schichten zersetzt, wo die Turnover-Zeiten oft nur wenige Tage betragen. Der Nährstoffgehalt der marinen partikulären organischen Substanz ist wahrscheinlich etwas abweichend von der in Seen; im Meer ist sie proteinhaltiger und hat weniger Kohlenhydrate. Allerdings liegen darüber nur relativ wenig Informationen vor.

3.2.3. Das Gleichgewicht im Kohlenstoff-Kreislauf

Der Kohlenstoff-Kreislauf, wie er in Abb. 3—2 dargestellt ist, befindet sich nicht unbedingt im Gleichgewicht. Allgemein gilt, daß Schwankungen um so größer sind, je kleiner der betrachtete Bereich ist. Global gesehen (Abb. 3—1) sind die Kohlenstoff-Pools so groß, daß ihre Turnover-Zeiten sehr langsam sind, wenn sie in Jahrzehnten, Jahrhunderten oder sogar Jahrtausenden gemessen werden. Ein großer See unterliegt saisonalen Schwankungen der Umwelt-Faktoren, damit schwankt auch die Kohlenstoff-Menge, die in das System eintritt oder es verläßt; insgesamt aber stellt er einen recht stabilen Lebensraum dar. Ein kleiner Teich ist viel größeren Schwankungen ausgesetzt, und im Bereich eines kleinen Bodenkrümels können die Schwankungen und Änderungen innerhalb des Kreislaufs sehr rasch erfolgen.

Richtung und Flußrate des Kohlenstoff-Kreislaufs werden vor allem durch diejenigen Umwelt-Faktoren bestimmt, die die Anzahl und Aktivität der Mikroorganismen beeinflussen. Einige Beispiele sollen dies verdeutlichen [3]. Für einen vollständigen Kreislauf ist *Licht* nötig, da die Kohlenstoff-Fixierung hauptsächlich über die Photosynthese verläuft. Die Geschwindigkeit von chemischen Reaktionen, einschließlich der Kohlenstoff-Fixierung und der Zersetzung, ist direkt abhängig von der *Temperatur*; extrem ausgedrückt, die Geschwindigkeit des Kohlenstoff-Turnovers ist in einem gefrorenen Teich praktisch gleich Null. Für terrestrische Systeme ist *Wasser* unerläßlich, und bei geringem Wassergehalt ist die Aktivität der Organismen stark reduziert oder kann ganz erliegen. Eine Wüste ist kein produktiver Lebensraum, und der Kohlenstoff-Turnover ist sehr langsam und die Pool-Größen sind sehr klein. Ein Übermaß an Wasser ist für terrestrische Lebensräume ähnlich schädlich, da ein wassergesättigter Boden normalerweise nur schlecht durchlüftet ist. *Anaerobe Bedingungen* verlangsamen die Zersetzungsrate stark, so daß ein großer Teil der Primärproduktion als Torf oder See-Sedimente in die Speicher eingeht und nur sehr langsam wieder in Umlauf gebracht werden kann. *Versauerung* wird oft mit Torfbildung verbunden und verhindert außerdem die Zersetzung. In aquatischen Lebensräumen beeinflußt der pH-Wert nicht nur die Organismen direkt, sondern auch das Gleichgewicht zwischen Kohlendioxid, Bicarbonat und Carbonat-Ionen (Kap. 7.) und daher die Verfügbarkeit des Kohlendioxids für die Primärproduzenten. Der pH-Wert beeinflußt auch die Löslichkeit und damit die Verfügbarkeit vieler Nährstoffe, die für mikrobielle Aktivitäten notwendig sind. Die *Mineralstoffe* selbst können in Lebensräumen mit sehr niedrigen Nährstoff-Konzentrationen die Umsatzgeschwindigkeit limitieren. Während der späten Stadien der Zersetzung von Pflanzen tritt häufig ein Mangel an Stickstoff ein, da die pflanzlichen Zellwände nur wenig Stickstoff enthalten (unlöslicher Kohlenstoff in Abb. 3—2).

3.3. *Die Zersetzung spezieller Kohlenstoff-Verbindungen*

3.3.1. *Natürliche Verbindungen*

Wenn ein Organismus stirbt, werden die Aminosäuren, Peptide und niedermolekularen Kohlenhydrate, die vor allem im Protoplasma auftreten, von den Destruenten direkt aufgenommen und rasch wieder in den Stickstoffkreislauf eingebracht. Hochmolekulare Verbindungen aus Speichersubstanzen (Lipide, Stärke), Exoskeletten oder Zellwänden (Tab. 3—3) müssen zunächst durch pilzliche und bakterielle extrazelluläre Enzyme in kleine Moleküle zerlegt werden, die dann aufgenommen werden können. Nur Protozoen können durch Pinocytose auch größere Moleküle und kleine

Tabelle 3—3

Die hauptsächlichen organischen Bestandteile von Exoskeletten und Zellwänden. + bedeutet, daß die Verbindung vorhanden ist; (+) bedeutet, daß sie in geringer Menge oder nur in einigen Organismen der Gruppe vorhanden ist.

Organismen	organischer Bestandteil								
	Cellulose	Lignin	„Hemicellulose"	Proteine, Peptide und Aminosäuren	Schleimüberzug	Mucopeptide (Murein oder Peptidoglycan)	Lipide	Chitin	andere Polysaccharide
Arthropoden				+			+	+	
Crustaceen				+				+	
Protozoen				+	(+)			(+)	
Algen	+		+	(+)	+			(+)	+
Pilze	(+)		(+)	+	(+)		(+)	+	+
Bakterien			(+)	+	+	+	+		+
höhere Pflanzen	+	+	+	(+)			(+)		(+)

Partikel bis zur Größe von Bakterien, kleinen Algen und Pilzsporen direkt in die Zelle aufnehmen. Bei der Zersetzung organischen Materials werden auch andere Elemente außer Kohlenstoff frei, die in der folgenden Betrachtung berücksichtigt werden sollen. Auf die enge Verbindung der Nährstoff-Kreisläufe untereinander wurde bereits hingewiesen (s. Abschn. 2. 2.).

Natürlich vorkommende *Proteine* können schwerer wiederverwendet werden, als dies Laborversuche mit reinen Proteinen vermuten lassen. In der Natur sind Proteine oft komplex als Polysaccharide oder Tannine gebunden, so daß sie der Zersetzung länger widerstehen. Besonders resistent gegen mikrobielle Angriffe sind faserige Proteine mit vielen Quervernetzungen, wie z. B. Keratin. Allerdings können auch diese von den meisten Actinomyceten (z. B. *Streptomyces*) und einigen Pilzen (z. B. *Penicillium, Keratinomyces*) zersetzt werden. Im Hinblick auf ihren Nährstoffgehalt haben Proteine für Mikroorganismen den großen Vorteil, daß sie sowohl Kohlenstoff als auch Stickstoff enthalten.

Es gibt überraschend wenig Informationen über den Aufschluß von *Lipiden* und *Stärke* in einer natürlichen Umgebung, obwohl im Laboratorium diese normalen Zellbestandteile schnell von Bakterien und Pilzen abgebaut werden. Wiederum erfolgt der Abbau in der Natur wahrscheinlich langsamer, da diese Substanzen eng an weniger leicht abbaubare gebunden sein können. Unter anaeroben Bedingungen können nur einige Bakterien (z. B. *Clostridium*) diese Stoffe zersetzen. *Chitin* stellt im Lebensraum eine bedeutende Kohlenstoffquelle dar. Es ist ein Polymer aus N-Acetyl-D-glucosamin, es enthält also ebenso wie Proteine Stickstoff. Die Zersetzung wird hauptsächlich von Actinomyceten (z. B. *Streptomyces*) und anderen Bakterien (z. B. *Pseudomonas, Bacillus, Clostridium*) durchgeführt. Die relative Bedeutung der einzelnen Organismen hängt von den Sauerstoff-Verhältnissen ab, die Actinomyceten sind obligate Aerobier, während einige der anderen Bakterien anaerob leben. In sehr sauren Lebensräumen können Pilze (z. B. *Mortierella*) eine größere Bedeutung als Zersetzer von Chitin erlangen, da sie gegenüber niedrigen pH-Werten weniger empfindlich als Bakterien sind.

Das spezifische Polymer in der Zellwand von Bakterien ist ein *Mucopeptid* (Peptidoglucan oder Murein), welches sich aus N-Acetylglucosamin und N-Acetylmuraminsäure zusammensetzt, wobei die letztere bei den meisten Arten mit Peptiden vernetzt ist. Dieses Mucopeptid ist allerdings gewichtsmäßig nicht immer die Hauptkomponente der Zellwand. Sein Aufbau hat jedoch große Bedeutung für das Kohlenstoff-Gleichgewicht, da Bakterien sehr weit verbreitet sind und in einigen Lebensräumen eine sehr hohe Biomasse haben. Über die Enzyme, die im Laboratorium die bakterielle Lyse bewirken, ist viel bekannt, sehr wenig dagegen über den Abbau unter natürlichen Bedingungen. Wahrscheinlich erfolgt er überwiegend durch Autolyse, doch können auch *Myxo-*

bacterium und einige *Bacillus-Arten* den Zerfall von Bakterien hervorrufen. Daneben gibt es ein Bakterium (*Bdellevibrio bacteriovorus*), das auf anderen Bakterien parasitiert. Es bewirkt bei den empfindlichen Wirten eine Lyse und ist in natürlichen Lebensräumen offenbar weit verbreitet.

Der Abbau der *Cellulose* war Gegenstand vieler Untersuchungen. Sie ist ein Hauptbestandteil der pflanzlichen Zellwände und Teil des festgelegten Kohlenstoffs innerhalb des Kreislaufs. Der Mensch nutzt sie für Textilien, Papier und Holzerzeugnisse. Cellulose ist ein Polymer aus β-D-Glucose, sie enthält hauptsächlich β-glycosidische 1,4-Bindungen. Die relative Molekülmasse liegt bei 1 Million. In Pflanzen liegt sie in einer teilkristallinen Form vor. Mikroorganismen, die sie zersetzen können, produzieren ein Enzym, die Cellulase, das die Hydrolyse des Polymers bewirkt. Dies geschieht entweder vom Ende her oder von einer anderen Stelle, dabei fällt die dimere Cellobiose an. Der Ausdruck Cellulase beschreibt einen Enzymkomplex, der in zwei Schritten wirkt. Zuerst geht die kristalline Struktur verloren, was jedoch noch mit keinem Stabilitätsverlust verbunden ist. Danach erfolgt die eigentliche Depolymerisation. Die entstehende Cellobiose wird von dem Enzym Cellobiase hydrolisiert; es entsteht Glucose, die von den abbauenden Organismen aufgenommen werden kann. Die Mikroorganismen, die an diesem Abbau beteiligt sind, sind je nach dem Lebensraum verschieden. Unter aeroben Bedingungen ist ein breites Spektrum von Pilzen beteiligt (z. B. *Chaetomium*, *Stachybotrys*, *Trichoderma*, *Penicillium*), es können aber auch Bakterien vorhanden sein. In aquatischen Lebensräumen kommt ihnen die größte Bedeutung zu (z. B. *Cytophaga*, *Bacillus*, *Pseudomonas*). Einige Bakterien können Cellulose unter anaeroben Bedingungen abbauen. Sie sind daher für wassergesättigte Böden und für Sedimente tiefer Gewässer von Bedeutung (z. B. *Clostridium*). Auch in gut belüfteten Lebensräumen treten lokal begrenzte anaerobe Mikro-Standorte auf. Sie entstehen durch die Aktivität aerober Destruenten, deren Sauerstoff-Bedarf größer ist als die Sauerstoff-Menge, die durch Diffusion durch das Wasser oder (im Boden) durch die Wasserfilme hindurch nachgeliefert werden kann. Die anderen wichtigen Kohlenhydrat-Bestandteile vieler pflanzlicher Zellwände bilden eine heterogene Gruppe von Verbindungen, die insgesamt als *Hemicellulosen* bezeichnet werden. In der Analyse bleiben sie als Rückstand übrig, nachdem Cellulose und Lignin entfernt wurden. Sie umfassen die verschiedensten Polymere von Hexosen, Pentosen, manchmal auch Uronsäuren (Säuren, die durch Oxidation der Hydroxy-Gruppe am C-Atom 6 der Zucker entstehen). Die gewöhnlich vorkommenden Stoffe dieser Gruppe sind *Xylane*, *Mannane* und *Pektine*. Viele Hemicellulosen werden im Labor von Bakterien und Pilzen sehr leicht zersetzt, doch sind auch sie in der Natur oft komplex an andere Stoffe gebunden, was ihren Abbau erschweren kann. Der mikrobiologische Angriff auf Pektin (hochmolekulare Polygalacturonsäuren) ist sehr genau untersucht worden, da dieser Verbindung in den Mittellamellen der Pflanzenzellen eine große Bedeutung zukommt. Pflanzenpathogene Organismen und saprophytisch lebende Mikroorganismen greifen häufig diese Schicht an und bewirken damit die Auflösung des Pflanzengewebes. Dieser Prozeß ist sehr kompliziert. An ihm sind verschiedene Enzyme beteiligt, die in ihrer Gesamtheit als Pektinasen bezeichnet werden. Der Abbau solcher Pektin-Substanzen kann in natürlichen Lebensräumen durch eine Hemmung der Pektinasen verzögert werden, die durch einen hohen Zuckerspiegel in frischen Substraten ausgelöst wird. Dies ist einer der Faktoren, die für die Substrat-Sukzession verantwortlich sind (Kap. 6. und 7.).

Der andere Hauptbestandteil der Zellwände höherer Pflanzen sind *Lignine*, deren Chemismus bisher jedoch bei weitem nicht so gut verstanden wird. Man nimmt an, daß sie Polymere von p-Hydroxy-phenylpropanen sind. Für diese Strukturen ist es geradezu charakteristisch, daß sie sowohl chemisch als auch biologisch schwer abbaubar sind. Es gibt jedoch einige Pilze, besonders Basidiomyceten (hierzu gehören die gängigen eßbaren Pilze und Giftpilze sowie die konsolenartigen Baumschwämme) und einige Bakterien (z. B. Actinomyceten), die in der Lage sind, Lignin abzubauen.

Cellulose und Lignin sind die Hauptbestandteile von Holz, das ein wichtiges Kohlenstoff-Produkt der Biosphäre ist, ganz abgesehen davon, daß es für den Menschen einen bedeutenden Rohstoff darstellt. Waldökosysteme sind auf der ganzen Erde weit verbreitet, sie können eine hohe Produktivität haben (Tab. 3—1). Es ist daher wichtig, daß der Kohlenstoff wieder in den Kreislauf zurückgeführt wird. Diese Rückführung geschieht in erster Linie durch Ascomyceten (Weichfäule-Erreger) und Basidiomyceten (Hartfäule-Erreger). Die Weichfäule spielt sowohl bei der Verrottung unter feuchten Bedingungen, besonders bei kleinen Holzstückchen, als auch an Stellen, an denen es zu einem Abrieb kommt, eine Rolle, z. B. an Pollern und Pieren, wie sie zum Anliegen von Booten benutzt werden. Die Hyphen dringen dabei in die Sekundärwand der Gefäße oder Tracheiden ein. Bei Hartfäule wachsen die Hyphen der Basidiomyceten innerhalb des Lumens der Tracheiden und verzweigen sich nur gelegentlich im rechten Winkel, um die Wand durch ein Bohrloch zu durchdringen. Die Farbe, die bei einer Hartfäule auftritt, zeigt den Chemismus des Fäulnisvorganges an. In einigen Fällen wird das Holz braun, wenn die Cellulose entfernt wird und das Lignin zurückbleibt. In anderen Fällen kommt es durch den Abbau von Lignin zu einer Weißfärbung (Weißfäule). Es ist möglich, einige verbreitete Pilze, die Fäulnis hervorrufen, anhand ihres Fäulnistyps zu identifizieren. Man kann dadurch geeignete Bekämpfungsmaßnahmen einleiten, ohne auf die mühevolle Identifizierung mit Hilfe von Kulturen oder das Vorhandensein von Fruchtkörpern angewiesen zu sein. Während diese Zersetzung für den Stoffkreislauf unbedingt notwendig ist, kann gleichzeitig durch die Zerstörung von Holz, das noch verwendet wird, schwerer wirtschaftlicher Schaden entstehen. Die Zerstörung von Holzhäusern durch Trockenfäule (*Serpula lacrymans*) in Europa oder durch *Poria incrassata* in Nord-Amerika ist vielleicht einigen Lesern aus eigener Erfahrung bekannt, doch mag es ein Trost für sie sein, daß ihre Häuser Teil eines biogeochemischen Kreislaufes sind!

Papier, Baumwolle, Leinen und Textilien aus Jute bestehen ebenfalls aus Pflanzenfasern, die überwiegend aus Cellulose aufgebaut sind. Auch sie können während ihrer Herstellung, Lagerung und Nutzung abgebaut werden; verantwortlich sind dafür Ascomyceten und Deuteromyceten (z. B. *Chaetomium* und *Stachybotrys*).

Die Zersetzung einiger oben besprochener Verbindungen ist, zusammen mit Stoffen, die viel leichter abgebaut werden können, bei der Zersetzung von *Lebensmitteln* von großer Bedeutung. Was für den Menschen gut ist, ist gewöhnlich auch für heterotrophe Bakterien und Pilze als Nährstoff geeignet. Die Zersetzung von Lebensmitteln während der Produktion und der Lagerung ist ein sehr komplexes Thema [2]. Allgemein läßt sich sagen, daß weiche Nahrungsmittel wie Fleisch, Eier, Fisch und Milch von Bakterien zersetzt werden. Trockene, süße oder kohlenhydratreiche Nährstoffe werden dagegen normalerweise von Pilzen abgebaut. Bei der Zersetzung von Lebensmitteln sollte zwischen solchen Abbauprozessen unterschieden werden, die ungefährlich sind, obwohl sie zu einem unangenehmen Geruch oder Geschmack führen (z. B. dem Wachstum von einigen Pilzen auf Käse) und solchen, die Lebensmittelvergiftungen hervorrufen können. Zu der letzten Gruppe gehören gefährliche Bakterien wie *Salmonella* spp. oder *Clostridium* spp., die auf oder in Nahrungsmitteln enthalten sein können, die aber keine leicht festzustellende Veränderung der Nahrung hervorrufen.

3.3.2. Synthetisch hergestellte Stoffe

Letztlich können alle Stoffe, die von lebenden Organismen hergestellt werden, auch wieder von Mikroorganismen abgebaut werden. Darüber hinaus können einige organische Produkte, die der Mensch durch chemische Synthesen aufgebaut hat, zersetzt werden [8]. Selbst einige der Produkte, deren hauptsächlichen Vorteil man einmal in ihrer Stabilität sah, z. B. Kunststoffe, können unter bestimmten Umständen abgebaut werden. Zu den Kunststoffen, einer heterogenen Gruppe verschiedener chemischer Verbindungen, gehören Polyalkene (z. B. Polyäthylen, Polybutylen, Polypropylen), Polystyrol und Polyvinylchlorid (PVC). Hartplastik-Gegenstände, die auch in großer Menge hergestellt werden, bestehen aus Polyharnstoff-Verbindungen und Polyformaldehyd. Polyurethane sind ein weiterer Kunststofftyp. Es konnte nun gezeigt werden, daß alle Arten von Kunststoffen sowohl von Bakterien als auch von Pilzen abgebaut werden können. Unter normalen Bedingungen geschieht dies jedoch so langsam, daß es keine Bedeutung erlangt. Je größer die relative Molekülmasse des Polymers ist, desto unwahrscheinlicher wird sein biologischer Abbau. Das einzige allgemein bekannte Beispiel für einen solchen Abbau ist das Wachstum von Schimmelpilzen auf PVC-Duschvorhängen. Allerdings handelt es sich selbst hierbei häufig um ein Wachstum auf den Füllmitteln, Farben oder Polymerisationsmitteln (wie z. B. Phthalsäuredibutylester). Die Pilze verursachen eher ein Brüchigwerden des Kunststoffs als seine Zersetzung. Unter marinen Bedingungen kann es zu einem extensiven Wachstum von Organismen auf der Oberfläche von Kunststoffen kommen, doch ist auch hier der Abbau durch die Mikroorganismen nicht vollständig. Obgleich Gegenstände aus Kunststoff erst seit wenigen Jahren in großen Mengen hergestellt werden, gibt es jetzt schon Anzeichen dafür, daß Mikroorganismen einige der neuen Substanzen abbauen und den Kohlenstoff dem Kreislauf wieder zuführen können. Das Fehlen eines schnellen Abbaues der meisten Kunststoffe führt bei der Abfallbeseitigung zu Problemen. Neuerdings können Kunststoffe hergestellt werden, die z. B. durch ultraviolettes Licht bereits teilweise chemisch abgebaut werden. Auf diese Weise entstehen Moleküle, die klein genug sind, damit Mikroorganismen den restlichen Abbau vornehmen können.

Gummi ist ein Stoff, der von Mikroorganismen abgebaut wird, wobei natürliche Produkte leichter aufgeschlossen werden als künstliche, z. B. Neopren. Dies führt, zusammen mit der Zersetzung von Kunststoffen, zu ernsten Schwierigkeiten bei der Isolierung der im Boden liegenden Elektrokabel und auch bei den Verbindungsringen unterirdischer Kanalisationsrohre. Die Verbindungen können schon verrotten, bevor die Betonrohre selbst erneuert werden müßten. Die Organismen, die dies bewerkstelligen, sind Pilze und Actinomyceten. Einige der Katalysatoren, die bei der Polymerisation von Gummi verwendet werden, wie z. B. Dehydro-abietyl-ammonium-pentachlorophenoat, können dazu beitragen, einer Zersetzung vorzubeugen. Sie besitzen biocide Eigenschaften. Anderenfalls können Biocide (s. Abschn. 3.3.4.) während der Herstellung zugesetzt werden.

Farben, die auf Schwermetallpigmenten, z. B. weißem Blei, basieren, sind nicht nur für Mikroorganismen giftig, sondern auch für den Menschen. Daher enthalten die Farben heute kaum noch Blei, ausgenommen einige spezielle Antikorrosionsfarben, Grundierungsfarben und Farben, die für den Schiffsanstrich verwendet werden, um einer Fäulnis vorzubeugen. Moderne Farben werden mit Methylcellulose oder ähnlichen Substanzen eingedickt, um sie „tropffrei“ zu machen. Viele sind mittlerweile mehr auf der Basis von Wasser als auf Ölen aufgebaut. Dadurch werden gefüllte Dosen mit Farbe während der Lagerung zu einem Objekt des anaeroben bakteriellen Abbaus. Sowohl Bakterien als auch Pilze können Farben in angebrochenen Behältern abbauen. Daher werden den Dosen routinemäßig Biocide zugesetzt, die Fäulnis verhindern oder herabsetzen sollen. Abgesehen von den Farben selbst können auch die Bindemittel, gewöhnlich synthetische Harze, die den Farbfilm auf der Oberfläche festhalten, zersetzt werden. Die Farbschicht schält sich dann total ab. Eine der hauptsächlichen Funktionen von Grundierungsfarben, mit denen Holz gestrichen wird, ist es, eine feste, undurchlässige Schicht zwischen dem Anstrich und dem Untergrund zu bilden. Dadurch wird verhindert, daß Nährstoffe für Mikroorganismen aus dem Holz herausgewaschen werden.

Zum Schluß der Betrachtung der biologischen Zersetzung von Kohlenstoff-Verbindungen muß auch das *Mineralöl* behandelt werden. Die Menge, die zersetzt wird, ist im Verhältnis zu der Menge, die verwendet wird, sehr klein. Das Problem ist jedoch, daß es während des Wachstums der Mikroorganismen in metallenen Öltanks zur Korrosion kommt. Der Grund kann die Zufuhr von Wasserstoff-Ionen sein. Sie kommt zustande, wenn Organismen wie *Desulfovibrio* durch kathodische Depolarisation die schützende Schicht von Wasserstoff-Gas entfernen. Es können sich unter Kolonien von Mikroorganismen sauerstofffreie Bereiche bilden. Beim Abbau von Mineralölen ist ein Pilz (*Cladosporium resinae*) besonders intensiv untersucht worden; aber auch viele andere Pilze und Bakterien, z. B. *Pseudomonas*, sind dazu befähigt. Benzin, das in Autos verwendet wird, hat normalerweise zu viele Bleizusätze, so daß es zu keinem Abbau kommt. Das Hauptproblem bilden die verschiedenen Sorten von Flugzeugkraftstoffen. Öltanks enthalten Wasser, das sich durch Kondensation bildet. Dies erlaubt Mikroorganismen, mit Öl oder sogar nur mit Öldämpfen als einziger Kohlenstoffquelle zu wachsen; Stickstoff und Mineralien entnehmen sie Schmutz und Verunreinigungen. Sieht man von den Korrosionsschäden ab, kann das Mycel auch Ölleitungen und Pumpen verstopfen. Biocide, wie die enteisende Flüssigkeit Äthylenglycolmonomethyläther, können dauernd verwendet werden, sind jedoch teuer. Die beste Kontrolle besteht in der Verwendung von sauberem Kraftstoff und der Tankreinigung während der Wartung. Weiterhin werden periodische Spülungen mit Biociden durchgeführt oder die Tanks mit einem korrosionsbeständigen Anstrich von Butylgummi oder Epoxidharzen versehen. Pilze und Bakterien können auch Schmieröle angreifen und Ölemulsionen und hydraulische Flüssigkeiten entmischen. Dabei geht gewöhnlich nicht viel Material verloren. Es treten jedoch Veränderungen der Viskosität und Stabilität von Emulsionen auf, die zu Verstopfungen von Rohrleitungen und Ventilen führen können. Die Zersetzung von Rohöl ist für die natürliche Beseitigung von Öllachen im Meer von

Bedeutung. Die leichteren Bestandteile verdampfen, die zurückbleibenden werden von Mikroorganismen besiedelt (z. B. *Pseudomonas*, *Achromobacter*, *Flavobacterium*, *Candida* usw.). Diese können 40–90% des Öls, abhängig von seiner Zusammensetzung und damit seinem Herkunftsort, abbauen. Alkane und andere gesättigte Bestandteile werden zuerst zersetzt, danach die aromatischen und heterocyclischen Verbindungen. Dispergentien und andere Stoffe, die benutzt werden, um Öl zu verteilen, können für die Mikroorganismen giftig sein und so einen eventuellen Abbau verzögern.

Viele Untersuchungen waren der Verhütung von Abbauprozessen von Kohlenstoff-Produkten, die sich in Gebrauch befinden, gewidmet. Wird das Material trocken gehalten, so tritt niemals ein Abbau auf. Dies ist eine der wichtigsten Maßnahmen, Materialien zu erhalten. Sie wird für viele Stoffe, z. B. für abgelagertes Holz und getrocknete Nahrungsmittel, angewendet. Manchmal ist es auch möglich, einige Umwelt-Parameter so zu ändern, daß sie außerhalb des normalen Wachstumsbereichs liegen. Man kann z. B. die Temperatur so stark erhöhen, daß sie für die Organismen letal ist. Erneute Kontamination kann durch Konservierung der Lebensmittel in Flaschen und Dosen verhindert werden. Niedrige Temperaturen verzögern das Wachstum, allerdings wird der letale Punkt durch tiefe Temperaturen mit normalen Tiefkühlgeräten selten erreicht. Wenn alle anderen Methoden versagen und abbaubares Material verwendet werden muß, werden Biocide zugesetzt. Verschiedene spezifische Beispiele sind schon angeführt worden, im allgemeinen beruhen Biocide auf Schwermetall-Ionen wie Chrom, Kupfer, Quecksilber, Zink und Bor oder auf Phenolen. Manchmal werden sie mit Halogenen oder Arsen kombiniert wie in Kupfer-Chrom-Arsenat-Holzschutzmitteln oder in Pentachlorphenol, das eine weit verbreitete Anwendung hat.

3.3.3. Nutzung des mikrobiellen Abbaus von Kohlenstoff-Verbindungen

In einigen Fällen fördert der Mensch bewußt zersetzende Organismen, vor allem in Kläranlagen und in den modernen Kompostierungsanlagen für Haushaltabfälle [7]. In beiden Fällen fallen Stoffe an, die reich an organischen Kohlenstoff-Verbindungen sind. Ihre

Behandlung befaßt sich erstens mit der Zerkleinerung des Materials, um den Mikroorganismen, besonders Bakterien und Protozoen, eine möglichst große Oberfläche für den Angriff anzubieten. Zweitens ist die Versorgung mit einer genügenden Sauerstoffmenge wichtig, z. B. in Belebtschlammbecken, um eine schnelle aerobe Zersetzung zu gewährleisten. Das Algenwachstum in Abwasserteichen kann eine bedeutende Sauerstoffquelle darstellen, in tropischen Regionen können sie den gesamten Bedarf liefern. Zusätzlich regen experimentelle Untersuchungen dazu an, die Algenmasse zu „ernten“ und für die Herstellung von Tierfutter zu verwenden.

Es gibt viele Fälle, in denen der Mensch versucht, die natürlichen Zersetzungsprozesse zu modifizieren, um die entstehenden Endprodukte für sich zu nutzen. Industrielle Fermentationen können billige Produkte anderer Industrien als Kohlenstoffquelle benutzen, z. B. werden unbrauchbare Fraktionen, die bei der Erdölraffination entstehen, oder natürliche Gase für die Produktion von Proteinen eingesetzt. Die Herstellung von Silage ist eine Modifizierung der natürlich ablaufenden Zersetzung der pflanzlichen Biomasse. Durch die Schaffung anaerober Bedingungen entsteht durch Gärung so viel Essig- und Milchsäure, daß dadurch der vollständige Abbau des Grases verhindert wird.

3.3.4. Biocide und der Kohlenstoff-Kreislauf

Die Bemühungen, die Auswirkungen der Pesticide, Herbicide und Fungicide auf den Kohlenstoff-Kreislauf zu kontrollieren, sind nicht in jedem Fall erfolgreich verlaufen. Obgleich diese Mittel eigentlich persistent sind, so daß sie dort, wo sie ausgebracht wurden, bleiben und solange wie möglich wirken sollten, kommt es nicht selten vor, daß sie sich in der ganzen Biosphäre verteilen. Wenn sie sich in der Nahrungskette anreichern, können sie potentiell gefährlich werden. Zu den Pesticiden zählen die verschiedensten Chemikalien, u. a. Analoga von Pflanzenhormonen (Phenoxyessigsäure), substituierte Triazine und Harnstoffe, Dipyridyl-Verbindungen, Dithiocarbamate, Carboximide, Schwermetallsalze, Phenolverbindungen, organische Phosphor-Verbindungen und chlorierte Kohlenwasserstoffe wie DDT und BHC [5, 7].

Die meisten dieser Präparate kommen in der Natur nicht vor.

Einige von ihnen sind für Mikroorganismen giftig und einem Abbau gegenüber sehr widerstandsfähig. Dies hat zu ernsten Bedenken geführt, besonders seit die Entdeckung der Persistenz und ubiquitären Verbreitung von chlorierten Kohlenwasserstoffen (z. B. DDT) und ihrer Abbauprodukte in den verschiedensten Lebensräumen Schlagzeilen gemacht hat. Von der Verwendung dieser Chemikalien wird mittlerweile abgeraten, in einigen Ländern sind sie sogar verboten. Aber wenn es keine Alternative zu diesen Stoffen gibt, muß ein Mittelweg zwischen dem direkten Nutzen für die Menschheit in bezug auf die Nahrungsmittelproduktion und Krankheitsbekämpfung auf der einen Seite und der Langzeitschädigung der gesamten Umwelt auf der anderen Seite gefunden werden. Das Problem der nicht abbaubaren Chemikalien liegt darin, daß sie sich in den Organismen der höheren Stufen der Nahrungsketten soweit anreichern (Kap. 2.), daß sie hier in viel höherer Konzentration als in der Umwelt im allgemeinen vorkommen. Dies scheint besonders für aquatische Lebensräume zuzutreffen, in denen kleine Mollusken, Crustaceen und einige Fische Konzentrationen aufweisen können, die um das Tausendfache und mehr über denen liegen können, die im umgebenden Wasser gefunden werden. Bakterien und Algen können zumindest in aquatischen Systemen Pesticide auch gegen einen Konzentrationsgradienten aufnehmen.

Ein weiteres Problem kann selbst bei der Verwendung von biologisch abbaubaren Chemikalien entstehen. Der erstmalige oder auch der begrenzte Einsatz kann eine Veränderung der Mikroflora hervorrufen, die sich jedoch wieder neu herausbildet und die Chemikalien abbaut. Wiederholter Einsatz über mehrere Jahre hinweg führt aber möglicherweise zu ernsten Schäden. Diese Auswirkungen müssen bei neuen landwirtschaftlichen Methoden berücksichtigt werden, die ein Pflügen überflüssig machen sollen und Unkräuter durch den Einsatz von Herbiciden wie Paraquat, einer Dipyridyl-Verbindung, bekämpfen. Probleme wurden auch durch Verunreinigungen von Herbiciden hervorgerufen. Sie sind aber bei der normalen Verwendung von handelsüblichen Produkten nicht schwerwiegend.

Bei der Herstellung von Biociden wird inzwischen auf ihre biologische Abbaubarkeit geachtet (die meisten sind nicht länger als ein Jahr beständig). Untersuchungen deuten darauf hin, daß den Bakterien und Pilzen die größte Bedeutung beim Abbau zukommt, obwohl in einigen Situationen auch Algen aktiv werden können. Gerade das mittlerweile allgemein bekannte DDT, Aldrin und Dieldrin sind bei Verwendung von normalen Konzentrationen für die meisten Mikroorganismen des Bodens nicht giftig. Ihre Verwendung im Boden kann sogar die Zahl der Bakterien, die isoliert werden können, ansteigen lassen. Oft ist der einzelne Organismus nur zu einem einzigen Abbauschritt befähigt. Die völlige Entfernung dieser Stoffe aus dem Boden oder aus dem Wasser hängt von einer Reihe von Organismen ab. Laboruntersuchungen, die mit Reinkulturen oder einer begrenzten Anzahl von Arten in einer Mischung durchgeführt werden, können daher irreführende Ergebnisse liefern. Es ist möglich, daß schwer abzubauende Chemikalien in ihrer Struktur verändert werden, ein Abbau aber nicht erfolgt. Das entstehende Produkt kann genauso schwierig abzubauen und manchmal genauso giftig sein wie der Ausgangsstoff. DDD ist z. B. stabiler und für Mikroorganismen giftiger als DDT, aus dem es durch mikrobiologische Abspaltung eines Cl-Atoms entsteht.

Eine Verbindung kann oft nicht abgebaut werden, wenn sie die einzige Kohlenstoffquelle ist. Ist dagegen eine andere, leichter verwendbare Kohlenstoffquelle vorhanden, wie es in den meisten Lebensräumen der Fall ist, kann sie mit abgebaut werden (Abb. 3—3).

Einige chemische Gruppierungen, die neue Verbindungen persistent oder abbaubar machen, sind jetzt bekannt [5—7]. Zu den Stoffen, die gewöhnlich resistent sind, gehören solche mit substituierten Amino-, Methoxy-, Sulfo- und Nitro-Gruppen, substituierten Chlor-Atomen (besonders in meta-Stellung und metasubstituierte Benzolringe ganz allgemein, mehr als in ortho- oder para-Stellung). Aber auch Stoffe mit Äther-Bindungen und verzweigte Kohlenstoffketten zählen zu ihnen (Tab. 3—4). Kleinste Strukturänderungen können größte Auswirkungen auf die Abbaubarkeit haben (Abb. 3—3).

Die Fähigkeit einer Verbindung, abgebaut oder in einem Lebensraum festgelegt zu werden, kann auch durch die Anwendungsmenge und der Art der Formulierung (Füllstoffe, Dispersions- und Netzmittel und andere Zusätze, die dem Wirkstoff zugesetzt werden) abhängig sein. Es ist daher wichtig, daß die vorgeschriebenen Anwendungsbedingungen und Einsatzmengen befolgt werden. Es gibt in unserem Wissen immer noch große Lücken über die

Auswirkungen dieser Chemikalien. Sicherlich wird ihr Einsatz auch in der Zukunft unvorhergesehene Probleme aufwerfen. Es sei hier nur an die Probleme erinnert, die mit dem Gebrauch der chlorierten Kohlenwasserstoffe auftraten. Generell gesehen sind die verwendeten Mengen im Vergleich zu der Dimension der Biosphäre klein; die meisten Verbindungen, aber nicht alle, sind aufgrund ihrer Struktur oder durch die Adaptation von Mikroorganismen auch abbaufähig.

wird als einzige Kohlenstoffquelle genutzt	wird in Gegenwart zusätzlicher Kohlenstoffquellen umgesetzt	kann nicht umgesetzt werden

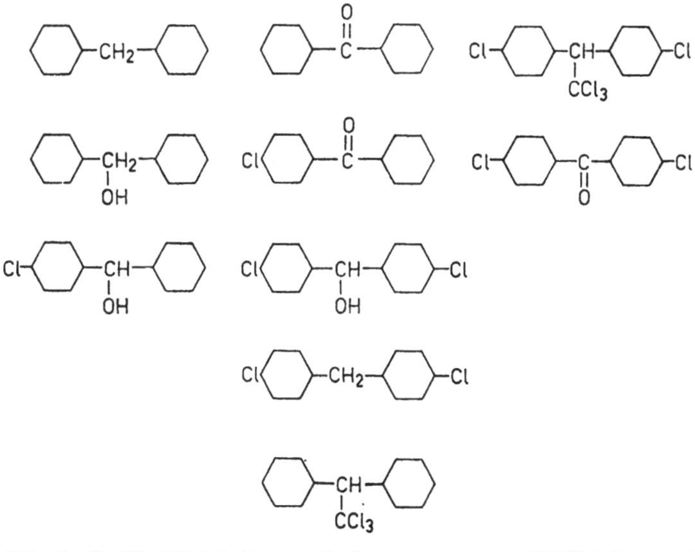

Abb. 3—3. Die Fähigkeit von *Hydrogenomonas* sp., DDT (oben rechts) und verwandte Verbindungen umzusetzen. (Aus CRIPPS, R. E. (1971), Microbial Breakdown of pesticides. In SYKES, G., und SKINNER, F. A., (Eds.), *Microbial Aspects of Pollution*. Academic Press, Originalwerte von FOCHT, D. D., und ALEXANDER, M. (1970), Science (New York) *170*, 91.)

Tabelle 3—4

Der Abbau von organischen Phenoxyalkylsäuren im Boden. Einige dieser Verbindungen werden als Herbicide genutzt. (Geändert nach ALEXANDER, M., und ALEEM, M. J. H. (1961), J. Agric. Food Chem. *9*, 44—47.)

Verbindung	Stellung der Chlor-Substituenten	Zeit bis zum Abbau im Boden in Tagen	Bemerkungen
2-Chlorphenoxyacetat	*ortho*	>205	anomales Verhalten, Abbau wird angenommen
4-Chlorphenoxyacetat	*para*	11	Carbonsäure-Seitenkette hat geringe Auswirkungen auf die Abbaurate
3-(4-Chlorphenoxy)propionat	*para*	11	
4-(4-Chlorphenoxy)butyrat	*para*	53	
2,4-Dichlorphenoxyacetat	*ortho/para*	26	Addition von Chlor in *ortho*-Stellung zeigt nur wenig Auswirkungen
3-(2,4-Dichlorphenoxy)propionat	*ortho/para*	4	
4-(2,4-Dichlorphenoxy)butyrat	*ortho/para*	11	
3,4-Dichlorphenoxyacetat	*meta/para*	>205	Addition von Chlor in *meta*-Stellung erhöht die Resistenz
3-(3,4-Dichlorphenoxy)propionat	*meta/para*	> 81	
4-(3,4-Dichlorphenoxy)butyrat	*meta/para*	>205	
2-Methyl-4-chlorphenoxyacetat	*para*	70	Chlor in *meta*-Stellung erhöht die Resistenz
4-(2-Methyl-4-chlorphenoxy)butyrat	*ortho/para*	39	
2,4,5-Trichlorphenoxyacetat	*ortho/para/meta*	>205	

3.4. Der Einfluß des Menschen auf den Kohlenstoff-Kreislauf

Die Menge an giftigen Verbindungen in Industrieabwässern ist weit größer und örtlich auch erheblich konzentrierter als die der Biocide. Sie bewirken Störungen im Kreislauf, da die betroffenen Organismen geschädigt oder abgetötet werden. Die größten Einflüsse der menschlichen Aktivität auf den Kreislauf gehen jedoch auf die direkte Entnahme oder das Einbringen von Stoffen zurück.

Zuerst einmal ist die Zunahme des Kohlendioxid-Gehaltes der Atmosphäre zu nennen, die hauptsächlich durch das Verbrennen von $5-6 \cdot 10^9$ Tonnen fossiler Brennstoffe pro Jahr bewirkt wird (Abb. 3—1). Diese Erhöhung des CO_2-Gehalts geschah in den letzten hundert Jahren, besonders in den letzten Jahrzehnten. Das produzierte Kohlendioxid verbleibt nicht vollständig in der Atmosphäre. Da es mit dem Kohlendioxidgehalt der Ozeane im Gleichgewicht steht, kann es auch eine Erhöhung der Photosyntheserate bewirkt haben (sie wird oft durch fehlendes Kohlendioxid begrenzt) und damit in den pflanzlichen Kohlenstoff-Vorrat einbezogen worden sein. Die langfristigen Auswirkungen auf die Absorption der Sonnenenergie in der Erdatmosphäre oder auf das innere Gleichgewicht des Planeten sind unbekannt. Es wurden sowohl schreckliche Voraussagen über Klimaänderungen, abschmelzende Eiskappen usw. gemacht, als auch hoffnungsvolle Behauptungen, daß die Pflanzen-Produktion ansteigen und das Gleichgewicht sich stabilisieren würde.

Andere, durch den Menschen hervorgerufene Veränderungen, können, weltweit betrachtet, kaum wahrnehmbar sein, obwohl sie manchmal örtlich eine große Bedeutung haben. So beträgt z. B. der Anteil der Abwässer und der Ölverschmutzungen nur einige Prozent der jährlichen Kohlenstoff-Bindung durch die Photosynthese, und im Vergleich mit der Biomasse der Pflanzendecke oder den organischen Bestandteilen in den Sedimenten sind sie um viele Größenordnungen kleiner. Die Zufuhr von Abwasser (s. Abschn. 7.4.) ruft jedoch innerhalb des Kreislaufs lokale Ungleichgewichte hervor, da das organische Material seinen Ursprung außerhalb des Systems hat. Unter natürlichen Bedingungen würde das organische Material, das durch die Photosynthese gebildet wird, durch Abbauprozesse ausbalanciert werden, auch wenn beide auf einer hohen Rate abliefen. Grundsätzlich ist es kein Fehler, organisches

Material in den Kreislauf einfließen zu lassen. Wenn jedoch die Zufuhr die lokale Kapazität übersteigt, kommt es zu einer Verschmutzung.

Moderne landwirtschaftliche Methoden beeinflussen ebenfalls den Kohlenstoff-Kreislauf. Es gibt im Augenblick Tendenzen zu intensiver Tierhaltung, die wiederum örtlich zu ernsten Problemen bei der Beseitigung der organischen Abfälle führen. In landwirtschaftlichen Betrieben mit gemischter Bewirtschaftung können die tierischen Exkremente auf den Feldern verteilt werden. Bei intensiver Tierhaltung ist dies oft nicht möglich. Darüber hinaus liegen die tierischen Exkremente eher in einer breiigen als in einer festen Form vor, was die Bodenstruktur und die Mikroorganismen des Bodens nachteilig beeinflussen kann (s. Abschn. 6.7.). Die Auswirkungen intensiver landwirtschaftlicher Kulturmaßnahmen sind weniger leicht zu verstehen. Ein Wechsel in den Pflanzenarten, z. B. von gemischten Wiesengesellschaften zu einer Monokultur, beeinflußt die Bodenstruktur, die Mikroorganismen und damit die Fruchtbarkeit des Bodens und die Zersetzung der zurückbleibenden Pflanzenmasse. Diese Änderungen müssen nicht schädlich sein. Beispielsweise werden jetzt andere Gruppen von Mikroorganismen benötigt, um die verschiedenen Kohlenstoff-Verbindungen des andersartigen Pflanzenbestandes abzubauen. Intensive landwirtschaftliche Pflanzenproduktion führt dazu, daß viel Kohlenstoff entnommen und zu entfernt lebenden Konsumenten gebracht wird, deren Exkremente und Körper normalerweise zumindest einen Teil des fixierten Kohlenstoffs in den Boden zurückbringen würden. Dieses beleuchtet ein generelles Problem: Verschmutzung an einem Ort bedeutet oft Mangelerscheinungen an einem anderen Ort. Die Abwässer in den Flüssen bewirken einen Mangel an organischer Substanz und Nährstoffen auf den landwirtschaftlichen Flächen, der wiederum durch den Einsatz von Mineraldünger, der an der anderen Stelle hergestellt wird, ausgeglichen werden muß. Ähnlich bedeutet eine Verschmutzung mit giftigen Metallen, daß diese an anderer Stelle aus „sicheren“ Speichern wie Erzen entnommen, chemisch umgewandelt oder konzentriert wurden, um dann an anderer Stelle wieder freigesetzt zu werden, an denen sie kein Bestandteil der natürlichen Kreisläufe sind.

Zusammenfassend kann man die Mikrobiologie des Kohlenstoff-Kreislaufs folgendermaßen charakterisieren: Mikroorganismen spielen sowohl als Primärproduzenten in aquatischen Lebensräumen wie auch als Destruenten im Kreislauf eine Hauptrolle. Letzteres kann zu einem biologischen Abbau von Material führen, hat aber auch gleichzeitig unmittelbare Bedeutung für die Beseitigung der zunehmenden „Abfallmengen", die durch die modernen industriellen und landwirtschaftlichen Produktionsverfahren anfallen.

4. Mikrobiologische Umsetzungen des Stickstoffs in der Umwelt

Die Stickstoff-Umsetzungen und der Stickstoff-Kreislauf sind nach den Kohlenstoff-Umwandlungen die wichtigsten Prozesse in der Biosphäre. Die beiden Kreisläufe sind durch das Vorhandensein von Stickstoff in organischen Molekülen, speziell Proteinen, miteinander verbunden. Der Stickstoff ist daher ein essentieller, wenn auch nicht der Hauptbestandteil aller Zellen; sein Anteil reicht von 1—10 Gewichtsprozent in Pflanzen bis zu 20 oder 30% bei Tieren.

4.1. Der biogeochemische Kreislauf des Stickstoffs und die Verteilung des Stickstoffs in der Biosphäre

Die wichtigsten Stickstoffquellen in unserer Umwelt sind der gasförmige Stickstoff in der Atmosphäre (etwa 80% der Luft) und die geochemischen Lagerstätten, in denen er als organische Sedimente oder in Form von Ammonium oder gelegentlich Nitrat in den verschiedensten Gesteinen vorkommt (Abb. 4—1). In bezug auf die Gesamtmenge ist die Menge, die in den Organismen zirkuliert, nur ein sehr kleiner Teil. Die Austauschraten zwischen den einzelnen Stickstoffquellen sind nicht so genau bekannt wie die des Kohlenstoff-Kreislaufs. Dies liegt teilweise an der Methodik, da es sehr viel schwieriger ist, mit ^{15}N als mit ^{14}C zu arbeiten.

Die Bindung des gasförmigen Stickstoffs in organischen Verbindungen hat eine Schlüsselstellung im Kreislauf. Noch bis in die jüngste Zeit war der einzige bedeutende Beitrag hierzu die biologische Stickstoff-Fixierung durch verschiedene Prokaryonten (s. u.). Mittlerweile beträgt der Stickstoff-Anteil, der durch indu-

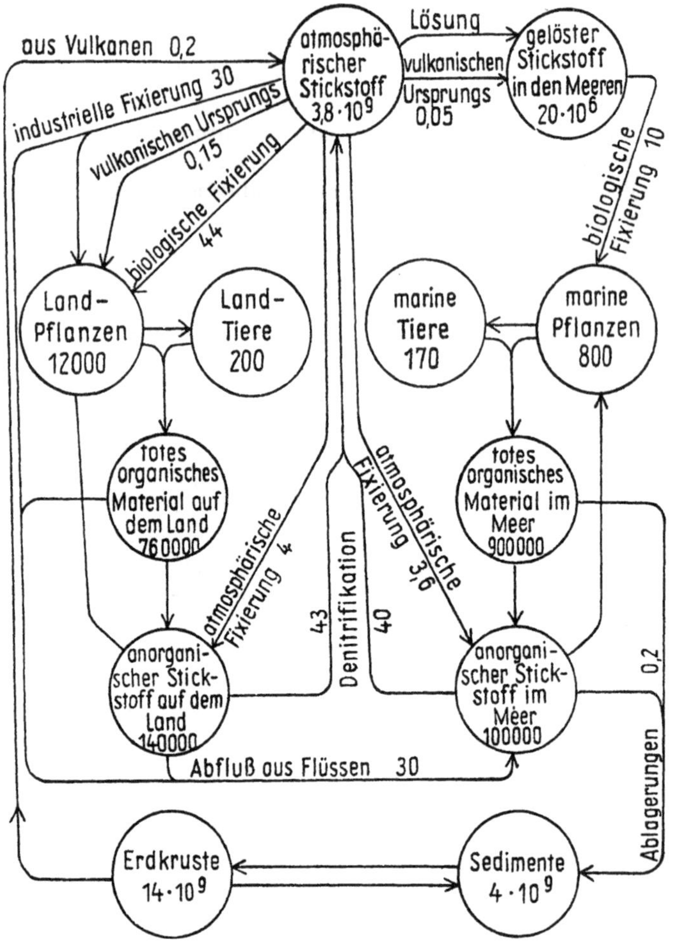

Abb. 4—1. Der globale Stickstoff-Kreislauf. Die Einheiten beinhalten die Speichergrößen in 10^6 t und die Austauschraten zwischen den Speichern in 10^6 t/Jahr. Die Zahlen sind geschätzt. Die in der Erdkruste und in den Sedimenten festgelegte Stickstoffmenge kann als konstant angesehen werden, dennoch werden durch die industriellen Fixierungen in jüngster Zeit etwa 9×10^6 t/Jahr Stickstoff mehr gebunden, als durch Denitrifizierung freigesetzt werden. Es ist möglich, daß der größte Teil dieser Menge in zusätzlicher Biomasse festgelegt wird, ein Teil kann sich aber auch in Sedimenten anreichern. (Aus: DELWICHE, C. C. (1970), Scientific American *223*, 136—146.)

strielle Verfahren, hauptsächlich durch das Haber-Bosch-Verfahren, fixiert wird, etwa 50% des Stickstoffs, der in der ganzen Welt gebunden wird. Er wird hauptsächlich als Düngemittel auf das Land ausgebracht. Ein Teil davon gelangt durch Auswaschung über die Flüsse in die Meere. Im Haber-Bosch-Verfahren wird Luft-Stickstoff bei einem Druck von 200—1000 Bar (ca. 200—1000 Atmosphären) und einer Temperatur von etwa 550 °C zur Reaktion gebracht, wozu ein großer Energieaufwand nötig ist. In Mikroorganismen läuft der gleiche Vorgang bei atmosphärischem Druck und einer Temperatur von 5—20 °C ab, obwohl es auch hier ein Prozeß ist, der viel Stoffwechsel-Energie erfordert (die Bindungsenergie des N_2-Moleküls beträgt 946 kJ/mol.) In vielen Ökosystemen ist Stickstoff in anorganischer Form derjenige Nährstoff, der für die Primärproduzenten limitierend wirkt. Die Stickstoffmenge in der Meeresflora und -fauna ist niedrig, was die geringe Biomasse pro Volumeneinheit widerspiegelt (Abb. 3—1).

4.1.1. Stickstoff in aquatischen Lebensräumen

Im Süßwasser [4] hängt die Verteilung des Stickstoffs von den jeweiligen Bereichen des Gewässers ab, die untersucht werden. Gewöhnlich sind die oberflächennahen Wasserschichten mit Stickstoffgas nahezu gesättigt, tiefere Wasserschichten können sogar übersättigt sein. Der Anteil der mineralischen Stickstoff-Verbindungen ist jahreszeitlichen Schwankungen unterworfen. Er hängt hauptsächlich von den Auswaschungen aus dem Boden und der im Regenwasser enthaltenen Menge ab. Im Oberflächenwasser von Seen kommt wenig Ammonium vor (verbreitet sind 0,05—0,1 mg/l), es sei denn, sie sind durch organische Substanz wie Abwässer in starkem Maße verunreinigt. In schwach durchlüfteten tieferen Wasserschichten reichert es sich an (z. B. 0,1—1 mg/l), was in erster Linie das Ergebnis von Abbauprozessen von organischem Material im Sediment ist (Abb. 4—2). Der Nitratgehalt des Wassers ist normalerweise gering, da er in der Nähe der Oberfläche vom Phytoplankton genutzt wird; unter anaeroben Bedingungen geht er dagegen durch Denitrifizierung verloren (s. u.). Der Gehalt an organischem Stickstoff ändert sich ebenfalls im Laufe der Jahreszeiten (Abb. 4—2), darauf wurde schon hingewiesen (Tab. 3—2). Der organisch gebundene Stickstoff in oberflächen-

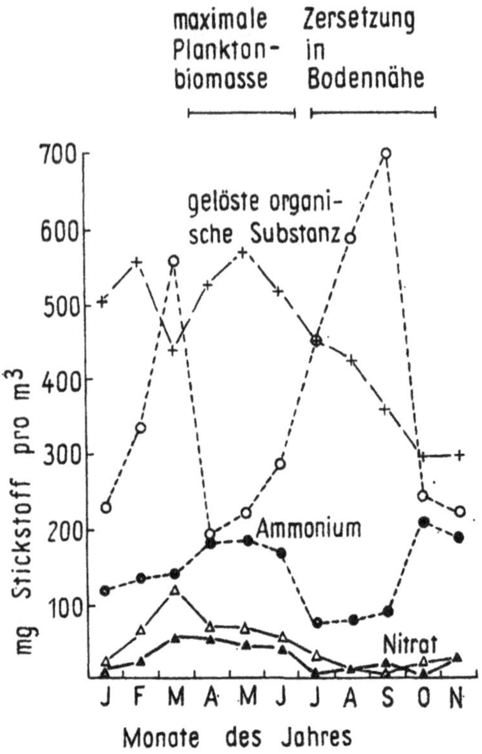

Abb. 4—2. Die jahreszeitlichen Schwankungen der verschiedenen Stickstoff-Formen im Lake Mendota, USA.

△——△ Nitrat in Bodennähe
▲——▲ Nitrat in Oberflächennähe
○– – –○ Ammonium in Bodennähe
●– – –● Ammonium in Oberflächennähe
+——+ gelöster organischer Stickstoff (Werte stammen aus einem anderen Jahr)

Durch die Aufnahme durch Planktonorganismen sinkt der Anteil an mineralischem Stickstoff. Der Ammoniumanteil steigt, besonders in tiefen Wasserschichten, wenn Planktonorganismen zersetzt werden.
(Geändert nach: Hutchinson, G. E. (1957), A Treatise on Limnology. Vol. I, Wiley, New York.)

nahen Wasserschichten macht etwa 50—75% des gesamten löslichen Stickstoffs aus, der hauptsächlich in den Amino-Gruppen der Proteine, Peptide und freien Aminosäuren gebunden ist. Ein weiterer Anteil ist in anderen Seitengruppen der gleichen Verbindungen festgelegt, aber auch andere stickstoffhaltige Verbindungen, wie z. B. Harnstoff, kommen vor.

Die Verteilung der verschiedenen Stickstoff-Formen im Meer ist bei weitem nicht so gut untersucht wie die in Seen [8]. Der größte Teil des Wassers in den offenen Ozeanen enthält etwa 0,45 mg Stickstoff/l, das Wasser an den Küsten und besonders das in Flußmündungen kann mehr enthalten. Von diesem Stickstoff sind über 95% gelöstes Stickstoffgas, der Rest besteht zu 65% aus Nitraten und Nitriten. Mit zunehmender Tiefe steigt auch der Nitratgehalt an. An der Oberfläche ist er besonders während der Sommermonate sehr gering, da die Nitrate vom Phytoplankton aufgenommen werden. In großen Tiefen, besonders in den Tropen, wo die Bedingungen durch einen Sauerstoff-Mangel gekennzeichnet sind, kann Nitrat wie in den Seen zu Ammonium reduziert werden. Der Ammoniumgehalt der oberflächennahen Wasserschichten schwankt mit den Jahreszeiten in einem weiten Bereich in Abhängigkeit vom Planktongehalt.

4.1.2. Boden-Stickstoff

Die Menge und die Art des Stickstoffs im Boden variiert in einem weitaus größeren Maße als im Wasser. Sie hängen hauptsächlich von der organischen Substanz ab. In landwirtschaftlich genutztem Boden beträgt der Stickstoffgehalt normalerweise 0,02—0,5% (bezogen auf die Trockenmasse des Bodens). 40—50% hiervon sind in den Aminosäuren und einigen Aminozuckern innerhalb des „Humusmaterials" gebunden. In löslicher Form können Stickstoff-Verbindungen aus dem Boden ausgewaschen werden, wenn sie nicht durch Adsorption oder andere physikalische Vorgänge fest an Bodenpartikel gebunden sind. Unter Umständen kann dieser ausgewaschene Stickstoff in Flüsse und Seen gelangen.

4.2. Die Mikrobiologie des Stickstoff-Kreislaufs

Mikroorganismen sind innerhalb des Stickstoff-Kreislaufs von großer Bedeutung; Pilze und Bakterien bauen Proteine, Chitin, Harnstoff usw. ab. Außerdem sind besonders Bakterien für die chemischen Umwandlungen der einzelnen Oxidationsstufen des Stickstoffs (Ammonium, Stickstoffgas, Nitrit und Nitrat) zuständig. Die chemischen Reaktionen der Stickstoff-Verbindungen sind in Abb. 4—3 zusammengefaßt. Soweit bekannt ist, laufen die Reaktionen in aquatischen und terrestrischen Lebensräumen in gleicher Weise ab, eine Ausnahme bilden die symbiontischen Assoziationen von *Rhizobium*, die im Wasser fehlen.

Über den Abbau von Stickstoff-Verbindungen wie lösliche Aminosäuren, kleine Peptide oder Proteine, aber auch unlösliche Proteine und Strukturmaterial wie Chitin gibt die linke Seite der Abb. 4—3 und Kap. 3. weitere Informationen. Bei den Abbauprozessen stellt der Stickstoff fast immer eine limitierende Substanz dar; Pflanzenrückstände haben ein C:N-Verhältnis von 30:1, Proteine von 5:1. Daher zirkuliert die in den Rückständen vorhandene Stickstoff-Menge mehrmals innerhalb der abbauenden Mikroorganismen. Jedesmal werden einige Verbindungen zu Aminosäuren hydrolysiert und von den Mikroorganismen aufgenommen, während andere (im Boden etwa 80%) zu Ammonium desaminiert werden; die Kohlenstoff-Anteile werden veratmet.

Eine unterschiedliche Menge an organisch gebundenem Stickstoff kann in Torf oder Sedimenten festgelegt und abgelagert werden; sie kann auch von organischen Verbindungen, die schwer abbaubar sind, adsorbiert werden.

4.2.1. Nitrifizierung

Das Ergebnis des Abbaus stickstoffhaltiger organischer Substanz ist die Produktion von Ammoniak. Es kann von Mikroorganismen und einigen höheren Pflanzen direkt aufgenommen werden, obwohl für letztere Nitrat die leichter assimilierbare Stickstoffquelle darstellt. Die Nitrifizierung, die Umwandlung von Ammoniak zu Nitrat, wird ausschließlich von Mikroorganismen durchgeführt. *Nitrosomonas* wandelt es zu Nitrit, *Nitrobacter* Nitrit zu

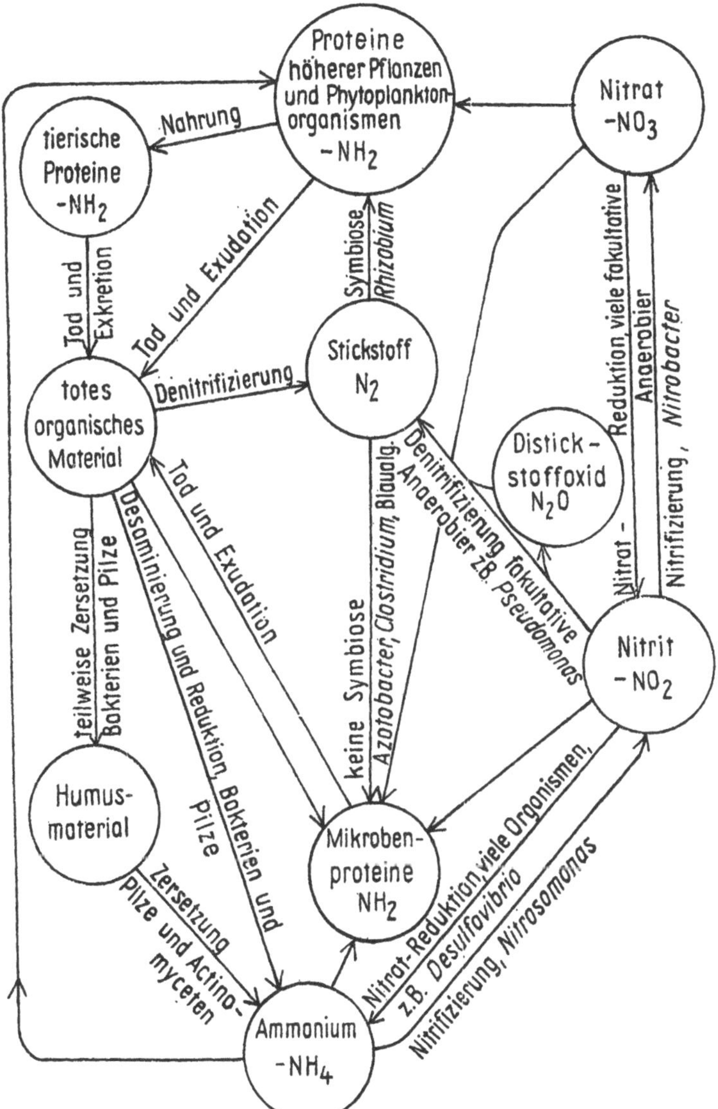

Abb. 4—3. Die chemischen Umwandlungen innerhalb des Stickstoff-Kreislaufs. Es sind die Hauptaktivitäten und die entsprechenden Organismen dargestellt.

Nitrat um [1, 10]. Von vielen anderen Gattungen, z. B. von *Nitrosocystis* und *Nitrosococcus*, wird berichtet, daß sie diese Aufgabe im Meer wahrnehmen. Die Umwandlungen der Nitrite zu Nitraten läuft am schnellsten ab, daher ist der Gehalt an Nitriten gewöhnlich gering. Die Organismen sind obligat aerob und chemoautotroph;

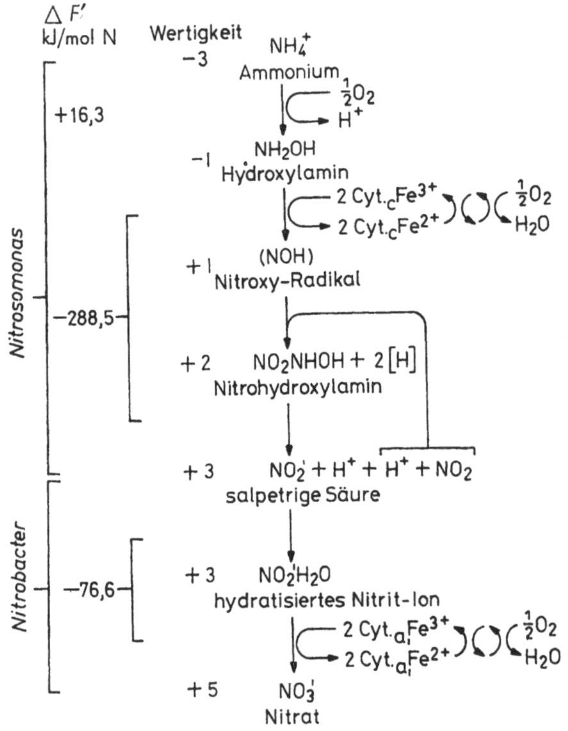

Abb. 4—4. Postulierte Schritte der Nitrifizierung.

troph; d. h. sie beziehen ihren Energiebedarf aus der Oxidation und verwenden ihn, um Kohlenstoff zu binden. Die Umwandlung von Ammoniak zu Nitrit setzt 272—276 kJ/mol, die von Nitrit zu Nitrat 71—75 kJ/mol (Abb. 4—4) frei. Der Energiegewinn ist sehr gering, wenn man ihn mit dem der Respiration

(2872 kJ/mol Glucose) oder Desaminierung (737 kJ/mol Ammonium) vergleicht.

Der Chemismus der Nitrifizierung ist noch nicht eindeutig geklärt; einige Enzyme wurden noch nicht isoliert, und auch einige der postulierten Zwischenverbindungen konnten noch nicht gefunden werden [1]. Der erste Schritt scheint jedoch die Oxidation von Ammoniak zu Hydroxylamin unter Verwendung von molekularem Sauerstoff zu sein (Abb. 4—4). Im leicht alkalischen pH-Bereich, der für *Nitrosomonas* optimale Lebensbedingungen schafft, liegt Ammoniak überwiegend in der Form des Ammonium-Ions vor; Hydroxylamin wird nicht ionisiert. Hydroxylamin selbst ist giftig, seine Konzentration ist jedoch sehr gering, da das Reaktionsgleichgewicht in Richtung Ammonium-Ionen verschoben ist und die Reaktion nur abläuft, wenn Hydroxylamin zu Nitrit oxidiert wird. Von manchen Zwischenverbindungen, möglicherweise dem Nitroxyl-Radikal und Nitrohydroxylamin, ist noch nicht bekannt, ob sie frei existieren können. Für die Oxidation von Hydroxylamin werden bestimmte Teile des Flavoprotein- und des Cytochrom-Systems benötigt. Nitrobacter oxidiert anschließend in einem einzigen Schritt, ebenfalls unter Mitwirkung eines Cytochrom-Systems, Nitrit zu Nitrat. Dabei wird molekularer Sauerstoff als letzter Elektronen-Akzeptor verwendet und ATP gebildet (Abb. 4—4).

Die Nitrifizierung durch chemoautotrophe Organismen läuft in allen bisher untersuchten Lebensräumen unter aeroben Bedingungen ab. In den offenen Meeren verläuft sie sehr langsam und ist auf die oberen Meeresschichten beschränkt. Dagegen ist ihr Auftreten in Sedimenten und in Flußmündungen nachgewiesen worden. Im Süßwasser ist die Nitrifizierung unter aeroben Bedingungen ein gut bekanntes Phänomen. Sie läuft hier wahrscheinlich in der gleichen Weise und mit den gleichen Mikroorganismen ab wie im Boden, wo sie sehr ausführlich untersucht wurde. Bei einem neutralen pH-Wert läuft die Nitrifizierung schnell ab, dagegen ist nicht bekannt, wie sie unter sauren Bedingungen, die in vielen Mooren, Waldböden und Gewässern herrschen, vor sich geht. Die Stämme von *Nitrosomonas* und *Nitrobacter*, die bisher isoliert wurden, führen bei einem pH-Wert, der unterhalb 6 liegt, keine Nitrifizierung mehr durch (s. Abschn. 4.3.).

4.2.2. *Nitrat-Reduktion und Denitrifizierung*

Der gegenläufige Prozeß zur Nitrifizierung ist die Reduktion von Nitrat über Nitrit zu Ammoniak. Damit hängt die Denitrifizierung zusammen, bei der Nitrat zu Nitrit und weiter zu molekularem Stickstoff oder Distickstoffoxid umgewandelt wird. Sie führt zu einem Verlust von gasförmigem Stickstoff in die Atmosphäre [6]. Die assimilatorische Nitrat-Reduktion wird von denjenigen Bakterien, Pilzen und Blaualgen intracellulär durchgeführt, die Nitrat verwenden und zur Amino-Gruppe ($-NH_2$) der Aminosäuren reduzieren. Dieser Vorgang läuft gewöhnlich unter aeroben Bedingungen ab, das Enzym wird durch freie Ammonium-Ionen gehemmt (s. u. bei dissimilatorischer Nitrat-Reduktion). Dieser Chemismus ist bei den meisten Mikroorganismen wenig untersucht, normalerweise kommen aber Nitrit und Hydroxylamin als Zwischenprodukte vor. Bei den Eukaryonten enthält das Enzym Molybdän, das in der assimilatorischen Nitrat-Reduktase der Prokaryonten allerdings nicht gefunden wurde. Die dissimilatorische Umwandlung von Nitrat wird im Boden oder Wasser hauptsächlich von fakultativ anaeroben Organismen durchgeführt, die Nitrat als letzten Elektronen-Akzeptor benutzen, da Sauerstoff nicht vorhanden ist (z. B. *Thiobacillus denitrificans* und einige Arten von *Pseudomonas*, *Bacillus*, *Micrococcus* und *Achromobacter*). Dieser Prozeß läuft in wassergesättigten Böden, tiefen Gewässern, Sedimenten und an Stellen ab, an denen es durch die schnelle Zersetzung von organischem Material zur Bildung von anaeroben Mikro-Habitaten kommt. Die Reaktion wird von einem an Partikel gebundenen Enzym-Cofaktor-Komplex, der Nitrat-Reduktase, katalysiert. Dieser Komplex enthält Molybdän (Abb. 4—5) und wird durch Ammoniak nicht gehemmt. Zwischen diesem Enzym und der Cytochrom-Oxidase besteht eine Konkurrenz, die von den relativen Konzentrationen des Sauerstoffs und Nitrats abhängt. Bis zum Cytochrom b haben beide Systeme die gleiche Elektronen-Transportkette, erst das Cytochrom c ist bei den beiden Wegen verschieden. Für die meisten Organismen ist Sauerstoff der bevorzugte Elektronen-Akzeptor, obwohl einige, wie *Denitrobacter licheniformis*, eine ungewöhnlich hohe Affinität zu Nitrat haben. Vom Nitrit kann der Prozeß entweder zu Ammoniak führen — dieser Weg wird von der Nitrit-Reduktase katalysiert, die anschei-

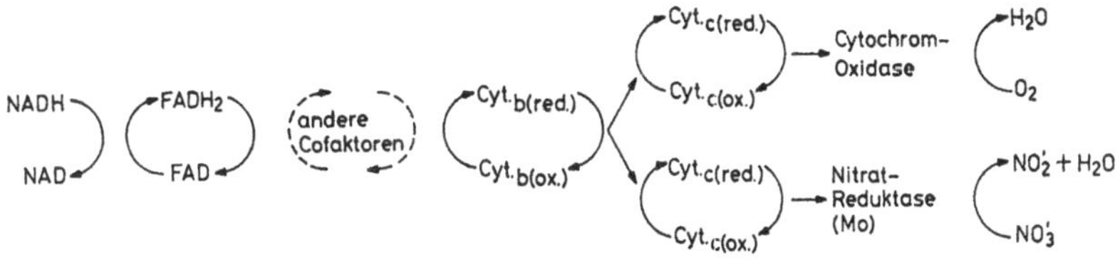

Abb. 4—5. Die Nutzung von Nitrat als Elektronenakzeptor in Konkurrenz mit Sauerstoff; dargestellt ist die dissimilatorische Nitrat-Reduktion durch Nitrat-Reduktase, die Molybdän enthält.

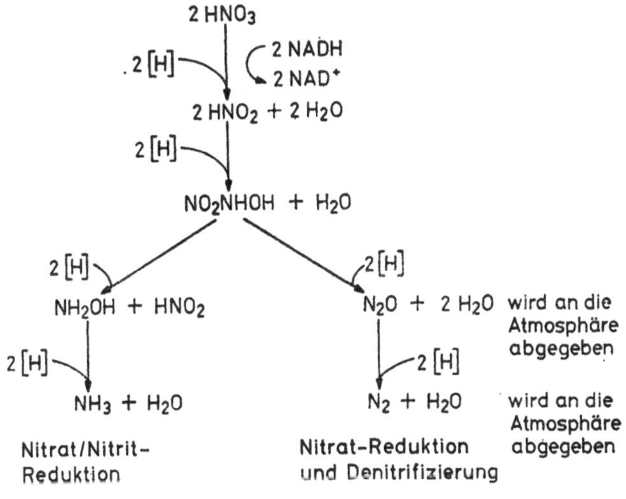

Abb. 4—6. Mögliches Schema der Denitrifizierung. Die Moleküle der Nitrat-Reduktase enthalten Molybdän, während einige, wenn auch nicht alle, Enzyme der Nitrit-Reduktase Kupfer und Eisen-Atome enthalten.

nend Ferredoxin benötigt — oder zu Distickstoffoxid oder molekularem Stickstoff. Der Mechanismus und die Zwischenprodukte dieses Prozesses sind unbekannt. Es ist jedoch ein mögliches Schema entwickelt worden (Abb. 4—6), das zu den bisher bekannten Tatsachen nicht in Widerspruch steht, für das es aber auch kaum positive Beweise gibt.

Der durch die Denitrifizierung hervorgerufene Stickstoff-Verlust des Bodens und des Wassers ist für das Stickstoff-Gleichgewicht der Welt von Bedeutung. Einer Schätzung zufolge beträgt der mittlere N_2-Verlust über der gesamten Landfläche der Erde 22,5 kg/ha/Jahr. Für die Ozeane gibt es bisher keine Schätzung. Hier wird der N_3-Verlust pro Flächeneinheit wahrscheinlich niedriger liegen, auch wenn die Gesamtmenge aufgrund der riesigen Flächen der Ozeane größer sein kann.

4.2.3. Die Stickstoff-Fixierung

Die Stickstoff-Fixierung ist zweifellos der am intensivsten untersuchte Aspekt des gesamten Stickstoff-Kreislaufes [3, 5, 7]. Die Fähigkeit, Stickstoff zu binden, besitzen nur die Prokaryonten. Innerhalb dieser Gruppe ist diese Fähigkeit bei verschiedenen Organismen zu finden; sie können autotroph oder heterotroph, aerob oder anaerob, freilebend oder symbiontisch lebend sein. Der Prozeß selbst erfordert anaerobe Bedingungen oder zumindest sehr geringe Sauerstoffkonzentrationen. Aerobe Organismen besitzen gewöhnlich Strukturen, die den Bereich, in dem die Stickstoff-Fixierung abläuft, vom übrigen Lebensraum abtrennen. Es gibt keine gesicherten Untersuchungen, denen zufolge auch Eukaryonten zur Stickstoff-Fixierung befähigt sind.

Die photosynthetisch aktiven Bakterien schließen obligat anaerobe Formen wie *Chromatium* und fakultativ aerobe Formen wie *Rhodospirillum rubrum* und *Rhodopseudomonas palustris* mit ein. Man nimmt an, daß die Stickstoffmenge, die gebunden wird, relativ klein und wirtschaftlich unbedeutend ist, obwohl diese Gruppe noch nicht umfassend untersucht wurde [5, 9]. Blaualgen (Cyanophyceen) sind viel wichtiger, besonders in flachen Gewässern und in wassergesättigten Böden, wie z. B. Reisfeldern. Vermutlich stellen sie hier die hauptsächliche Stickstoffquelle dar; mehrere Ernten hintereinander können ohne künstliche Düngung erreicht werden. Es wurde behauptet, daß Blaualgen im offenen Meer eine bedeutende Rolle spielen; die Höhe der Stickstoff-Fixierung im Meer ist jedoch sehr umstritten. Bei den Blaualgen findet man sie besonders bei den Gattungen, die Heterocysten besitzen, wie z. B. *Anabaena, Aphanizomenon* und *Nostoc*. Es gibt aber auch zuverlässige Berichte, daß auch die einzelligen *Gloeocapsa* und die filamentösen *Plectonema* Stickstoff binden, obwohl beide keine Heterocysten besitzen. Sie arbeiten jedoch nur bei einem geringen Sauerstoff-Partialdruck. Blaualgen können auch Bestandteil von Flechten sein (symbiontische Assoziation mit Pilzen). Innerhalb einer solchen Assoziation kann die Stickstoff-Fixierung oft effizienter ablaufen, als es dem einzelnen, freilebenden Organismus möglich wäre.

Die am besten untersuchten, freilebenden heterotrophen Organismen, die Stickstoff fixieren, sind *Azotobacter-* (Aerobier) und *Clostridium*-Arten (Anaerobier), besonders *Clostridium pasteurianum.* Ferner können *Klebsiella* spp., *Bacillus* spp., *Mycobacterium* spp., *Desulfovibrio* spp. und eine acidephile tropische Gattung, *Beijerinckia,* Stickstoff binden. Daneben gibt es eine lange Liste von heterotrophen Organismen, von denen man annimmt, daß sie Stickstoff fixieren können, die Glaubwürdigkeit dieser Berichte ist aber nicht gesichert. *Azotobacter* und *Clostridium* sind Kosmopoliten. Ihre Bedeutung für die Stickstoff-Bindung in natürlichen Lebensräumen unterliegt jedoch einigen Zweifeln, die durch die begrenzten Energiequellen, die in den meisten Situationen den frei lebenden heterotrophen Organismen zur Verfügung stehen, begründet sind. Darüber hinaus ist *Azotobacter,* obwohl weit verbreitet, zahlenmäßig von keiner großen Bedeutung. In den meisten Böden wird die Stickstoff-Fixierung zusätzlich durch eine Feedback-Hemmung verringert oder sogar ganz ausgeschlossen, die durch den bereits vorhandenen Gehalt an verfügbarem Stickstoff im Boden hervorgerufen wird. Es gibt dennoch keinen Zweifel, daß die Stickstoff-Fixierung durch frei lebende Organismen im Boden unmittelbarer Nachbarschaft von Pflanzenwurzeln (s. Rhizosphäre, Kap. 6) von großer Bedeutung ist. Die Wurzeln stellen als Energiequelle Kohlenhydrate zur Verfügung, enthalten aber nur eine niedrige Stickstoff-Konzentration. In den gemäßigten Breiten kann der Boden-Stickstoff durch die Stickstoff-Fixierung bis zu 39 kg/ha/Jahr (max. Tageswert 9,4 kg/ha) erhöht werden. Im Wurzelbereich tropischer Gräser und Getreidearten können erheblich höhere Werte erzielt werden (s. Abschn. 6.5.1.).

Die symbiontische Verbindung zwischen heterotrophen Organismen und höheren Pflanzen ist die Hauptquelle der terrestrischen Stickstoffbindung. Neben den Leguminosen gibt es mehrere andere Assoziationen, die eine Stickstoff-Fixierung durchführen. In den gemäßigten Breiten ist die Erle (*Alnus* spp.), die an ihren Wurzeln große Knötchen bilden kann, das beste Beispiel. Sie vermag sehr effizient Stickstoff zu binden und hat einen bedeutenden Einfluß auf das Stickstoff-Gleichgewicht in einigen Waldböden (Abb. 4—7 und Tab. 4—1) und in armen Böden. Das in Knöllchen enthaltene Bakterium gehört zu den Actinomyceten (*Frankia*), obwohl es bisher niemals möglich war, es in Reinkultur auf künst-

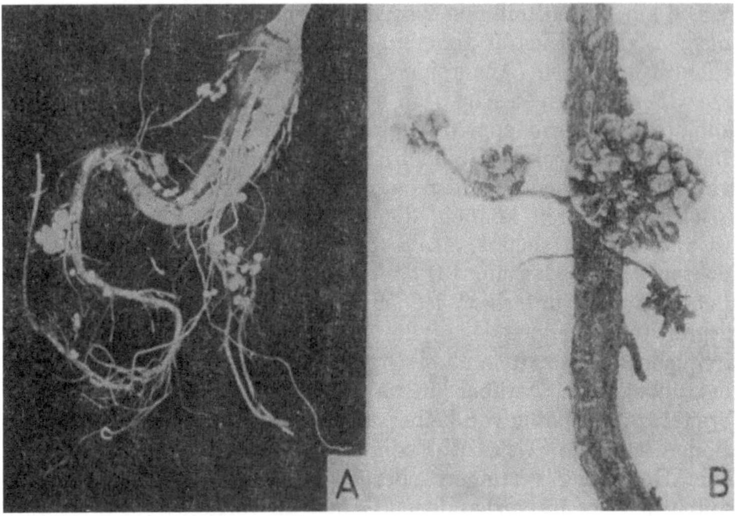

Abb. 4—7. Wurzelknöllchen von
A) *Phaseolus coccineus* (1/2 der natürlichen Größe),
B) *Alnus* (natürliche Größe).

lichem Substrat zu züchten. Eine erfolgreiche Wiederbeimpfung gelang nur mit Isolaten, die aus Callus-Kulturen gewonnen wurden. Neben den Leguminosen gibt es viele andere Pflanzen, die Wurzelknöllchen besitzen, z. B. *Casuarina* in den Tropen und Sanddornarten (*Hippophae*), die Sanddünen und Kiesböden besiedeln.

Bei Pflanzen der Gattungen *Ardisia*, *Pavetta* und *Psychotria* kommen Blattknöllchen vor. Einige von ihnen binden Stickstoff nur sehr langsam, und es ist unwahrscheinlich, daß sie bedeutende Mengen gewinnen. Die betreffenden Organismen finden sich in den

Tabelle 4–1

Die Höhe der Stickstoff-Bindung durch verschiedene Systeme. (Ausgewählt aus: BURNS, R. C., und HARDY, R. W. F. (1975), Nitrogen fixation in Bacteria and Higher Plants. Molecular Biology, Biochemistry and Biophysics *21*. Springer-Verlag, Berlin, pp. 189.)

Stickstoffbindendes System	mittlere Menge an gebundenem Stickstoff in kg/ha/a
Pflanzen, die nicht zu den Leguminosen gehören, aber Wurzelknöllchen besitzen	
Alnus spp.	56–156
Acacia	270
Casuarina equisetifolia	58
Myrica gale	9
Hippophae rhamnoides	15–179
Leguminosen mit Wurzelknöllchen	
Klee, *Trifolium* spp.	105–220
Lupine, *Lupinus* sp.	150–169
Luzerne, *Medicago sativa*	128–300
Soyabohne, *Glycine max*	57– 94
vermischte Leguminosen	125
Nichtsymbiontische Stickstoff-Bindung	
verschiedene landwirtschaftliche Böden	1– 90
Waldböden	0– 50
Wüstenböden	2– 41
Seen gemäßigter Breiten	0,4– 8
tropische Seen	44

Gattungen *Chromobacterium*, *Klebsiella*, *Phyllobacterium* und *Xanthomonas*. Daneben gibt es eine weniger gut definierte symbiontische Beziehung, die besonders in den Tropen weit verbreitet zu sein scheint. Die stickstoffbindenden Organismen leben hier auf der Blattoberfläche (Kap. 8) oder in Wasser, das rund um den Blattgrund herum von den verschiedensten Pflanzen aufgefangen wird.

Die bedeutendste und am besten untersuchte symbiontische Beziehung ist zweifellos die zwischen *Rhizobium* spp. und verschiedenen

Leguminosen [5]. *Rhizobium* kommt frei lebend im Boden vor, wo es jedoch keinen Stickstoff bindet. Es wurden verschiedene Arten beschrieben, deren Hauptunterschied in den Wirtspflanzen liegt, die sie infizieren, um Knöllchen zu bilden. Innerhalb der einzelnen Arten gibt es jedoch viele Stämme, die eine unterschiedlich starke Infektion bei den verschiedenen Rassen der Wirtspflanzen hervorrufen, außerdem variiert der Grad der Stickstoff-Fixierung in der symbiontischen Verbindung. Es finden sich sowohl hoch infektiöse Stämme, die aber nicht effizient Stickstoff binden können, als auch stickstoffbindende Stämme, die aber in Konkurrenz mit anderen *Rhizobium*-Arten nicht infektiös sind. Man muß sich daher unbedingt davon überzeugen, daß im Boden geeignete, effektive Stämme existieren. Ist dies nicht der Fall, so kann der Boden mit dem richtigen Rhizobium-Stamm beimpft werden (Tab. 4—2). Die Beimpfung muß massiv und mit einem aggressiven Stamm erfolgen, wenn sie erfolgreich sein soll, da sich die ansässige Mikroflora solchen Änderungen entgegenstellt (Kap. 1. und 6.). Das Ausmaß der Stickstoff-Fixierung durch Leguminosen ist schwer abzuschätzen. Es variiert mit der jeweiligen Nutzpflanze und den Bodenbedingungen, doch werden meist Beträge zwischen 50 und 300 kg/ha/Jahr erreicht (Tab. 4—1).

Die Bildung der Wurzelknöllchen läuft folgendermaßen ab: Die Bakterien im Boden produzieren das pflanzliche Wachstumshormon Indolessigsäure (möglicherweise durch einen Umbau von Tryptophan, das von den Pflanzenwurzeln ausgeschieden wird) und einen Faktor, der die Wurzelhaare veranlaßt, sich zu verdrehen und zu deformieren. Die Wand des Wurzelhaares stülpt sich ein und wächst innerhalb des Haares nach innen, so daß ein Infektionsschlauch entsteht, der die Bakterien enthält. Dieser Infektionsschlauch wächst in die Wurzel und durchdringt die Rindenzellen. Er erreicht schließlich polyploide Zellen, die im allgemeinen in geringer Anzahl an Initiationspunkten für potentielle Seitenwurzeln vorhanden sind. Der Infektionsschlauch platzt, und die Bakterien werden in das Cytoplasma der polyploiden Zellen freigesetzt. Die Bakterien beginnen sich zu teilen, verlieren ihre Zellwände, schwellen an und verzweigen sich oft zu einer X- oder Y-Form. In dieser Form werden sie als Bakterioide bezeichnet. Sie sind meist einzeln oder in kleinen Gruppen in Falten der Plasmamembran des Wirts eingeschlossen. Diese Kombination von Bakterioiden und polyploiden Zellen fixiert aktiv Stickstoff. Die Zel-

Tabelle 4—2

Ertragszunahme durch die Verwendung von Saatgut, das mit einem geeigneten Rhizobium-Stamm beimpft wurde. Die Zunahmen sind gegenüber Kontrollen, die nicht beimpft wurden, statistisch abgesichert. (Geändert nach: Mishustin, E. N., und Shil'nikova, V. K. (1971), Biological Fixation of Atmospheric Nitrogen. Macmillan, London, S. 420.)

Pflanze	Ernteparameter	prozentuale Gewichtszunahme bei der Ernte
Erbse, *Pisum* sp.	Blätter	23,5
	Samen	14,9
Saubohne, *Vicia faba*	Blätter	16,6
	Samen	18,0
Lupine, *Lupinus* sp.	Blätter	66,1
	Samen	20,9
Soyabohne, *Glycine max*	Blätter	19,1
	Samen	12,3*)
Luzerne, *Medicago sativa*	Heu	26,9
	Samen	57,9
Esparsette, *Onobrychis viciifolia*	Heu	31,1
	Samen	46,6

* Der Samen kann zusätzlich einen erhöhten Proteingehalt haben, auf das Trockengewicht bezogen kann dieser um 16% höher als bei Pflanzen liegen, die nicht beimpft wurden.

len teilen sich rasch und bilden den Kern des Knöllchens. Auch die umgebenden diploiden Zellen teilen sich und differenzieren zu Rindengewebe, das das Knöllchen bedeckt, und zu Gefäßverbindungen mit der Wurzel.

Die Biochemie der Stickstoff-Bindung ist bei allen untersuchten Organismen bemerkenswert ähnlich [3, 7]. Das daran beteiligte Enzym-System, Nitrogenase genannt, benötigt Molybdän und Magnesium und in den Wurzelknöllchen auch Kobalt. Das erste feststellbare Produkt ist Ammoniak. Das Enzym reagiert sehr empfindlich gegenüber Sauerstoff, was bei den strengen Reduktionsbedingungen, unter denen die Umwandlung des Stickstoffs zu Ammoniak abläuft, nicht verwunderlich ist. Man glaubte zunächst, die Stickstoff-Fixierung in Aerobiern wie Azobacter sei nicht sauerstoffsensitiv; das Enzym befindet sich aber auf subcellulären Partikeln, die das System vor Sauerstoff schützen. Die gereinigten Enzyme sind jedoch genauso empfindlich wie diejenigen, die aus anaeroben Bakterien gewonnen wurden. Diese Empfindlichkeit erschwert die Untersuchung des Enzym-Systems sehr stark, da Extraktion und Reinigung unter absolut anaeroben Bedingungen stattfinden müssen. Der Energiebedarf der Reaktion ist hoch, 10 bis 20 Moleküle ATP für jedes fixierte Stickstoff-Molekül (das entspricht etwa 1 g Glucose pro 20 mg Stickstoff). Der Grund für diesen Aufwand ist nicht klar, da die Reaktion von Stickstoff zu Ammoniak leicht exotherm ist und daher bei Anwesenheit eines Katalysators keine Energiezufuhr benötigen sollte.

Die Nitrogenase besteht aus 2 Hauptbestandteilen: ein Protein (Protein 1), das Molybdän und Eisen enthält und eine relative Molekülmasse von etwa 200000 hat, und einem kleineren Protein (Protein 2), das nur Eisen aufweist. Diese beiden Komponenten müssen zusammenwirken, um eine Stickstoff-Fixierung zu ermöglichen. Bei *Clostridium* und einigen anderen Organismen ist Ferredoxin, ein Eisen-Protein, das nicht zur „Häm-Gruppe" gehört, mit einem sehr niedrigen Redox-Potential von —0,417 V der Elektronen-Donor. Bei anderen Organismen wird die Reduktionskraft aus anderen Quellen gewonnen (z. B. Flavodoxin). ATP wird durch oxidative Phosphorylierung (Abb. 4—8) oder aus Pyruvat gewonnen. Photosynthetisch aktive Organismen können einen Teil des ATP aus der cyclischen Phosphorylierung [5, 9] beisteuern. Verschiedene Coenzyme, das Cytochrom-System und andere Stoffwechselwege können daher eine Rolle in der Bereitstellung von ATP und für das Reduktionsvermögen spielen, für die Wirkung der Nitrogenase selbst haben sie jedoch keine Bedeutung. In experimentellen Systemen kann Pyruvat beide Funktionen erfüllen. Creatinphosphat kann als Teil eines ATP-aufbauenden Systems verwendet werden, das Reduktionspotential wird aus anorganischen Verbindungen wie Natriumdithionit gewonnen.

Nitrogenase ist nicht sehr spezifisch und kann eine Reihe von Reduktionen katalysieren, besonders von Verbindungen mit Dreifachbindung wie Acetylen, Cyanid oder Azid. Diese Reaktionen haben sich für den Nachweis als sehr nützlich erwiesen, und die Reduktion von Acetylen wurde zum Standard-Test auf Nitrogenase: ^{14}C kann dabei anstelle von ^{15}N verwendet werden, oder das aus dem Acetylen produzierte Äthylen kann durch Gaschromatographie nachgewiesen werden. Die aktive Stelle des Enzyms war lange umstritten, da Stickstoff chemisch sehr träge ist. Es wird jetzt allgemein angenommen, daß Stickstoff an das Molybdän-Eisen-Protein gebunden wird. Solche Komplexe sind auch in natürlichen Systemen vorstellbar, da in letzter Zeit Verbindungen von Stickstoff mit Metallen, besonders Kobalt, chemisch synthetisiert worden sind.

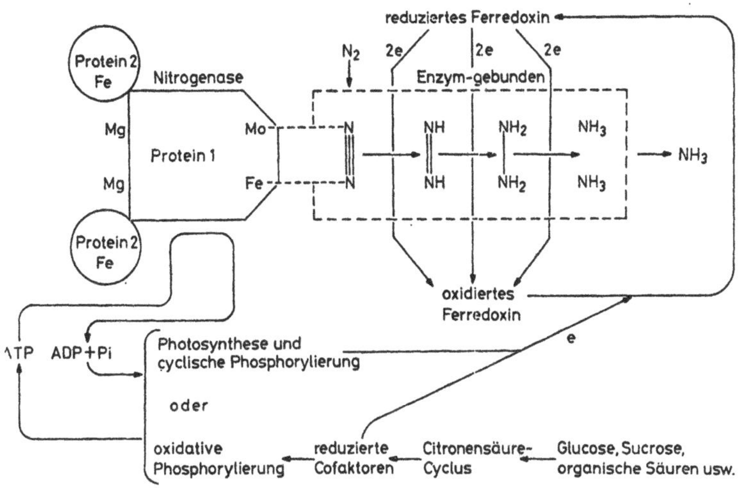

Abb. 4—8. Ein verallgemeinertes Schema für die Wirkung der Nitrogenase, in dem die Ergebnisse von Versuchen an verschiedenen Organismen zusammengefaßt sind.

Nun noch einige Bemerkungen zu der Frage, welche Zwischenverbindungen bei der Fixierung des anorganischen Stickstoffs beteiligt sind. Di-imid (HN-NH), Hydrazin (H_2N-NH_2) und Hydroxylamin (NH_2OH) wurden vorgeschlagen, sind aber toxisch, bei physiologischen pH-Werten instabil usw., ferner wurden sie niemals aufgefunden. Der Stickstoff bleibt an das Enzym gebunden, während er in einem Zwei-Elektronen-Schritt zu Ammoniak reduziert wird. Ammoniak wird freigesetzt, nachdem die letzte N-N-Bindung gelöst wurde (Abb. 4—8).

Von den symbiontischen Organismen wurde nur *Rhizobium* detailliert untersucht. Die wirksamen Knöllchen haben eine rosa

Farbe, die durch ein Pigment, Leghaemoglobin, hervorgerufen wird. Dieses Pigment tritt nur in aktiven Knöllchen auf und fehlt sowohl dem Symbionten oder Wirt allein als auch den inaktiven Knöllchen. Über die Bedeutung des Leghaemoglobins ist viel diskutiert worden. Die gegenwärtige Theorie geht davon aus, daß es als Sauerstoff-Carrier dient und den Sauerstoffdruck herabsetzt. Das Nitrogenase-System befindet sich in den Bakterioiden. Das ATP-liefernde System und/oder das das Reduktionsvermögen liefernde System wurden beide von Zeit zu Zeit der höheren Pflanze zugeschrieben. In jüngster Zeit konnte gezeigt werden, daß sich beide in den Bakterioiden befinden, die Substrate verwenden, welche vom Wirt zur Verfügung gestellt werden. Wenn alle nötigen Systeme im Bakterioid enthalten sind, stellt sich die Frage, warum frei lebende *Rhizobium*-Stämme (Bakterien, nicht Bakterioide) im Boden keinen Stickstoff binden. Dies kann an der Versorgung mit Substraten liegen oder mit dem Leghaemoglobin zusammenhängen. Zwischen kultivierten Zellen und den Bakterioiden lassen sich Unterschiede im Cytochrom-System und auch in der Fähigkeit, bestimmte Substrate zu oxidieren, feststellen. Vor kurzem konnte gezeigt werden, daß kultivierte *Rhizobium*-Stämme (Bakterium) Stickstoff fixieren, wenn sie mit organischen Säuren, Pentosen (Arabinose oder Xylose) und kleinen Mengen gebundenen Stickstoffs versorgt werden. Der letzte Aspekt ist ein Rätsel, da verfügbarer gebundener Stickstoff normalerweise dazu führt, die Fixierung in den Knöllchen zu unterbinden. Es muß ganz offensichtlich noch viel über die Wechselbeziehungen zwischen *Rhizobium* und seinem Wirt geforscht werden.

4.3. *Die Auswirkung des Stickstoff-Kreislaufs auf die Umwelt und die Anwendung in der Landwirtschaft*

Richtung und Geschwindigkeit des Stoffflusses im Stickstoff-Kreislauf werden natürlich von Umwelt-Faktoren beeinflußt. Die Wirkungen sind auffälliger als im Kohlenstoff-Kreislauf, da letzterer eine Vielzahl verschiedener Mikroorganismen beinhaltet, die gemeinsam mit praktisch allen Umweltbedingungen fertig werden können. Der Stickstoff-Kreislauf hängt dagegen nur von wenigen verschiedenen Bakterien-Gattungen zur Fixierung ab, und sogar nur einer einzigen Gattung für bestimmte Umwandlungen z. B. *Nitrosomonas* und *Nitrobacter*. Die wichtigsten Faktoren, die den Stickstoff-Kreislauf kontrollieren, sind die allgemeinen Faktoren Temperatur und Verfügbarkeit von Wasser. Unter aeroben Bedingungen kann Nitrifizierung und symbiontische Stickstoff-Fixierung stattfinden; unter anaeroben Bedingungen findet die Denitrifizierung statt. Stickstoff binden können anaerob nur *Clostridium* und einige photosynthetische und Schwefel reduzierende Bakterien. In normalen landwirtschaftlich genutzten Böden wird das Gleichgewicht von Nitrifizierung, Stickstoff-Fixierung und Denitrifizierung durch die Belüftung reguliert. Die Prozesse können im gleichen Boden ablaufen, da immer sowohl aerobe als auch anaerobe Mikro-Standorte vorliegen.

In manchen Situationen ist es wünschenswert, die Denitrifizierung zu verstärken. Nach normaler und sogar optimaler Behandlung von Abwässern kann das geklärte Wasser immer noch hohe Konzentrationen anorganischen Stickstoffs aufweisen, selbst wenn der Gehalt an organischer Substanz bis zu einem zufriedenstellenden Niveau gesenkt wurde. Der Stickstoff kann zu Problemen führen, da er flußabwärts vom Klärwerk-Einlauf das Algenwachstum anregt (Kap. 7.). Abwasserreinigungs-Anlagen, in denen Nitratbildung durch Nitrifizierung erfolgt und anschließend eine Denitrifizierung zu molekularem Stickstoff, sind theoretisch möglich. Sie wurden auch in Versuchsanlagen bereits getestet, indem die Tropfkörper und Belebtschlammbecken und die aneroben Faultürme dahingehend erweitert wurden, daß nach einer aeroben eine relativ anaerobe Phase in der Behandlung stattfindet. Die kommerzielle Nutzung solcher Systeme wird zur Zeit durch die Kosten der zusätzlichen Anlagen eingeschränkt, doch ist die biologische Entfernung des Stickstoffs aus den geklärten Abwässern möglich, falls strengere Abwasserrichtlinien erlassen werden.

In jüngster Zeit hat die Menge an Ammonium- oder Nitrat-Dünger, die dem Boden zur Ertragssteigerung für viele wichtige Feldfrüchte zugefügt wurde, stark zugenommen. Ammoniumverbindungen machen den Boden sauer, besonders, wenn sie als Ammoniumsulfat aufgebracht werden, während Nitrate eher alkalische Bedingungen hervorrufen. Ammoniumverbindungen werden aufgrund ihrer positiven Ladung von Bodenkolloiden und Tonpartikeln adsorbiert. Nitrate sind dagegen mobiler und werden dadurch auch leichter ausgewaschen. Schwere moderne Maschinen können feuchten Boden zusammenpressen und damit anaerobe

Bedingungen herstellen, was zu verstärkter Denitrifizierung führt. Was mit dem Stickstoff im Dünger weiter geschieht, hängt nicht nur von den Bodenbedingungen ab, sondern auch von der chemischen Natur des Düngers, wie häufig er verabreicht wird, seiner Körnergröße usw. So kann eine Substanz wie Harnstoff, die hydrolysiert alkalische Bedingungen hervorruft, in so großen Mengen oder in so großen Partikeln aufgebracht werden, daß der pH-Wert des Bodens wahrnehmbar steigt. Die Nitrifizierung läuft bei neutralen oder leicht alkalischen pH-Werten am besten ab, doch wandelt *Nitrobacter* bei einem pH-Wert über 8 nur wenig Nitrit zu Nitrat um. *Nitrobacter* ist auch empfindlicher gegen Ammonium-Vergiftung als *Nitrosomonas*. Die Erhöhung des pH-Werts in der Nachbarschaft von Düngerkörnern und der Überschuß an Ammoniumverbindungen kann zu einem Fehlen der Nitrifizierung oder zu einer Ansammlung von Nitriten führen, die phytotoxisch sind. Andererseits findet aber bei zu saurem Boden keine Nitrifizierung statt. Ein Kalken von Böden mit einem pH-Wert zwischen 4 und 6 verstärkt die Nitrifizierung.

Die Konzentration an Ammoniumverbindungen im Boden beeinflußt auch die Nitrifizierung, da es das Ausgangssubstrat ist. In manchen Böden, z. B. Wiesen, können sie so rasch aufgebraucht werden, daß sie nicht mehr in genügender Menge vorliegen und keine Nitrifizierung ablaufen kann. Es gibt auch Berichte, denen zufolge die Gräser durch ihre Wurzelausscheidungen *Nitrosomonas* und *Nitrobacter* hemmen können. Wiesen weisen daher meist sehr geringe Nitrifizierungsraten auf.

Dünger müssen so zusammengesetzt sein und so angewendet werden, daß die mikrobielle Nitrifizierung zu einer langsamen ständigen Freisetzung von Nitraten führt. Diese müssen von den Pflanzen aufgenommen werden, bevor sie ausgewaschen oder denitrifiziert werden. Man muß auch darauf achten, daß die wichtige Stickstoff-Fixierung nicht unterbunden wird. Die Anwendung von Dünger ist daher keine leichte Aufgabe.

Auch verschiedene andere landwirtschaftliche Verfahren können die Umwandlungen von Stickstoff im Boden beeinflussen. Zum Beispiel hemmen viele Herbicide die Nitrit-Reduktion in grünen Pflanzen. Die herbizide Wirkung wurde teilweise auf den toxischen Effekt der Nitritakkumulation zurückgeführt, wenn Nitrat die Stickstoffquelle der Pflanze ist. In Laboruntersuchungen hemmen einige der chlorierten Kohlenwasserstoff-Insekticide und -Herbicide, wie 2,4-D, die mikrobielle Nitrifizierung bereits in Konzentrationen, die auch im Boden möglich sind. Dennoch treten nur selten schwerwiegende Auswirkungen auf, möglicherweise deshalb, weil einige der Pesticide von Bodenkolloiden adsorbiert werden. Wegen der hohen Kosten für Düngemittel und der zur Herstellung notwendigen Industrialisierung hat es nicht an Versuchen gefehlt, die Mikrobenflora des Bodens so zu beeinflussen, daß mehr Stickstoff fixiert und gleichzeitig die Denitrifizierung vermindert wird, so daß der bereits vorhandene gebundene Stickstoff erhalten bleibt. Man erhofft sich dadurch Produktionssteigerungen, ohne auf synthetische Dünger angewiesen zu sein. Eine sehr gute Möglichkeit ist die Zugabe stickstoffixierender Organismen zum Boden. Der oben diskutierte Fall der *Rhizobium*-Stämme ist gut bekannt und hat sich als erfolgreich erwiesen. Der Versuch, den Boden oder die Samen mit *Azotobacter* zu beimpfen, ist wesentlich umstrittener. Die Arbeiten hierzu wurden vorwiegend in der UdSSR durchgeführt. Bei der Anwendung im großen Maßstab in sowjetischen Landwirtschaftsgebieten wurde von bedeutenden Ertragssteigerungen berichtet. Für eine große Anzahl wichtiger Feldfrüchte wurde eine Ertragssteigerung bis zu 20% festgestellt, die auf die Stickstoff-Fixierung zurückgeführt wurde. Wir haben bereits darauf hingewiesen, daß *Azotobacter* zur Stickstoff-Fixierung viel Energie benötigt. Darüber hinaus führten Berechnungen zu der Vermutung, daß nicht genügend organisches Material im Boden vorlag, um ausreichende Mengen nutzbaren Stickstoffs bereitzustellen. Hierüber wurde viele Jahre diskutiert, inzwischen wurden jedoch Ertragssteigerungen in allen Teilen der Welt bestätigt, besonders dann, wenn nicht der beste Samen verwendet wurde. Es zeigte sich, daß viele Mikroorganismen Ertragssteigerungen bewirken können, auch wenn sie nicht in der Lage sind, Stickstoff zu binden. Die wahrscheinlichste Erklärung hierfür ist, daß die zugeführten Mikroorganismen einschließlich *Azotobacter* die Pflanze vor verschiedenen pathogenen Organismen schützen oder keimungs- oder wachstumsfördernde Substanzen, wie Gibberelline (Kap. 6.), produzieren.

Die Art, in der dem Boden Stickstoff zugeführt wird, kann Auswirkungen auf Pflanzenkrankheiten haben. Dies gilt besonders für Wurzelkrankheiten, die durch den Boden übertragen werden. Es gibt dabei keine allgemeine Regel, sowohl alkalische Böden und Nitrat-Dünger als auch saure Böden und Ammonium-Dünger fördern unterschiedliche pathogene Organismen. Dabei wirken sie möglicherweise nicht direkt auf diese Mikroorganismen ein, da die pH-Änderungen sehr klein sind; vermutlich beruht der unterschiedliche Krankheitsbefall auf vielen kleinen Veränderungen in der kompetitiven Balance im Boden (Kap. 6.).

In den industrialisierten Ländern mit intensiver Landwirtschaft nehmen wir zu Recht an, daß Dünger und die Wurzelknöllchen der Leguminosen für die Stickstoff-Versorgung sehr wichtig sind. In den meisten landwirtschaftlichen Gebieten der Erde und in allen natürlichen Standorten wird der überwiegende Teil des Stickstoffs jedoch durch die Mineralisierung organischer Substanz zu Ammonium-Ionen und dann zu Nitrat zur Verfügung gestellt. Die Bedeutung dieses Teils des Stickstoff-Kreislaufs, bei dem der Abbau durch viele verschiedene Mikroorganismen bewirkt wird, wird oft übersehen. Er geht durch die im Vordergrund stehenden Diskussionen über die Stickstoff-Fixierung unter, die unter natürlichen Bedingungen lediglich dazu dient, die Stickstoff-Versorgung zu vervollständigen, indem sie Verluste durch Auswaschung und Denitrifizierung ausgleicht. Wie bereits erwähnt, wird ein Teil des Stickstoffs während der Mineralisierung in mikrobielle Proteine und strukturelle Polymere eingebaut und damit immobilisiert. Der Stickstoffgehalt untergepflügter Pflanzenreste muß über 2% liegen, wenn er eine unmittelbare Stickstoff-Freisetzung bewirken soll. Unterhalb dieses Prozentsatzes wird kein Stickstoff freigesetzt; im Gegenteil, es kann sogar noch verfügbarer Stickstoff aus dem Boden durch die Mikroorganismen immobilisiert werden. Im Laufe der Zeit wird der Kohlenstoffgehalt des sich zersetzenden Materials durch Atmung verringert, während der Stickstoff von den Mikroorganismen ständig wieder verwendet wird. Dadurch steigt der Stickstoffgehalt prozentual gesehen an und verringert schließlich ein Niveau, auf dem eine Netto-Freisetzung anorganischen Stickstoffs erfolgt. Unabhängig vom Stickstoffgehalt des Substrats, laufen sowohl Mineralisierung als auch Immobilisierung ab, doch überwiegt bei niedrigen Stickstoff-Konzentrationen die Immobilisierung. Sie ist nicht unbedingt schädlich, da sie die Auswaschung vermindert und Stickstoff im Boden zurückbehält, der später freigesetzt und durch Mikroorganismen und höhere Pflanzen verwendet werden kann.

Die Diskussion hat sich bisher vorwiegend mit Böden und Landwirtschaft beschäftigt. Verglichen mit dem, was über terrestrische

Gebiete bekannt ist, wissen wir nur sehr wenig über den Stickstoff-Kreislauf in aquatischen Lebensräumen. Es wird vermutet, daß hier die gleichen Umweltfaktoren wie auf dem Land die Geschwindigkeit der einzelnen Prozesse und die Fließrichtung auch so gegenläufiger Reaktionen wie Nitrifizierung und Denitrifizierung steuern. Einzelne Seen sind gründlicher untersucht worden. Sie zeigen jahreszeitliche Schwankungen, wie sie infolge der Fluktuationen der Plankton-Populationen zu erwarten sind (Abb. 4—2). Die Wassertemperaturen sind, besonders in den tiefen Meeren,

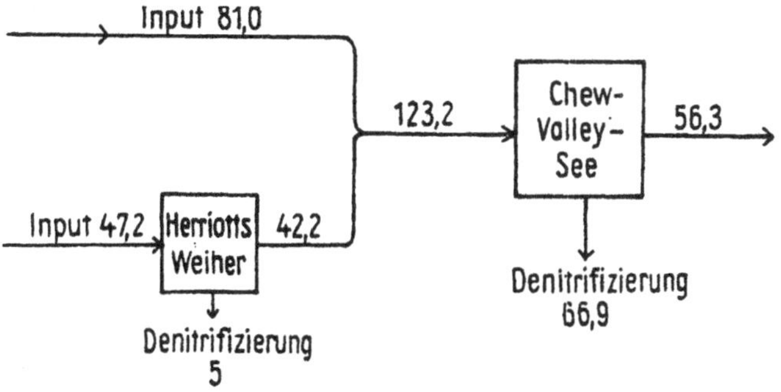

Abb. 4—9. Der geschätzte Stickstoffhaushalt eines Flußsystems im Jahr 1969. Zum Flußsystem gehören auch ein kleiner Teich und ein großer, künstlich angelegter See nahe Bristol, England. Die Zahlen geben den Stickstoffgehalt (gesamter Stickstoff) in Tonnen an. (Daten aus: Wilson, R. S., et al. (1971), The Limnology of Chew Valley and Blagdon Lakes. Department of Zoology, University of Bristol. (Errechnet aus Daten der Bristol Waterworks Company.)

gewöhnlich niedrig, die Geschwindigkeiten der Stickstoffumsetzungen sind daher langsam. Auch hier ist einer der wichtigsten Kontrollfaktoren der Grad der Belüftung. In tiefem Wasser oder in Sedimenten, die reich an organischer Substanz sind, kann die Sauerstoff-Konzentration sehr gering sein. In den sehr produktiven Seen spielt die Denitrifizierung vermutlich eine große Rolle; die Stickstoff-Konzentrationen zeigen beim Durchfluß des Wassers durch den See einen Nettoverlust an Stickstoff (Abb. 4—9). Ein Teil hiervon gelangt in die Sedimente, doch geht das meiste vermutlich als gasförmiger Stickstoff verloren. In weniger produktiven Seen entspricht die Stickstoff-Fixierung ungefähr der Denitrifizierung oder übersteigt sie sogar leicht [4]. Das Stickstoff-Ungleichgewicht ist auch für die untersuchten marinen Systeme typisch. Auch hier geht der Stickstoff, der in das System eintritt, jedoch nicht festgelegt wird, durch Denitrifizierung verloren. Es gibt sehr wenige Messungen über die Menge der *in-situ*-Denitrifizierung im Meer; es treten aber denitrifizierende Organismen auf, und die Bedingungen sind günstig, besonders in mäßigen und großen Tiefen.

Der größte Teil der Stickstoff-Fixierung in Seen und möglicherweise auch in den Meeren wird von Blaualgen durchgeführt, ihre Stickstoffbindung ist lichtabhängig und wird von Nitrat gehemmt. Im Sommer und Herbst sind die verfügbaren Stickstoff-Konzentrationen gering, und die aus dem vorher stattgefundenen Algenwachstum stammende organische Substanz könnte als Energiequelle den Prozeß begünstigen. Obgleich die fixierte Stickstoffmenge nicht groß ist (z. B. im Lake Windermere im englischen Seengebiet weniger als 1% des gesamten Stickstoff-Inputs), kann sie doch wichtig sein, wenn sie zu einem Zeitpunkt gebildet wird, an dem die anderen Stickstoffquellen ein Minimum erreichen. Dies ist ein gutes Beispiel für die Kontrolle durch ein negatives Feedback im Stickstoff-Kreislauf. Sinkt die Konzentration des verfügbaren Nitrat-Stickstoffes, dann wird die Stickstoff-Fixierung durch Blaualgen „eingeschaltet“ und ein großer Teil des fixierten Stickstoffs wird in Form von extracellulären Produkten freigesetzt, die von anderen Algen genutzt werden können.

5. Mikrobiologische Umsetzungen weiterer Elemente in der Umwelt

Einige mineralische Elemente wie Phosphor, Calcium und Kalium spielen eine wichtige Rolle in Wachstum und Stoffwechsel aller Organismen. Auch Mikroorganismen enthalten diese Elemente und entziehen sie damit vorübergehend dem Kreislauf; gleichzeitig setzen sie sie im Verlauf des Abbaus der organischen Substanz aber auch wieder frei. Die Stoffwechselprodukte der Mikroorganismen können, z. B. durch Änderung des pH-Wertes, die Verfügbarkeit eines Ions beeinflussen, indem sie seine Löslichkeit oder seine Oxidationsstufe verändern. Dies geschieht auch dann, wenn das betreffende Ion selbst gar nicht in den Stoffwechsel einbezogen wird. Es handelt sich um indirekte Einflüsse auf die Verfügbarkeit vieler pflanzlicher Nährstoffe, bei denen Mikroorganismen wahrscheinlich beteiligt sind; allerdings gibt es erst wenig detaillierte Informationen zu diesem Thema. Dagegen gibt es für Schwefel und Eisen Bakteriengruppen, die diese Elemente ganz spezifisch als Substrat benutzen. In diesem Kapitel werden wir die mikrobiellen Umwandlungen von Schwefel und Eisen behandeln sowie die Rolle, die Mikroorganismen im Phosphor-Kreislauf spielen. Auch das Silicium soll kurz betrachtet werden, da es ein Hauptbestandteil der Schalen der Diatomeen ist, einer großen und wichtigen Algengruppe.

5.1. Umwandlungen des Schwefels

Schwefel ist eines der Elemente, deren Verteilung während der letzten 50 bis 100 Jahre durch den Menschen stark beeinflußt wurde, in erster Linie durch die Verbrennung fossiler Brennstoffe (Kap. 3.), wobei Schwefeldioxid in die Luft freigesetzt wird. Schwefeldioxid wird durch den Regen ausgewaschen und gelangt so in den Boden und die Gewässer (Abb. 5—1). Dies kann lokal in Industriegebieten mit großen Schwefel-Emissionen oder in deren Windschatten zu ernsten Folgen führen.

Im Boden liegen 10 bis 25% des Schwefels als Sulfat vor, das, sofern es nicht an Bodenkolloide adsorbiert ist, leicht ausgewaschen werden kann. Ein großer Teil der verbleibenden 75% ist in organischer Substanz gebunden, aus der der Schwefel im Verlauf der Zersetzung langsam freigesetzt wird. In anaeroben Böden oder bestimmten Mikro-Habitaten treten oft Sulfide und Polysulfide auf. Die Gesamtmenge des im Boden enthaltenden Schwefels beläuft sich normalerweise auf 100 bis 500 mg/kg Boden, davon kann etwa die Hälfte löslich sein. Bei intensiver Landwirtschaft kann Schwefel zum limitierenden Faktor werden; unter natürlichen Bedingungen ist das allerdings nur selten der Fall.

In der Luft liegt der Schwefel meist als Sulfat, Schwefeldioxid und Schwefelwasserstoff vor. Die Konzentrationen schwanken; so enthält saubere Luft von jeder dieser drei Schwefelverbindungen bis zu 5 ng/l, in leicht verschmutzter Luft kann der Gehalt bis zu 20 ng/l ansteigen. In Stadtzentren wurden Schwefeldioxid-

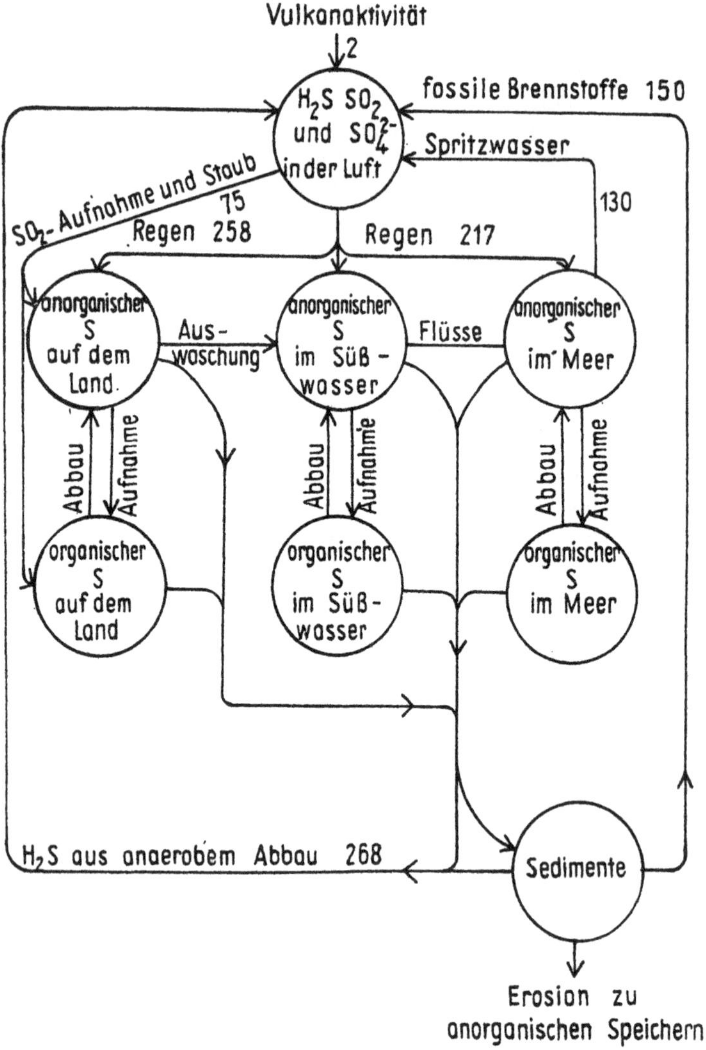

Abb. 5–1. Kreislauf des Schwefels in der Biosphäre. Die Fließraten zwischen den einzelnen Speichern betragen 10^6 t (als Sulfat) pro Jahr. (Werte aus KELLOG, W. W., CADLE, R. D., ALLEN, E. R., LAZARUS, A. L., und MARTELL, E. A. (1972), The sulphur cycle. Science *175*, 587–596.)

Konzentrationen von bis zu 200 ng/l gemessen, ein Wert, der in der Nähe bestimmter Industrieanlagen sogar noch überschritten werden kann. Regen nimmt bei seinem Weg durch relativ saubere Luft 2 mg Schwefel/l auf, doch schwankt auch hier die Gesamtmenge. In unverschmutzten, regenarmen Gebieten Afrikas kann die ausgewaschene Menge bei nur 1 kg/ha/Jahr liegen, während sie im industrialisierten Europa und Nordamerika bis zu 100 kg/Jahr ansteigen kann. Darüber hinaus kann Schwefeldioxid Regenwasser ansäuern, was zu pH-Änderungen im Boden und in Gewässern führt.

Der im Süßwasser [6] enthaltene Schwefel stammt aus Regenwasser und der Erosion und Auslaugung des Bodens. Die Konzentration beträgt normalerweise 3 bis 30 mg Schwefel/l. Am reichsten an Schwefel ist das Meer; es enthält bis zu 2700 mg/l.

Schwefel kann in vielen Oxidationsstufen vorliegen; Mikroorganismen können sie ineinander überführen (Abb. 5—2). Elementarer Schwefel, Sulfid, Schwefel in Aminosäuren und Sulfat sind die häufigsten Formen. Über die Biochemie der verschiedenen Reaktionen und die daran beteiligten Enzymsysteme ist wenig bekannt, wahrscheinlich sind an den meisten Schwefel-Umwandlungen Adenosin-5'-phospho-sulfat (APS) und Teile des Cytochrom-Systems (Cytochrom c und c_3) mit NAD, NADP oder Ferredoxin beteiligt. Reduktionen von Schwefel laufen außerdem über 3'-Phosphoadenosin-5-phosphosulfat (PAPS) ab [4]. Mögliche Reaktionen können folgendermaßen zusammengefaßt werden:

Assimilatorische Reduktion (Mikroorganismen, höhere Pflanzen):

$$\mathrm{ATP} + \mathrm{SO_4^{2-}} \rightleftharpoons \mathrm{APS} + \mathrm{PO_4^{3-}}$$

$$\mathrm{ATP} + \mathrm{APS} \rightleftharpoons \mathrm{PAPS} + \mathrm{ADP}$$

$$\mathrm{PAPS} + \mathrm{NAD(P)H} \rightleftharpoons \mathrm{PAP} + \mathrm{SO_3^{2-}} + \mathrm{NAD(P)}$$

$$\mathrm{NADH^+} + \mathrm{SO_3^{2-}} \rightleftharpoons \mathrm{SH^-} + \mathrm{NAD}$$

Dissimilatorische Reduktion (Bakterien):

$$\mathrm{ATP} + \mathrm{SO_4^{2-}} \rightleftharpoons \mathrm{APS} + \mathrm{PO_4^{3-}}$$

$$\mathrm{APS} + 2\,e^- \rightleftharpoons \mathrm{SO_3^{2-}} + \mathrm{AMP}$$

Oxidation (Bakterien):

$$2\,\mathrm{AMP} + 2\,\mathrm{SO_3^{2-}} \rightleftharpoons 2\,\mathrm{APS} + 4\,e^-$$

$$2\,\mathrm{APS} + \mathrm{PO_4^{3-}} \rightleftharpoons 2\,\mathrm{ADP} + 2\,\mathrm{SO_4^{2-}}$$

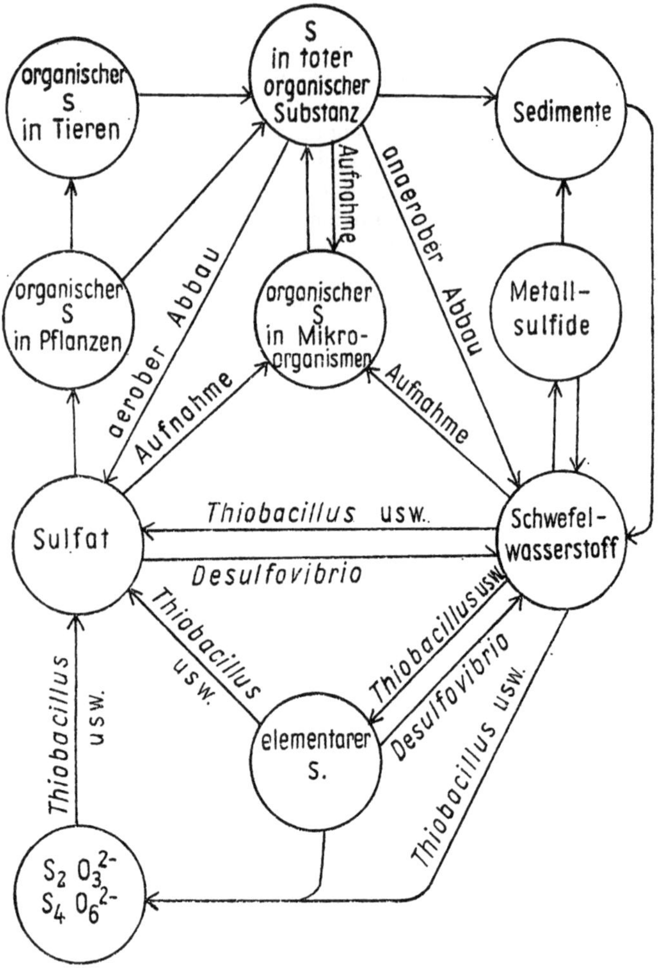

Abb. 5–2. Die chemischen Umwandlungen der Schwefelverbindungen, die von Mikroorganismen durchgeführt werden: Die Organismen, die an den jeweiligen Reaktionen beteiligt sind, werden im Text besprochen. *Thiobacillus* usw. steht für *Thiobacillus*, *Beggiota*, *Thiothrix*, *Chlorobium*, *Chromatium*. Welche Organismen an der jeweiligen Reaktion beteiligt sind, hängt von den Licht- und Sauerstoff-Verhältnissen ab.

Betrachten wir zunächst den organischen Schwefel (Abb. 5—2). Er wird während des Proteinabbaus von vielen Mikroorganismenarten umgesetzt (Kap. 3.) und, je nach den Belüftungsbedingungen, entweder als Sulfat oder als Schwefelwasserstoff freigesetzt. Ein Teil des Schwefels wird von den Mikroorganismen verwendet und dadurch festgelegt, doch tritt Schwefel während der Zersetzung nur sehr selten als limitierender Faktor auf (s. Stickstoff, Kap. 4.). Das Verhältnis Kohlenstoff : Schwefel kann bis zu 200:1 ansteigen, ohne daß eine Limitierung bei der Atmung der Mikroorganismen, die die Zersetzung bewirken, festgestellt werden kann.

Der bei der anaeroben Zersetzung (und bei der Sulfat-Reduktion, s. u.) entstehende Schwefelwasserstoff kann zur Ausfällung von Metallsulfiden führen — daher die schwarze Färbung vieler anaerober Schlämme. Die Sulfide können unter aeroben Bedingungen (positives Redox-Potential E) von chemosynthetisch aktiven Bakterien oxidiert werden. Unter fortgesetzt anaeroben Bedingungen übernehmen photosynthetisch aktive Bakterien diese Aufgabe. Viele heterotrophe Bakterien (einschließlich Actinomycetes) und Pilze können Schwefelwasserstoff oxidieren. Der wichtigste Organismus für diese Reaktion sowohl im Boden wie im Wasser sind chemosynthetisch aktive *Thiobacillus* spp. Die Bakterien dieser Gattung können elementaren Schwefel, Sulfide, Thiosulfat oder Tetrathionat zu Sulfat oxidieren. Einige von ihnen sind imstande, die extrem sauren Bedingungen, die dabei entstehen, z. B. einen pH-Wert unter 1, zu ertragen. Die meisten Thiobacilli bewohnen daher ein spezielles Mikro-Habitat in einem Bereich sich überlappender Konzentrationsgradienten, in dem Sauerstoff vorhanden ist, dicht daneben aber anaerobe Verhältnisse herrschen, so daß reduzierte Schwefelverbindungen, meist Schwefelwasserstoff vorkommen. Solche Bedingungen finden sich in manchen Böden und in Wasser dicht über Schlämmen, die reich an organischer Substanz sind. Eine Art, *Thiobacillus denitrificans*, ist fakultativ anaerob, d. h. sie kann auch in Lebensräumen mit geringem oder sogar negativem Redox-Potential E leben. In solchen Situationen kann sie Nitrat anstelle von Sauerstoff als Endakzeptor der Elektronen verwenden (Kap. 4., dies ist ein gutes Beispiel für die Vernetzung verschiedener Nährstoff-Kreisläufe). Einige der möglichen Oxidationsreaktionen sind in Tab. 5—1 dargestellt. Zu beachten ist dabei, daß *Thiobacillus thioparus* Substrate wie Thiosulfat oder Tetrathionat zu Sulfat oxidieren kann, während es gleichzeitig die reduzierte Form, elementaren Schwefel, ablagert. Auch *Beggiatoa* und *Thiotrix* spp., filamentöse Bakterien, die meist auf der Oberfläche schwefelwasserstoffhaltiger Sedimente leben, lagern elementaren Schwefel ab, obwohl sie vermutlich mehr heterotroph als chemosynthetisch leben. Die Änderungen der Freien Energie sind bei der Schwefel-Oxidation nicht groß. Sie betragen etwa 160 kJ bei der Umwandlung von Sulfid zu Schwefel und weitere ca. 500 kJ bei der Umwandlung zu Sulfat.

Die Aktivität von *Thiobacillus* hat oft starke Auswirkungen auf den pH-Wert des Lebensraumes, was in Böden besonders gründlich untersucht worden ist. Die produzierte Säure kann die Löslichkeit und damit die Verfügbarkeit anderer Elemente erhöhen. Eine derartige Zunahme der Bodenacidität wurde auf neu gewonnenem Land beobachtet, z. B. den holländischen Poldern, deren anaerobe Schlämme Sulfide oder Polysulfide enthielten. Diese wurden von *Thiobacillus* oxidiert, sobald der Schlamm austrocknete und dadurch aerob wurde. Solche pH-Abfälle können zu einer Abnahme der Krümelung der Tonpartikel und damit zu einer Verschlechterung der Bodenstruktur führen. Zusatz von Kalk kann die pH-Änderung wieder aufheben und den Ton wieder krümelig machen. Andererseits kann der Landwirt durch Zufuhr elementaren Schwefels, der im Boden oxidiert wird, den pH-Wert des Bodens senken.

Die photosynthetisch aktiven Schwefelbakterien, sowohl grüne wie *Chlorobium* als auch purpurrote wie *Chromatium*, sind nur in flachen Gewässern mit einem hohen Gehalt an organischer Substanz von Bedeutung. Sie stellen eine der wenigen Möglichkeiten dar, reduzierten Schwefel unter anaeroben Bedingungen zu oxidieren. Daher bewohnen die meisten photosynthetisch aktiven Purpurbakterien ein anderes Mikro-Habitat als *Thiobacillus*. Das Wasser muß für sie flach genug sein, damit ausreichend Licht einfällt, aber gleichzeitig auch tief genug, damit anaerobe Bedingungen entstehen (Abb. 5—3). Einige Arten der schwefelhaltigen Purpurbakterien sind fakultativ aerobe organotrophe Organismen, und einige können aerob chemosynthetisch leben, indem sie Schwefelwasserstoff zu Sulfat oxidieren, um Kohlendioxid zu fixieren.

Die assimilatorische Reduktion (Abschn. 5.1.) von Sulfat im Methionin-Kreislauf wird von allen Pflanzen und Mikroorganismen durchgeführt, die Sulfat aufnehmen und als $-SH_2$ in Aminosäuren einbauen. Die dissimilatorische Reduktion von Sulfat (und Sulfit,

Tabelle 5—1

Beispiele für Schwefel-Umsetzungen, die von Mikroorganismen durchgeführt werden.

Ausgangs-substrat	Organismus	benötigtes Redox-Potential *E*, aerob + anerob — Angabe der Optimalbedingungen, falls bekannt	mögliche Reaktionen
Oxidationen			
S°	*Thiobacillus thiooxidans* und *T. thioparus*	+580	$2S + 3O_2 + 2H_2O \rightarrow 2H_2SO_4$
$S_2O_3^{2-}$	*T. thiooxidans*	+	$S_2O_3^{2-} + 2O_2 + H_2O \rightarrow 2HSO_4^-$
$S_2O_3^{2-}$	*T. thioparus*	+	$5S_2O_3^{2-} + H_2O + 4O_2 \rightarrow 5SO_4^{2-} + H_2SO_4 + 4S$
$S_4O_6^{2-}$	*T. thioparus*	+	$S_4O_6^{2-} + 2CO_3^- + 2O_2 \rightarrow 3SO_4^{2-} + S + 2CO_2$
S°	*T. denitrificans*	+600 bis 0	$6\,N_3O^- + 5S + 2CaCO_3 \rightarrow 3SO_4^{2-} + 2CaSO_4 + 2CO_2 + N_2$
S^{2-}	*Thiobacillus spp.* *Beggiatoa spp.* *Thiothrix spp.*	+	$4H_2S + O_2 \rightarrow 4S + 2H_2O$
S^{2-}	photosynthetisch aktive Schwefel-Bakterien	—	$CO_2 + 2H_2S \xrightarrow{\text{Licht}} (CH_2O)_n + 2S + H_2O$
Metall S^{2-}	*T. ferrooxidans*	+	$2FeS_2 + 7O_2 + 2H_2O \rightarrow 2FeSO_4 + 2H_2SO_4$
Reduktion			
SO_4^{2-}	*Desulfovibrio sp.*	−180	$SO_4^{2-} + 4H_2 \rightarrow S^{2-} + 4H_2O$

Thiosulfat und Tetrathionat) ist eine weniger verbreitete Fähigkeit: fast die gesamte Umsetzung wird von einer einzigen Bakterienart bewirkt, von *Desulfovibrio desulfuricans*, einem obligaten Anaerobier mit einem pH Optimum nahe 7. Auch die Fähigkeit von *Clostridium nigrificans*, Sulfat zu reduzieren, wurde untersucht, wenn auch weit weniger detailliert. Beide Arten produzie-

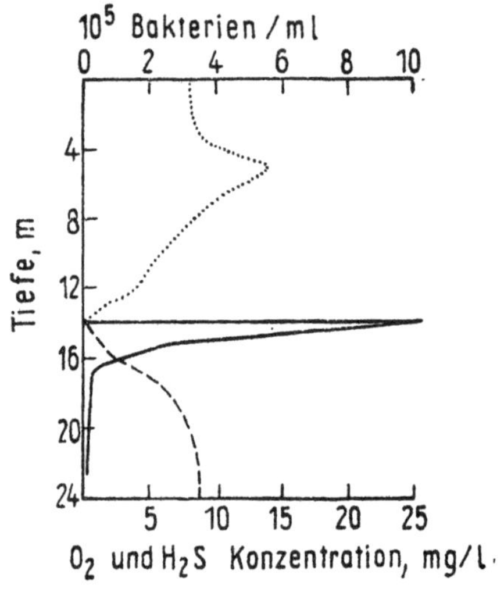

Abb. 5—3. Die Verteilung von *Chromatium* spp. (———) in Abhängigkeit von der Tiefe, der Sauerstoff- (.....) und Schwefelwasserstoff-Konzentration (— —) in einem an organischer Substanz reichen See. (Geändert nach: KUSNETZOV, S. I. (1959), Die Rolle der Mikroorganismen im Stoffkreislauf der Seen. VEB Deutscher Verlag der Wissenschaften, Berlin, Tab. 93, S. 301.)

ren in Gegenwart von Sulfat und organischer Substanz Schwefelwasserstoff, d. h. sie können Sulfat als terminalen Elektronen-Akzeptor verwenden, ähnlich der Reduktion von Nitrat (s. Abschn. 4.2.2.). Doch sind die Organismen, die Nitrat umsetzen, fakultative Anaerobier, während *Desulfovibrio* in Gegenwart von O_2 nicht wachsen kann.

Der Schwefelwasserstoff, der durch Sulfat-Reduktion und anaeroben Proteinabbau entsteht, kann ernste Folgen haben. Erstens ist er für die meisten aeroben Organismen, einschließlich der Nutzpflanzen, giftig. Zweitens spielt *Desulfovibrio* eine wichtige Rolle bei der Metallkorrosion. Die Meere haben hohe Sulfat-Konzentrationen, und verschmutzte Docks und Küstengewässer weisen einen hohen Gehalt an organischer Substanz auf. Sie sind oft sauerstofffrei, so daß die Korrosion hier verstärkt auftritt. Auch in Böden, die reich an organischer Substanz sind, werden Metallrohre korrodiert. Das von *Desulfovibrio* produzierte Sulfid bindet das Fe^{3+} (oder andere Metalle) aus der Metalloberfläche und schlägt es als FeS ode Fe_2S_3 nieder, so daß eine ständige Ionisierung stattfindet (anodische Depolarisation). Gleichzeitig wird aus dem kathodischen Bereich der Wasserstoff entfernt (Tab. 5—1), was zu einer kathodischen Depolarisierung führt. Viele Methoden wurden entwickelt, um die Korrosion zu vermindern und einen

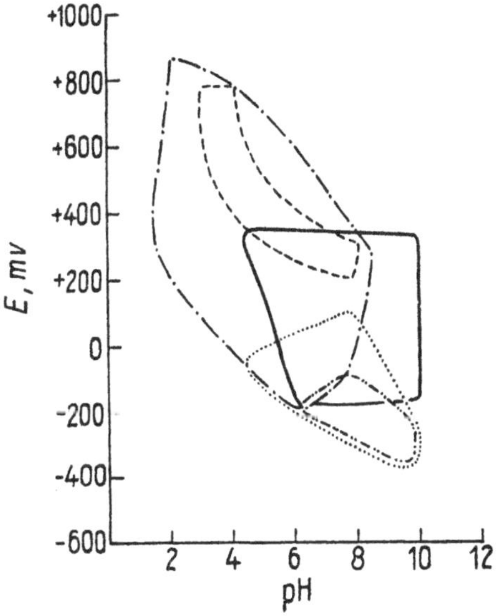

Abb. 5—4. Die Bandbreite einiger Bakteriengruppen, die Schwefel-Umsetzungen durchführen, in ihrer Abhängigkeit von pH-Wert und Redox-Potential *E*. *Thiobacillus* (—·—·—); Eisenbakterien (- - - - -); Schwefelpurpurbakterien (———); *Desulfovibrio* (· · · · ·); grüne Schwefelbakterien (*Chlorobium*) (—··—··—). (Geändert nach: WOOD, E. J. F. (1965), Marine Microbial Ecology. Chapman und Hall, London, S. 243.)

Kathodenschutz zu erreichen, wie die Verwendung von Bioiden, überschüssigem Anodenmaterial und elektrischen Strömen [9].

Die an Schwefel-Oxidationen und -Reduktionen beteiligten Organismen werden in erster Linie durch die Belüftung (d. h. durch das Redox-Potential) und den pH-Wert kontrolliert. So benötigen z. B. Thiobacilli hohe Redox-Potentiale, können aber niedrige pH-Werte ertragen. Die Bandbreite der einzelnen Arten kann dabei verschieden sein. Andererseits haben schwefelhaltige Purpurbakterien ein sehr breites pH-Spektrum, das von pH 4,8 bis pH 10,5 reicht. Die verschiedenen Gruppen der hier besprochenen Mikroorganismen bewohnen keine klar gegeneinander abgegrenzten Mikro-Habitate, sondern überlappen sich in ihren Ansprüchen in bezug auf Luftzufuhr und Säuregrad (Abb. 5—4). Eine leichte Änderung von pH-Wert oder E führt bereits zu einer Verschiebung der relativen Proportionen der einzelnen Arten in einer gemischten Population. Die Bedeutung der Schwefelbakterien liegt nicht nur in den Reaktionen, die sie im Schwefel-Kreislauf hervorrufen, sondern auch in der Auswirkung ihrer toxischen und sauren Endprodukte und dem Niederschlag von Metallsulfiden.

5.2. *Der Phosphor-Kreislauf*

Alle bisher betrachteten Elemente werden von Mikroorganismen oxidiert oder reduziert. Im Gegensatz hierzu kommt der Phosphor im natürlichen Lebensraum fast nur in Form von Phosphaten, meist Orthophosphaten, vor. Keine der anderen Wertigkeitsstufen ist von Bedeutung. Zwar wurde über mikrobielle Oxidation oder Reduktion von Phosphor berichtet, z. B. zu Phosphin (PH_3), Hydrogenphosphid (P_4H_2), Phosphit (PO_3^{2-}) usw., doch laufen diese Umwandlungen höchstens in sehr begrenztem Umfang ab. Eine andere ungewöhnliche Eigenschaft des Phosphors ist, daß er, außer in Spuren im Staub, nicht in der Atmosphäre auftritt, da er keine beständige gasförmige Verbindung bilden kann.

Phosphor ist ein essentieller Bestandteil aller lebenden Organismen. Er tritt in Phospholipiden, Nucleinsäuren und ATP auf. Obgleich er nicht in so großen Mengen wie Kohlenstoff und Stickstoff gebraucht wird, kann er doch ein wichtiger limitierender

Nährstoff sein. Im Boden liegt Phosphor in Mengen von 400 bis 1200 mg/kg vor, allerdings ist hiervon nur sehr wenig (unter 5%) verfügbar. Der Phosphor tritt in erster Linie in unlöslichen anorganischen Phosphaten, besonders Calcium- und Eisenphosphaten, und in organischen Komplexen, wie z. B. Inosithexaphosphat, auf. Mit zunehmender Bodentiefe nimmt die Konzentration an organischen Phosphaten ab.

In aquatischen Lebensräumen findet sich weit weniger Phosphor [6, 8, 10], er liegt hier nur in einer Menge von etwa 0,01 bis 0,07 mg/l vor. In verschmutzten Gewässern (Kap. 7) wurden allerdings viel höhere Werte gemessen. Trotz niedriger Konzentrationen stellt das Meer eine der wichtigsten Phosphor-Reserven dar. Es trifft wohl zu, das Meer als abschließende Deponie des in der Umwelt zirkulierenden Phosphors zu betrachten, da nur sehr wenig wieder aus dem Meer zurückgewonnen wird. Eine Ausnahme bilden Guano und die langfristigen geologischen Bewegungen, die zur Entstehung von neuem Land führen. Der Phosphor liegt in aquatischen Lebensräumen als partikuläre Substanz, gelöstes organisches Material oder anorganischer Phosphor vor. Das Verhältnis der verschiedenen Formen zueinander ändert sich mit dem jeweiligen Wasserkörper, der Jahreszeit und der Wassertiefe. Die geringen natürlichen Konzentrationen bedeuten für die Mikroorganismen, besonders die planktischen Algen, daß löslicher Phosphor in ungenügender Menge vorliegt. Die Organismen sind daher von der raschen Mineralisierung oder dem Aufsteigen tieferer Wasserschichten abhängig (Kap. 7). Im Sommer und in den Tropen beträgt die Turnover-Zeit im Oberflächenwasser zuweilen nur einige Minuten, normalerweise höchstens wenige Tage. Trotz der hohen Umsatzraten bedeutet die Fähigkeit, organisch gebundenen Phosphor direkt, ohne den Umweg der Mineralisierung, zu nutzen, einen Vorteil. Dieser kommt besonders während der Algenblüte, wenn Phosphormangel herrscht, zur Geltung. Epiphytisch auf planktischen Algen wachsende Bakterien können die Exsudate der Algen und die Produkte ihrer Autolyse direkt absorbieren. Ein Teil des unlöslichen Phosphors erreicht natürlich die Sedimente, wo Eisen- und Aluminiumphosphate häufig vorkommen. Unter anaeroben Bedingungen gebildeter Schwefelwasserstoff kann die Phosphate wieder freisetzen, indem er Eisensulfide ausfällt. Düngemittel und die langsame Freisetzung aus Gesteinen stellen den einzigen Input in den Phosphor-Kreislauf (Abb. 5—5) dar.

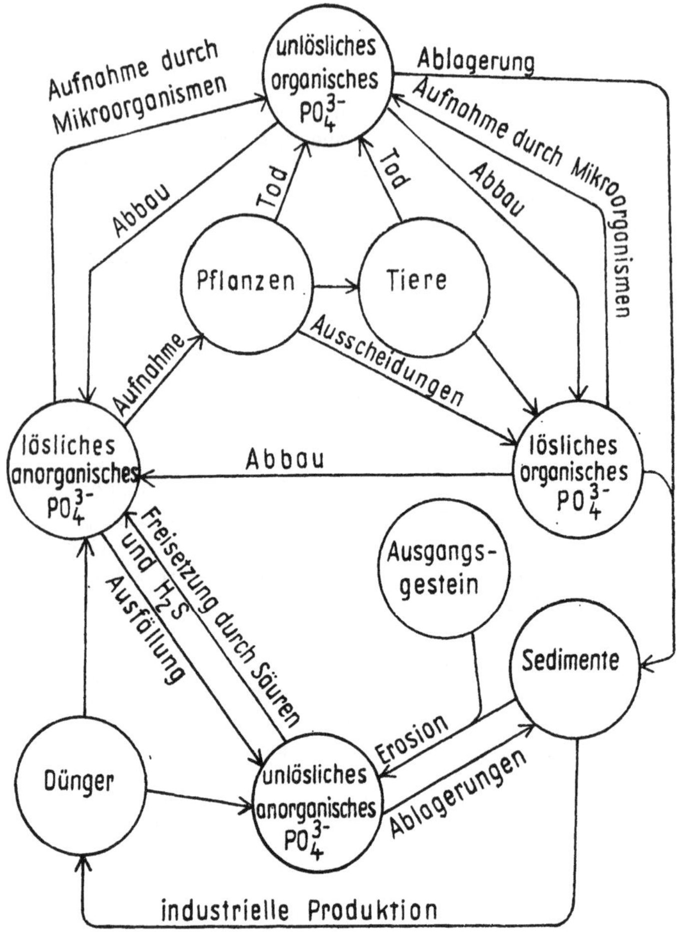

Abb. 5–5. Der Phosphor-Kreislauf.

Aus diesem Grund kommt der Zersetzung organischer Substanz und dem Lösen anorganischen Phosphats eine Schlüsselrolle im Kreislauf zu. Der Abbau der organischen Substanz wird von einer sehr großen Zahl verschiedener Saprophyten durchgeführt (Kap. 3.). Die dabei stattfindende Freisetzung des Phosphors ist von anderer Art als die Mineralisierung des Stickstoffs, bei dem Amino-Gruppen zu Ammoniak oder Nitrat umgewandelt werden. Der Phosphor liegt im Organismus schon als Phosphat vor und wird beim Abbau der Kohlenstoff-Verbindungen lediglich freigesetzt. Nucleinsäuren und Phospholipide werden relativ schnell abgebaut, komplexere organische Verbindungen, wie Phytin oder Polyphosphate, die von einigen Bakterien und Pilzen gespeichert werden, werden jedoch langsamer zersetzt. Das gilt vor allem dann, wenn sie an Ton oder kolloidale Humuspartikel adsorbiert sind. Ein Teil des Phosphors wird von den Mikroorganismen, die den Abbau durchführen, sofort wieder immobilisiert: Pilze enthalten 0,5 bis 1,0, Bakterien 1,5 bis 2,5 und höhere Pflanzen 0,5 bis 5,0 Gew.-Prozent Phosphor. In den meisten sich zersetzenden Substraten gibt es daher ausreichend Phosphor. Die Konzentration muß nur ca. 0,2% überschreiten, damit eine Freisetzung über das von den Destruenten selbst benötigte Maß hinaus erfolgt.

Die organischen Säuren, die von den Mikroorganismen gebildet und freigesetzt werden, können anorganischen Phosphor aus Gesteinen lösen. Unter Laborbedingungen besitzen etwa 50% der im Boden lebenden heterotrophen Organismen diese Fähigkeit. Für landwirtschaftliche Zwecke hat man versucht, diese Fähigkeit der im Boden lebenden Mikroorganismen zu fördern, doch sind die Ergebnisse zur Zeit noch unsicher. Die meisten Auswirkungen auf das Pflanzenwachstum sind wahrscheinlich auf andere Ursachen zurückzuführen, z. B. auf die Bildung von Pflanzenhormonen, ähnlich wie bei den frei lebenden stickstoffbindenden Organismen (s. Abschn. 4.3.). In Wurzelnähe lebende Mikroorganismen (s. Abschn. 6.5.1.) beeinflussen unter bestimmten Bedingungen die Phosphor-Aufnahme der Pflanze. Dabei ist allerdings noch umstritten, ob sie die Aufnahme fördern oder hemmen. Die experimentelle Untersuchung dieses Problems ist technisch sehr schwierig, die Ergebnisse sind oft nur schwer zu interpretieren. Auf jeden Fall leiden Pflanzen bei sehr niedrigen Phosphat-Konzentrationen an Mangelerscheinungen. Bei ausreichender Phosphat-Versorgung sind Mikroorganismen besonders für junge Keimlinge nützlich: sie nehmen in Gegenwart von Mikroorganismen mehr Phosphat auf, als sie ohne diese aufnehmen würden. Die symbiontischen Assoziationen (Mycorrhiza-Infektionen) zwischen Pilzen und Wurzeln sind besonders bei Waldbäumen wiederholt untersucht worden. Diese Untersuchungen bezogen sich auf die Nährstoff-Aufnahme allgemein und die Phosphor-Aufnahme im besonderen. Für diese Beziehungen ist klar erwiesen, daß dadurch in Böden mit mäßiger Fruchtbarkeit die Phosphor-Aufnahme verbessert wird. Der positive Einfluß des richtigen Mycorrhiza-Pilzes ist so groß, daß es sich lohnt, junge Bäume in ihren Saatbeeten mit Pilzen zu infizieren, bevor neue Kulturen auf Böden gepflanzt werden, die nicht die richtige Art oder den richtigen Pilzstamm enthalten. Die Mycorrhiza und andere Mikroorganismen, die auf oder in der Nähe von Pflanzenwurzeln wachsen, werden in Kap. 6. ausführlicher behandelt.

In aquatischen Lebensräumen, besonders im Süßwasser [6], ist Phosphor normalerweise ein limitierender Nährstoff, dem bei der Eutrophierung (Kap. 7.) große Bedeutung zukommt. Eutrophierung kann ein natürlicher Vorgang sein, doch ist sie heute meist mit einer Verschmutzung durch Abwässer oder durch Abfluß von landwirtschaftlich genutztem Land, das mit Phosphat und stickstoffhaltigem Dünger gedüngt wurde, verbunden.

5.3. Eisen- und Mangan-Umwandlungen

An der Umwandlung von Eisen und Mangan sind hauptsächlich zwei Gruppen von Mikroorganismen beteiligt. Zum einen sind es solche, meist heterotrophe, Organismen, die während des Abbaus organischer Substanz Eisen freisetzen. Zum anderen gibt es autotrophe (chemosynthetisch aktive) Bakterien, die aus der Oxidation von Eisen(II)- zu Eisen(III)-Salzen Energie gewinnen [2].

Eisen ist in organischer Substanz in sehr kleinen Mengen vorhanden; besonders wichtig ist es in den Cytochromen. Während der Zersetzung wird das Eisen in löslicher Form freigesetzt, immobilisiert oder ausgefällt, je nachdem, welcher Organismus den Abbau bewirkt und wie hoch der pH-Wert der Umgebung ist. Saure Bedingungen, wie sie durch den Stoffwechsel der Mikroorganismen entstehen können, führen zur Freisetzung des Eisens aus unlöslichen anorganischen Verbindungen. Einige Bakterien können Eisen oder Mangan aus organischen Substanzen anreichern und als Hydroxid in ihren Schleimkapseln ablagern. Die Taxonomie dieser Organismen ist nicht klar, sie werden aber allgemein als hauptverantwortlich für die Ablagerung von Eisen und Mangan in aeroben Böden (z. B. *Pedomicrobium*) und in Wasser (z. B.

Hyphomicrobium) angesehen. Auch *Sphaerotilus* (und das nahe verwandte, wenn nicht identische *Leptothrix* und *Gallionella*) sind heterotrophe Organismen, die Eisen- oder Manganhydroxide ablagern können. Ihr pH-Optimum liegt im neutralen oder leicht sauren Bereich, sie sind mikroaerophil. Es gibt einige Anhaltspunkte dafür, daß *Sphaerotilus* seine Energie, die es zum Wachstum benötigt, auf chemosynthetischem Weg gewinnt, indem es Eisen und vielleicht auch Mangan oxidiert. Normalerweise findet man es jedoch in Gewässern, sie sehr viel organische Substanz enthalten.

Das wirklich chemosynthetisch aktive Eisen-Bakterium, *Thiobacillus ferrooxidans* (und *Ferrobacillus ferrooxidans*, wahrscheinlich ist es die gleiche Art), hat ein niedriges pH-Optimum (1,7 bis 3,5), hält aber einen intracellulären pH-Wert von etwa pH 5 aufrecht. Es ist ein strikter Aerobier. Die Oxidation von Eisen der Oxidationsstufe +2 zu Eisen der Oxidationsstufe +3 ergibt nur einen Energiegewinn von 48 kJ. Diese Energie wird genutzt, um Kohlendioxid zu reduzieren und zu fixieren. Vermutlich sind diese Bakterien für die Geochemie des Eisens und Mangans wichtig.

Mikroorganismen sind an der Bildung von Manganknollen in großen Meerestiefen beteiligt, wenn auch noch nicht bewiesen ist, ob sie dafür allein verantwortlich sind. Sie können auch zur kommerziellen Ausbeute von Kupfer-, Eisen-, Nickel-, Kobalt- und Molybdänsulfid-Erzen mit geringem Metallgehalt verwendet werden [11]. *Thiobacillus ferrooxidans* (und möglicherweise *T. thioxidans*) oxidiert die Sulfide zu Sulfaten, so daß die Metalle als Sulfate herausgelöst werden. Solche Reaktionen sind für die extrem sauren Drainage-Wässer aus vielen Minen verantwortlich. Diese Wässer zeichnen sich durch eine artenmäßig sehr eingeschränkte, spezialisierte Mikroflora aus, zu der tolerante *Euglena mutabilis*-Stämme, *Chlamydomonas*-Arten, der Ciliat *Oxytricha* und die Diatomeen *Frustulia rhomboides* v. *saxonica* und *Achnanthes microcephala* gehören.

Wir haben bisher fast ausschließlich über die Oxidation des Eisens gesprochen. Es gibt aber Anhaltspunkte dafür, daß das Eisen(III)-Ion bei niedriger Sauerstoff-Konzentration als Elektronen-Falle benutzt werden kann, wobei es zur Eisen(II)-Stufe reduziert wird. Diese Reaktion kann in Lebensräumen mit niedrigem Redox-Potential, das seinerseits durch mikrobielle Aktivität bewirkt worden sein kann, abiotisch ablaufen. So wird z. B. die charakteristische blau-grüne Farbe der normalerweise wassser-gesättigten Gley-Böden durch das Eisen(II)-Ion hervorgerufen.

Welche Rolle Mikroorganismen in der Geochemie anderer Metall-Ionen spielen, ist weit weniger bekannt. Beispielsweise wurde über verschiedene Änderungen der Oxidationsstufen berichtet [5]. Solche Wirkungen beruhen meistens auf Änderungen des Redox-Potentials und des pH-Wertes, hervorgerufen durch Mikroorganismen, und nicht auf einer direkten Stoffwechselreaktion mit den Ionen.

5.4. Der Silicium-Kreislauf

Der Silicium-Kreislauf betrifft vor allem eine Algengruppe, die Diatomeen (Bacillariophyta), die Schalen aus Siliciumdioxid besitzen. Auch Radiolarien (Protozoa), haben siliciumhaltige Schalen, und viele Organismen, einschließlich Bakterien, Pilze und Flechten, können Silicate aus Felsen lösen, vermutlich durch die Produktion von Säuren. Die Menge an Silicium, die von Diatomeen festgelegt wird, ist klein, wenn man sie mit den auf der ganzen Welt vorhandenen Vorräten vergleicht. Vulkanisches Gestein und seine Sedimente können zu 90% aus Siliciumdioxid bestehen, die gängigsten Formen davon sind Sand und Tonminerale. Da Diatomeen in Böden nur relativ selten vorkommen, wollen wir uns auf den Silicium-Kreislauf im Wasser beschränken [6, 8, 10, 11]. Die wichtigste lösliche Form des Siliciums im Wasser ist das undissoziierte Orthosilicat, $Si(OH)_4$. Daneben gibt es in sauren Seen partikuläre Substanzen und kolloidale Aggregate von Siliciumtetroxid, SIO_4^{4-}, die im Meer jedoch nicht vorkommen. Die Konzentration im Wasser ändert sich mit der Jahreszeit und der Wassertiefe. Silicium kann das Wachstum der Diatomeen besonders während der Wachstumsperiode im Frühling und Frühsommer und während späterer Wasserblüten begrenzen (Abb. 5—6). Im Meer kann die Silicium-Konzentration wichtige Sekundäreffekte auf andere Organismen haben, die es selbst nicht als Nährstoff benötigen, da es für die Langzeitregulierung des pH-Wertes im Meer wichtig zu sein scheint. Zwischen Aluminiumsilicat, $Al_2Si_2O_5OH$, Calcium-Ionen, Kalium-Ionen und Kaliumcalciumaluminiumsilicat $KCaAl_3SI_5O_{16}(H_2O)_6$, besteht ein Gleichgewicht. Die Beteiligung des Calciums spiegelt sich in den Konzentrationen von Calciumcarbonat und Bicarbonat wider, die ihrerseits die Carbonat/Bicarbonat-Konzentrationen allgemein beeinflussen (Kap. 7.).

Die Diatomeen nehmen Silicium selbst aus sehr verdünnten Lösungen auf und lagern es direkt in ihren Frusteln ab. Die Auflösung der Frusteln nach dem Absterben erfolgt langsam, viel

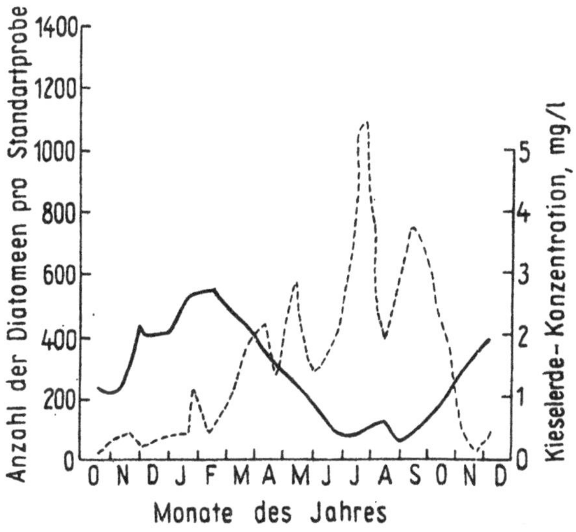

Abb. 5—6. Schwankungen in der Silicium-Konzentration und der Anzahl der Diatomeen im Windermere-See im englischen Seengebiet. Silicium-Konzentration (———), Diatomeenzahl (-------).
(Aus: F. E. Round, (1960), Studies on the bottom-living algae in some lakes in the English Lake District. Part IV. The seasonal cycles of the Bacillariophyceae. Journal of Ecology *48*, 529—547.)

langsamer als die reiner partikulärer Silicate. Dieser Prozeß wird möglicherweise durch die organischen Deckschichten der Frusteln beeinflußt, doch spielen auch die Kationen, die an der Oberfläche adsorbiert sind, bei der Verzögerung des Lösungsvorgangs eine wichtige Rolle. Große Mengen von Diatomeenschalen erreichen das Sediment, wo sie Diatomeen-Erden bilden, die als industrielle Schleifmittel verwendet werden.

Mit diesen Ausführungen wollen wir die Diskussion über die Rolle der Mikroorganismen in den Nährstoff-Kreisläufen innerhalb der Biosphäre beenden. Zum Abschluß muß noch einmal betont werden, daß die vielen Prozesse und Reaktionen, die in einzelnen Abschnitten, Diagrammen und sogar gesonderten Kapiteln dieses Buches behandelt wurden, in der Natur in enger Beziehung zueinander stehen. Der Leser sollte versuchen, vor seinem geistigen Auge die wichtigsten Komponenten dieser Kreisläufe in einem einzigen, dynamischen System voneinander abhängiger Gleichgewichte darzustellen. Die Stabilität dieser Gleichgewichte, ihre Kontrolle, ihre schwachen Punkte und die Gefahren, die mit ihrer Störung verbunden sind, sind zu Hauptproblemen der Biologie geworden. Das Verständnis der Mikroorganismen, die an diesen Prozessen beteiligt sind, spielt eine sehr wichtige Rolle bei der Lösung dieser Fragen.

6. Struktur und Dynamik von Mikroben-Populationen im Boden

6.1. Chemie und Struktur des Lebensraumes Boden

Der Boden ist ein sehr komplexer Lebensraum, der aus drei Phasen zusammengesetzt ist, einer festen, einer flüssigen und einer gasförmigen. Ihre Anteile und die Zusammensetzung sind sowohl im makroskopischen wie mikroskopischen Bereich sehr unterschiedlich. Auf diese Weise ergeben sich Hunderte von verschiedenartigen Bodentypen, die in der Welt bekannt sind. Boden entsteht durch die physikalische, chemische und biologische Verwitterung der Gesteine zu kleinen Partikeln. Diese mineralische Komponente bildet zusammen mit organischer Substanz die feste Phase. Die chemische Zusammensetzung des Bodens (Tab. 6—1) spiegelt die des Gesteins wider, aus der er entstanden ist. Dabei zeichnen sich Böden feuchterer Regionen normalerweise durch einen höheren Anteil an organischer Substanz und Stickstoff aus, als es in dem angeführten Beispiel der Fall ist. Die dominierende Mineralstoff-Komponente ist Silicium, das trifft sowohl für Sand, Schluff und Ton zu. Böden können aber auch neben sehr viel organischer Substanz praktisch kein Silicium enthalten (z. B. Torfe). Tonpartikel setzen sich aus verschiedenen Mineralien zusammen, die bei der chemischen Verwitterung von Feldspat, Glimmer und anderen in vulkanischen Gesteinen und Sedimenten vorhandenen Bestandteilen entstehen. Die Mineralien treten im Boden als Partikel

Tabelle 6–1

Die chemische Zusammensetzung des Bodens. Dargestellt sind Durchschnittswerte von acht Böden aus verschiedenen Teilen der Vereinigten Staaten. (Verändert nach: Buckmann, H. O., und Brady, N. C. (1960), The Nature and Properties of Soils. 6th ed., Macmillan, New York, S. 567.)

Bestandteile gemessen als	% Zusammensetzung	Anmerkungen
SiO_2	75,42	Sandpartikel und Tonminerale
Al_2O_3	9,68	Tonminerale
Fe_2O_3	3,44	
K_2O	1,78	
Na_2O	0,96	
TiO_2	0,72	
MnO	0,11	
CaO	1,33	Kalksteine
MgO	0,85	
P_2O_5	0,11	
SO_3	0,10	
N	0,11	
Glühverlust	5,29	Kohlenstoffverlust beim Glühen (entspricht dem Gehalt an organischer Substanz, außer wenn der Boden einen hohen $CaCO_3$-Gehalt hat, der in CaO und CO_2 zerfallen kann)

verschiedener Größe auf, von denen jedes mehr als einen Mineralientyp enthalten kann. Die Partikel werden nach ihrer Größe eingeteilt: Steine und Kies haben einen Durchmesser von mehr als 2 mm, Sand zwischen 2 mm und 0,2 mm, Feinsand zwischen 0,2 und 0,02 mm, Schluff zwischen 0,02 und 0,002 mm und Ton weniger als 0,002 mm. Die Größenverteilung der Partikel ist eine Grundlage der Einteilung in verschiedene Bodenarten.

Die organische Substanz kann aus mehr oder weniger unveränderten tierischen oder pflanzlichen Fragmenten bestehen. Sie kann aber auch fortschreitend zersetzt werden, bis allmählich Humus entsteht (Kap. 3.). Die extracellulären Polysaccharide, die viele Mikroorganismen ausscheiden, kleben die einzelnen Bodenpartikel zu Krümeln zusammen; auch die Hyphen von Pilzen und Actinomyceten sollen hierbei eine Rolle spielen. Die Krümelstruktur ist sehr wichtig für die Drainage des Bodens und damit für seine Durchlüftung. Ein Boden mit einer guten, deutlich ausgeprägten Krümelstruktur und/oder einem hohen Sandgehalt entwässert leicht und ist gut durchlüftet, während andererseits die Krümelstruktur in wassergesättigtem, schlecht beackertem oder erodiertem Boden normalerweise nur wenig entwickelt ist. Im allgemeinen leben die Mikroorganismen auf den Partikeloberflächen oder in den Räumen zwischen den Krümeln (Poren).

Das Bodenwasser — in Wirklichkeit eine schwache Salzlösung — ist aus zwei Gründen wichtig: erstens ist es das Lösungssystem, über das die Pflanzen mineralische Nährstoffe aufnehmen, zweitens steht die Menge an Bodenwasser im umgekehrten Verhältnis zur Menge an Bodenluft, so daß wassergesättigte Böden anaerob sind. Das Wasser kann auf verschiedene Weise im Boden gebunden werden, z. B. durch ungenügende Drainage, durch Adhäsions- und Kohäsionskräfte und durch Adsorption an die Bodenpartikel. Ein Teil dieses Bodenwassers ist für die Pflanzen und Mikroorganismen nicht verfügbar. Die Gründe sind zum einen physikalische Kräfte, zum anderen die Menge an gelösten Substanzen, die eine Aufnahme durch Osmose verhindern können.

Die Bodenluft erfüllt alle Hohlräume des Bodens, die nicht mit Wasser gefüllt sind. Sie ist normalerweise wasserdampfgesättigt. Die Zusammensetzung der Bodenluft hängt von der biologischen Aktivität und den Diffusionsraten der Gase und ihren Austauschraten ab. Diese sind wiederum von der Löslichkeit der Gase in Wasser und von der Porengröße abhängig. Es gibt, mit Ausnahme sehr grob strukturierter, trockener Böden, viele Hohlräume, die keine Verbindung zur Außenluft haben, sondern durch den kontinuierlichen Wasserfilm um die Partikel davon abgeschnitten sind. Sauerstoff-Versorgung und Entfernung von Kohlendioxid von und zu diesen Räumen erfolgt nur über die langsame Diffusion durch das Wasser. Die Bodenluft enthält daher im allgemeinen 10 bis 100mal mehr Kohlendioxid als die Atmosphäre, der Sauerstoffgehalt ist dagegen viel geringer. Flüchtige organische Substanzen, z. B. Methan, Schwefelwasserstoff, Ammoniak und Wasserstoff, können ebenfalls in höheren Konzentrationen auftreten.

Die Temperaturschwankungen der tiefen Bodenschichten sind nicht so ausgeprägt wie die der Luft, obgleich auch hier sowohl in den gemäßigten als auch in den polaren Breiten noch Jahreszyklen vorkommen. Nur in Polargebieten gibt es Dauerfrostböden, bzw. der Boden ist bis in größere Tiefen gefroren, und nur in den heißen tropischen Wüsten steigt die Temperatur so hoch, daß die Böden bis in größere Tiefen austrocknen. Die Bodenoberfläche unterliegt besonders dann, wenn keine Pflanzendecke vorhanden ist, schnellen und großen Temperaturschwankungen. Aufgrund der Sonneneinstrahlung steigt die Oberflächentemperatur am Tag stark an, so daß in gemäßigten Breiten über 50 °C, in tropischen Breiten 70 °C und im kalifornischen Death Valley sogar bis zu 88 °C erreicht werden können. Entsprechend der starken Erwärmung am Tage kann die Temperatur an der Oberfläche durch die nächtliche Abstrahlung sehr rasch fallen. Die obersten Millimeter können gefroren sein, während der Hauptteil des Bodens von diesen Temperaturschwankungen weitgehend unbeeinflußt bleibt.

Der pH-Wert des Bodens wird in erster Linie durch die chemische Natur der Mineralien und die vorhandene organische Substanz bestimmt. Saure Boden kommen am häufigsten in Gebieten mit hohen Niederschlägen, in Mooren und bei Koniferenvegetation vor, während alkalische Bedingungen mehr in trockenen Steppengebieten zu finden sind. Der Boden verfügt über ein komplexes Puffersystem, das von der Ionenaustauschkapazität der Tonminerale, der kolloidalen organischen Substanz und von der vorhandenen Menge unlöslicher Carbonate (z. B. Calciumcarbonat) oder Hydroxide (z. B. Aluminiumhydroxid) abhängt. Daher ist die Pufferkapazität der verschiedenen Böden unterschiedlich. Der pH-Wert der Hauptmasse des Bodens kann einen falschen Eindruck von den tatsächlichen Verhältnissen vermitteln, da die Oberfläche einzelner Tonpartikel aufgrund der Ionenadsorption einen anderen, gewöhnlich um bis zu 1 oder 2 Einheiten niedrigeren pH-Wert aufweist. Solche Änderungen innerhalb kleiner Entfernungen können auf Mikroorganismen sehr bedeutend sein, da ihre extracellulären Enzyme ebenfalls adsorbiert werden können und dadurch in einem pH-Bereich arbeiten, der sich von dem des übrigen Bodens stark unterscheiden kann.

Einige Faktoren des Lebensraumes, wie z. B. Temperatur und Durchlüftung, ändern sich mit der Bodentiefe. Auch die chemische Zusammensetzung, die Partikelgrößenverteilung und die Konzentration an organischer Substanz verändern sich mit zunehmender Tiefe. Diese Änderung erfolgt abrupt und ohne Übergang. Die Pflanzenreste auf der Bodenoberfläche werden zersetzt und das in den Boden einsickernde Wasser bewirkt eine Auswaschung der löslichen Mineralien, besonders dann, wenn die pflanzliche Sub-

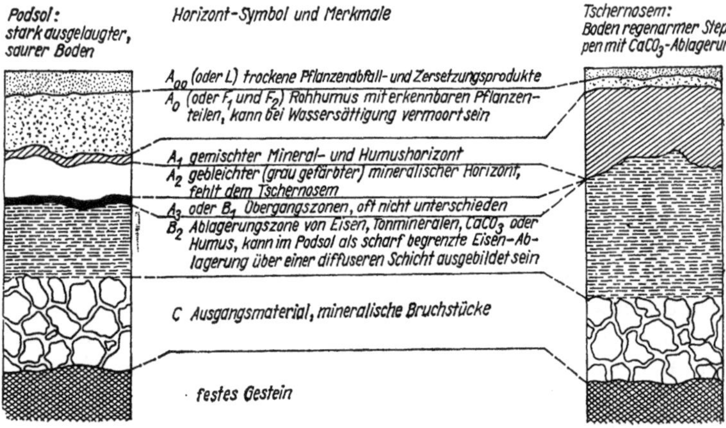

Abb. 6–1. Diagramme von 2 Bodentypen: einem Podsol, der unter den Bedingungen saurer Auslaugung entsteht, und einem Tschernosem, der für viel trockenere Bedingungen typisch ist, oft für Steppen. Einige Daten über den Gehalt an organischer Substanz und den pH-Wert solcher Böden sind in Tab. 6–3, S. 115, zu finden.

stanz sauer ist. Daneben findet auch eine Verlagerung partikulären Materials statt. Im Boden entstehen mehr oder weniger gut unterscheidbare Lagen, die als Horizonte bezeichnet werden. Im einfachsten Fall bedeckt eine oberflächliche Schicht pflanzlichen Materials einen aus Mineralien und organischer Substanz gemischten Horizont, unter dem das mineralische Ausgangsgestein oder ein Unterboden liegt. Das andere Extrem bilden Böden mit acht oder neun Horizonten, wie sie besonders in Gebieten mit hohem Niederschlag und saurem Pflanzenmaterial auftreten. International festgelegte Buchstaben-Symbole bezeichnen die einzelnen Horizonte. Die Böden werden anhand ihrer charakteristischen Profile in Bodentypen eingeteilt (Abb. 6—1). Zwischen den Horizonten eines einzelnen Bodens kann es größere Unterschiede geben als zwischen den entsprechenden Horizonten verschiedener Böden.

6.2. Verteilungsmuster der Mikroorganismen im Boden

Wir wollen nun zunächst einen Blick auf Anzahl und Biomasse der Mikroorganismen werfen, um einen Eindruck von der Größe der Populationen zu bekommen. Ein Gramm Ackerboden (Trockenmasse) enthält mehrere Millionen Bakterien, Hunderttausende

Tabelle 6—2

Anzahl und Biomasse von Mikroorganismen in den obersten 15 cm eines Ackerbodens. (Verändert nach: Berkeley, R. C. W. (1971), Microbiology of soil. In Hawker, L. E., und Linton, A. H. (Eds.), Mikro-organisms, Function, Form and Environment. Arnold, London, S. 727.)

Organismus	Anzahl/g Trockenmasse	Biomasse g/m³
Bakterien	10^8	160
Schleimpilze	10^5—10^6	160
Pilze	10^5	200
Algen	10^4—10^5	32
Protozoen	10^4	38

Pilzkeime und Zehntausende Protozoen und Algen. Die Biomasse der Pilze und Bakterien ist etwa gleich, die der Protozoen und Algen eine Größenordnung kleiner (Tab. 6—2). In anderen Bodentypen können diese Größenangaben stark variieren. So ergeben sich z. B. unter großblättrigen Waldbäumen für alle Mikroorganismengruppen viel geringere Massen (mindestens eine Größenordnung kleiner), wobei die Zahlen für die Bakterien besonders niedrig liegen. Alle diese Werte der mikrobiellen Biomasse sind klein, wenn man sie mit dem Bestand an höheren Pflanzen auf landwirtschaftlich genutzten Flächen und im Wald vergleicht.

Der wichtigste Faktor für die Verteilung der Mikroben im

kleinen Maßstab ist die Natur der Partikel, aus denen sich der Boden zusammensetzt. Sie ist teilweise eine Nährstoff-Frage, da die Mikroorganismen auf Humuspartikeln besser wachsen als auf Sandkörnern; z. B. bildeten in einer Untersuchung die Partikel aus organischer Substanz nur 15% des Bodens, enthielten aber mehr als 50% der Bakterien. Es zeigte sich, daß manche Tonminerale das Wachstum von Mikroorganismen beeinflussen; so fördert Montmorillonit das Bakterienwachstum, hemmt aber gleichzeitig das lineare Wachstum der Hyphen [12]. Daneben gibt es bei Tonen und organischen Kolloiden auch den rein physikalischen Effekt der Adsorption von Bakterien, besonders in Anwesenheit von tri- oder polyvalenten Kationen. Die Nettoladung der Oberflächen von Kolloid und Bakterium ist für die Stärke der Adsorption wichtig. Auch Pilzsporen haben geladene Oberflächen und könnten daher in die Adsorption einbezogen werden. Nährstoffe werden adsorbiert und so gegenüber der verdünnten Bodenflüssigkeit konzentriert; die daraus entstehenden pH-Effekte an den Oberflächen der Partikel wurden schon erwähnt (s. Abschn. 6.1.). Die Oberflächenphänomene in Böden sind also äußerst wichtig, trotzdem werden sie von Mikrobiologen oft vernachlässigt.

Bakterien neigen dazu, als Einzelindividuen oder in kleinen Mikrokolonien (oft weniger als 10 Zellen) auf den Oberflächen von Bodenpartikeln (Abb. 6—2) und Wurzeln (Abb. 6—7) zu wachsen. Pilze und in geringerem Maße auch Actinomyceten unterscheiden sich davon insofern, als sie von einer Nahrungsbasis aus aktiv durch den Boden wachsen können. Ausgehend von einem organischen Partikel, können sich die Hyphen durch Lufträume (Abb. 6—2) oder durch Bereiche mit fast reinen Mineralien ausbreiten. Gewöhnlich wachsen sie nicht als voneinander getrennte, kompakte Kolonien, wie sie aus Reinkulturen bekannt sind. Stattdessen wächst eine Hyphe, bis sie auf abbaubare organische Substanz trifft, deren Oberfläche sie dann durch Verzweigung überwächst. Wenn das Substrat erschöpft ist, wachsen wieder Hyphen weiter, während die ursprüngliche Hyphe längst abgestorben und zersetzt sein kann. Man findet daher eine unregelmäßig vorstoßende Front, hinter der sich oft kein Leben mehr befindet. Der größte Anteil mikrobiellen Wachstums im Boden ist auf wenige verstreute Mikro-Habitate beschränkt. Die Sporulation der Pilze findet auf der Boden- oder Spreuoberfläche oder in größeren Poren statt. Die Verteilung der Bodenalgen und Pro-

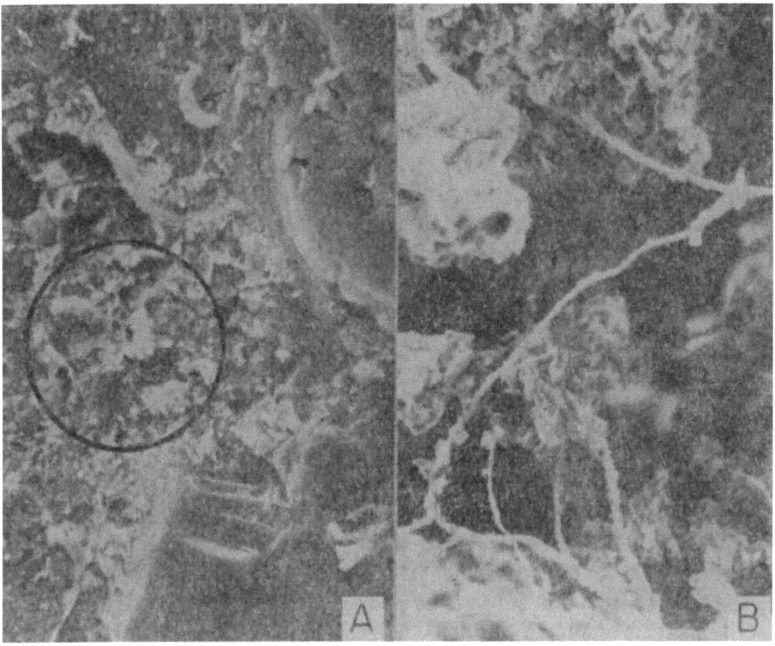

Abb. 6–2. Rasterelektronenmikroskopische Aufnahmen von Bakterien (Pfeile), die auf Bodenpartikeln sitzen, und von Hyphen, die durch die Bodenporen wachsen. Mikroorganismen sind oft mit Schleim und einer Tonschicht bedeckt, die ein Erkennen der Organismen erschweren (z. B. einige der Bakterien im Kreis in A).
A) × 2300
B) × 1260

tozoen hängt von ihrem morphologischen Typ ab. Die einzelnen Formen treten einzeln in den Wasserfilmen auf, besonders wenn sie beweglich sind, wie viele Protozoen, begeißelte Algen und Diatomeen. Fädige Algen können in fast reinen, dichten Kolonien auftreten, die makroskopische Größe erreichen und mit dem bloßen Auge auf der Bodenoberfläche gesehen werden können.

Da die meisten, wenn nicht alle, Mikroorganismen in Wasserfilmen leben, werden sie direkt beeinflußt durch die Parameter der Bodenstruktur, die die Wasserverhältnisse bestimmen. Selbst in trockenen Wüstenböden, in denen es offensichtlich kein freies Wasser gibt, ist die relative Feuchtigkeit der Bodenluft gewöhnlich größer als die der freien Atmosphäre. Sporen, Cysten und andere resistente Strukturen können dadurch lange Zeit überleben. Die beweglichen Protozoen und Algen, besonders Flagellaten, einige spezialisierte Ciliaten (z. B. *Disematostoma spp.*, *Spiretta*, *Spirofilopsis* usw.), *Euglena* und Vertreter der Volvocales, reagieren sehr schnell auf freies Wasser. Sie können sich in oder auf zeitweise nassem Boden oder in Regenpfützen, die für ein paar Tage bestehen bleiben, stark vermehren.

Die Auswirkungen unterschiedlicher Boden-Durchlüftung wurden bereits in den vorhergegangenen Kapiteln über die Nährstoff-Kreisläufe angesprochen. Alle Pilze und die meisten Protozoen leben aerob, während manche Bakterien obligat oder fakultativ anaerob sind. Obwohl die Masse des Bodens nur selten anaerob oder microaerophil ist, können steile Sauerstoff- und Kohlendioxid-Gradienten in und um Mikrokolonien auftreten. Wo partikuläre oder gelöste organische Substanz rasch oxidiert wird, können sogar nahe der Bodenoberfläche anaerobe Mikro-Standorte entstehen. Daher gibt es keine einfache Beziehung zwischen Bodentiefe und dem Verhältnis von aeroben zu anaeroben Organismen (Tab. 6—3). In Kulturversuchen führen niedrige Sauerstoff-Konzentrationen und/oder hohe Kohlendioxid-Konzentrationen bei Pilzen zu morphologischen Veränderungen, z. B. bei manchen *Mucor*-Arten zu einem Wechsel von der Hyphe zur Hefe-Form. Daher kann sich die auf Agar beobachtete Form stark von der im Boden unterscheiden. Andererseits kann die genaue Untersuchung einer Bodenprobe eine Reihe nicht identifizierbarer Mikroorganismen ergeben, die in Wahrheit lediglich unterschiedliche Wuchsformen gewöhnlicher Arten sind.

Der pH-Wert hat eine vielfältige Bedeutung für die Verteilung der Boden-Mikroorganismen, da er sehr weitreichende Einflüsse auf Auslaugung, Verfügbarkeit von Nährstoffen, Adsorptionen, extracelluläre Enzyme usw. ausübt. Dennoch können einige allgemeingültige Aussagen gemacht werden. Pilze haben ein niedrigeres pH-Optimum für ihr Wachstum als die meisten Bakterie. Dies spiegelt sich in ihrer Verteilung wider: in den meisten sauren Böden (pH-Wert unter 5) dürften die Pilze wichtiger als die Bakterien sein (Abb. 6—3). Verglichen mit alkalischen Böden nehmen die Pilze oft nur proportional zu, während die absolute Zahl der

Tabelle 6—3

Die Keimzahl von verschiedenen Mikroorganismen-Gruppen (bestimmt auf Verdünnungsplatten) in Beziehung zu den Bodenhorizonten, der Konzentration der organischen Substanz, dem pH-Wert und den Bodentypen. Bodenprofil 1 ist ein Podsol unter Mischwald; Bodenprofil 2 ist ein Tschernosem unter Steppe; Bodenprofil 3 ist ein Torf mit *Sphagnum* und *Polytrichum*. (Ausgewählt aus: Timonin, M. I. (1935), The micro-organisms in profiles of certain virgin soils in Manitoba. Canadian Journal of Research *13 C*, 32—46.)

Boden	Horizont und Tiefe cm	Feuchtigkeit %	pH-Wert in Wasser	organische Substanz %	aerobe Bakterien 10^6/g T. M.	Actinomyceten 10^6/g T. M.	anaerobe Bakterien 10^6/g T. M.	Pilze 10^3/g T. M.	Algen 10^3/g T. M.	Protozoen 10^3/g T. M.
1	A_0 0—8,7	48,7	6,55	64,17	28,30	5,70	0,10	242,50	1,00	0,10
Podsol	A_1 8,7—12,5	23,1	5,51	25,00	4,50	3,50	1,00	20,00	0,10	0,02
	A_2 12,5—20	13,6	5,50	4,47	1,55	0,95	0,01	1,63	0	0
	B 20—57,5	19,1	6,37	2,60	3,30	0,90	0,10	10,63	0	0
	C 57,5—92,5	18,7	7,81	0,95	1,14	0,12	0,01	1,47	0	0
2	A_1 0—5	82,0	7,46	22,25	19,00	3,25	1,00	60,13	1,00	0,10
Tschernosem	A_2 5—15	24,3	8,08	8,64	16,50	3,00	1,00	6,00	0,50	0,02
	B_1 15—40	31,7	8,09	2,45	16,73	0,65	1,00	2,50	0	0
	B_2 40—67,5	31,7	8,25	1,27	2,51	0,15	0,001	0,20	0	0
	C 67,5—110	18,8	8,27	0,31	0,28	0	0,001	0,04	0	0
3	1. 0—45	500,7	4,78	90,24	2,90	1,15	0,10	372,50	10,00	10,00
Torf	2. 45—92,5	620,2	5,43	68,00	2,74	0,01	0,10	3,10	0,50	0
	3. 92,5—190	750,0	4,39	88,91	0,06	0	0,10	0,88	0	0

Einzelorganismen abnehmen kann. Natürlich gibt es Ausnahmen von dieser Regel, z. B. das Auftreten extrem säuretoleranter, schwefeloxidierender Bakterien (*Thiobacillus*). Außerdem kann die pH-Wirkung durch den Einfluß organischer Substanzen oder durch Pflanzenwurzeln überdeckt werden. Cyanophyceen sind in sauren

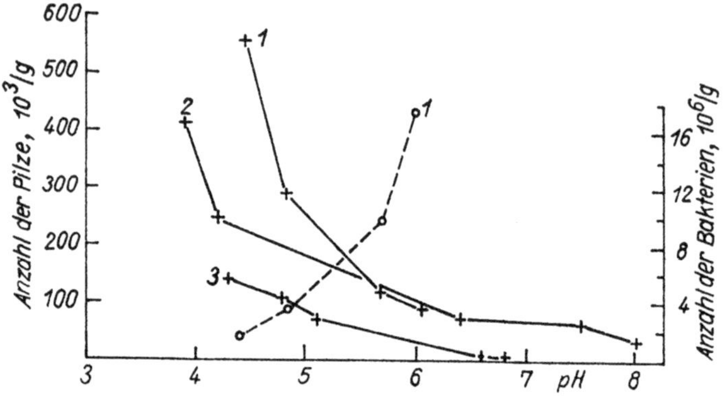

Abb. 6—3. Die Beziehung zwischen dem pH-Wert des Bodens, der Anzahl der Bakterien und der Anzahl der Pilzsporen (gemessen auf Verdünnungsplatten).

+———+ Pilze

o — — — o Bakterien

Die Daten wurden zusammengestellt aus:

[1] STARC, A., (1941), Mikrobiologische Untersuchungen einiger podsoliger Böden Kroatiens. Archiv für Mikrobiologie *12*, 329—352.

[2] WARCUP, J. H. (1951), The ecology of soil fungi. Transactions of the British Mycological Society *34*, 376—399.

[3] WEBLEY, D. M., EASTWOOD, D. J., und GIMINGHAM, C. H. (1952), Development of a soil microflora in relation to plant succession on sand dunes, including the „rhizosphere“ flora associated with the colonizing species. Journal of Ecology *40*, 168—178.

Böden selten. Sie kommen am häufigsten unter leicht alkalischen Bedingungen vor, obgleich einige in alkalischen Wüsten lebende Arten einen großen Toleranzbereich aufweisen. Algen sind in ihrer Reaktion auf unterschiedliche pH-Werte variabler: die meisten Chlorophyceen haben einen weiten Toleranzbereich, wobei manche sich durch besondere Säuretoleranz auszeichnen (z. B.

Cylindrocystis und *Maesotaenium*). Bacillariophyceen (Diatomeen) neigen zu vermehrtem Auftreten in neutralen oder leicht alkalischen Böden (z. B. *Epithemia zebra* und *Rhopalodia* spp.), doch gibt es auch Ausnahmen, die für saure Böden charakteristisch sind (z. B. *Caloneis fasciata*). Unter den Protozoen sind Rhizopoden (Amöben, besonders Schalenamöben) für saure Standorte charakteristisch, während Ciliaten meist in neutralen und alkalischen Böden leben.

Die Temperatur ist einer der wesentlichsten Kontrollfaktoren für mikrobielle Aktivität. Allerdings handelt es sich um eine relative Abhängigkeit; so gibt es kälte- oder wärmeliebende Populationen, die an arktische bzw. tropische Böden gebunden sind oder an spezielle Habitate wie Komposthaufen, wo die mikrobielle Aktivität selbst eine Temperaturerhöhung bewirkt. Viele Algen und Cyanophyceen sind in der Lage, die extremen Temperaturschwankungen an der Bodenoberfläche und die damit verbundenen Probleme des Wasserverlustes zu ertragen. Einige Algen wachsen sogar auf gefrorenem Boden oder Schnee. Selbst wenn die Bodentemperaturen nicht mehr innerhalb des normalen Wachstumsbereiches liegen, können viele Mikroorganismen als Sporen oder Cysten überleben. Die letzte bedeutende Variable im Lebensraum Boden ist die Nährstoff-Versorgung. Für Algen und andere autotrophe Organismen ist das gleichbedeutend mit der Mineralstoff-Konzentration. Organische Substanz kann auf das Algenwachstum oft hemmend wirken, es gibt jedoch einige Algen (z. B. *Prasiola crispa*), die speziell in Habitaten auftreten, die reich an organischem Material sind, z. B. in Guano-Ablagerungen. Die meisten Protozoen sind in ihrer zahlenmäßigen Verteilung von der Anzahl der Bakterien abhängig. Nur einige Schalenamöben können direkt von organischer Substanz leben. Für alle heterotrophen Bakterien und Pilze ist die Menge der organischen Substanz und in gewissem Grade auch deren Zusammensetzung der kritische Faktor (Kap. 3.). Organische Substanz ist meistens unlöslich und im Boden ungleichmäßig verteilt; die Anzahl der Bakterien und Pilze korreliert oft mit dieser Verteilung (Tab. 6—3).

Ein Teil der Bodenflora weist ständig einen relativ konstanten, wenn auch niedrigen Aktivitätsgrad auf. Diese Organismen zersetzen die schwerer abbaubaren, unlöslichen Substanzen, wie Lignin und Humus. Zu dieser Gruppe (der autochthonen Flora) gehören Ascomyceten, Basidiomyceten, Actinomyceten und einige Bakterien. Die anderen heterotrophen Organismen, die die einfacheren, oft löslichen Substanzen abbauen, befinden sich normalerweise in einem Ruhezustand und werden nur dann aktiv, wenn dem Boden frische organische Substanz zugeführt wird. Die Aktivität dieser letzteren Organismengruppe (der zymogenen Flora) ist daher starken zeitlichen und räumlichen Schwankungen unterworfen, obgleich sie im Ruhezustand immer vorhanden ist.

Viele der behandelten Umwelt-Faktoren wirken im jahreszeitlichen Rhythmus auf die Mikroorganismen des Bodens (z. B. Temperaturschwankungen und Zufuhr von organischem Substrat in den gemäßigten Zonen). Die mikrobielle Aktivität folgt daher einem saisonalen Muster, wobei sie zeitlich verzögert hinter dem auslösenden Faktor auftreten kann. Bei diesen jahreszeitlichen Schwankungen haben die klimatischen Faktoren normalerweise größere Bedeutung als die Versorgung mit organischer Substanz.

Als nächstes wollen wir einige Beispiele für die mikrobielle Besiedlung verschiedener Böden betrachten, um zu sehen, ob die Umwelt-Faktoren einige der beobachteten Schwankungen in der Organismenzahl erklären können. Der im Hinblick auf die Anzahl der Horizonte am weitesten entwickelte Boden ist ein Podsol. Ein Beispiel für die ihn besiedelnden Populationen ist in Tab. 6—3 dargestellt. Der pH-Wert ist für einen Podsol nicht besonders niedrig, trotzdem sind die Pilze von besonderer Bedeutung, vor allem in der Spreuschicht, in der der Gehalt an organischem Rohmaterial hoch ist. Die anaeroben Bakterien sind in den oberflächennahen Horizonten am zahlreichsten. In größerer Tiefe, wo die Konzentration der organischen Substanz niedrig ist, und im ausgelaugten A_2-Horizont treten die heterotrophen Organismen einschließlich der anaeroben nur noch in relativ geringer Anzahl auf. Der zahlenmäßige Anstieg im B-Horizont, d. h. eine zehnfache Zunahme der Pilze, ist für Podsole typisch und spiegelt die Ablagerung von Nährstoffen und den höheren pH-Wert in diesem Horizont wider. Der sehr hohe Wert für aerobe Bakterien im A_0-Horizont beruht vermutlich auf Meßfehlern (Timonin diskutiert das in seiner Arbeit) und illustriert die bei Verwendung von Verdünnungsplatten auftretenden Schwankungen, denen nur durch zahlreiche Parallelproben begegnet werden kann.

Tschernoseme (Schwarzerden; Tab. 6—3) sind weniger sauer als Podsole und normalerweise reicher an verfügbaren Nährstoffen. Daher liegen die Bakterienzahlen in vergleichbaren Horizonten beim Tschernosem höher. Die Pilze haben einen geringeren proportionalen Anteil an der Gesamtpopulation, obgleich ihre absolute Anzahl in beiden Böden ähnlich ist.

Torf dagegen hat einen großen Pilzanteil. Die Bakterienzahlen einschließlich der Actinomyceten und der anaeroben Bakterien liegen — vermutlich aufgrund des geringen pH-Wertes — sehr niedrig. In den oberflächennahen Horizonten treten relativ viele Algen und Protozoen auf, was mit dem hohen Wassergehalt erklärt werden kann. Trotz fehlender Angaben ist zu vermuten, daß es sich bei den Protozoen um Schalenamöben handelt.

Aus diesen Vergleichen können wir drei Schlußfolgerungen ziehen: Erstens zeigen sie die Schwierigkeiten, Böden miteinander zu vergleichen. Das gilt selbst dann, wenn, wie in diesem Fall, die Horizonte bekannt sind und die Daten alle von einem Bearbeiter mit denselben Methoden gewonnen wurden. Zweitens demonstrieren sie, daß die Anzahl der heterotrophen Organismen in enger Beziehung zu der Konzentration der organischen Substanz steht. Eine Ausnahme bildet der Torf mit seinen durch den sehr niedrigen pH-Wert verursachten extremen Bedingungen; er ist ein gutes Beispiel für die Beschränkung einer Population durch den ungünstigen Faktor im Lebensraum (s. Abschn. 2.2.). Drittens zeigt sich, daß Protozoen und Algen in diesen Böden, selbst bei maximaler Entwicklung wie im Torf, von geringer Bedeutung sind. Diese Daten enthalten keine Information über die chemotrophen Bakterien, ihre Anzahl ist im Vergleich zu der der heterotrophen Bakterien sehr niedrig.

6.3. *Klassifizierung der im Boden lebenden Mikroorganismen*

Wir haben bisher von „Bakterien“, „Pilzen“, „Algen“ und „Protozoen“ gesprochen. Jetzt müssen wir uns damit beschäftigen, welche Familien, Gattungen und Arten am häufigsten auftreten. Wenn man lange genug sucht, kann man fast alle bekannten Mikroorganismen im Boden finden, z. B. können pathogene Mikroorganismen durch ein totes Tier auf oder in den Boden gelangen, aber sie überleben dort im allgemeinen nicht und sind nicht Bestandteil der Boden-Population. Wir wollen uns hier auf Organismen beschränken, die zumindest einen Teil ihres Lebenszyklus im Boden verbringen.

Viele bodenbewohnende Bakterien lassen sich nicht klar definieren, wenn man die Kriterien anlegt, die von medizinischen Bakteriologen als Grundlage einer Klassifizierung erarbeitet worden sind. So gibt es zahlreiche pleomorphe Formen, die je nach Nährstoffangebot und anderen Umwelt-Faktoren ihre Form ändern, und sogar einige, die variable Reaktionen auf die Gram-Färbung zeigen. Diese Formen werden meist zur Gattung *Arthrobacter* innerhalb der Corynebacteriaceae gerechnet. Neuere Arbeiten über die numerische Taxonomie der Corynebacteriaceae haben zu dem Vorschlag geführt, *Arthrobacter* aus dieser Familie herauszunehmen. Zu den Coryneformen Bakterien sind normalerweise mindestens die Hälfte der Kolonien zu rechnen, die sich aerob auf Verdünnungsplatten mit nicht selektivem Medium entwickeln. Weitere 25% der Population sind Sporenbildner (*Bacillus*). Die anaeroben Bakterien, siehe Tab. 6—3 — hier machen sie etwa 5% der Population aus — sind nur wenig untersucht worden. Actinomyceten, besonders Streptomyces, kommen offenbar häufig vor und können leicht aus aeroben, neutralen oder leicht alkalischen Böden isoliert werden, wo sie bis zu 20 oder 30% der Bakterien darstellen können. Die bisher aufgeführten Gattungen machen fast die gesamte Zahl der üblicherweise isolierbaren Gattungen aus. Trotzdem gibt es eine große Zahl bisher nicht genannter Bakterien, z. B. *Pseudomonas*, *Nitrobacter*, *Nitrosomonas*, *Azotobacter* und *Rhizobium*, von denen man annimmt, daß sie in den Nährstoff-Kreisläufen des Bodens eine wichtige Rolle spielen. Diese Bakterien stellen zusammen weniger als 10% der isolierten Kolonien dar, die meisten davon sind *Pseudomonas*.

Die überwiegende Mehrheit der isolierten Pilze bildet große Mengen an Sporen, besonders Mucorales (*Mucor*, *Mortierella* und *Rhizopus*) und Deuteromycetes (*Penicillium*, *Aspergillus*, *Cladosporium*, *Fusarium*, *Alternaria* und *Botrytis*). Dennoch zeigen sich bei direkter Untersuchung viele dunkel gefärbte Hyphen, möglicherweise Deuteromyceten, möglicherweise aber sterile Mycelien. Obgleich nur gelegentlich isoliert, sind Basidiomyceten dennoch für den Abbau organischer Substanz wichtig und treten weitverbreitet auf, wie die großen Fruchtkörper der Agaricales und Aphyllophorales beweisen, die in den meisten Jahren erscheinen. Daneben bilden Basidiomyceten Mycorrhiza-Beziehungen mit Bäumen (s. u.), was in gewissem Maße ihre Verteilung bestimmt. Beispielsweise werden *Russula* und *Lactarius* oft in Birken- und Kiefern-Wäldern gefunden.

Die Gattungen der im Boden lebenden Protozoen sind ähnlich denen aquatischer Systeme, obgleich die kleinen Arten häufiger auftreten, ja sogar die kleineren Individuen innerhalb einer Art. Es gibt nur wenige Arten, die ausschließlich im Boden gefunden werden. Die in den meisten Böden vorhandenen Arten umfassen *Heteromita globosa, Oikomonas termo* und *Cercomonas* spp. (alles Flagellaten); *Colpoda cucullus* und *C. steinii* (Ciliaten); *Naegleria gruberi, Acanthamoeba* spp. und *Hartmanella hyalina* (Amöben) und einige andere, z. B. beschalte Rhizopoden, die fast nur auf sauren Böden zu finden sind [4, 8, 11]. Die Protozoen treten in den oberflächennahen Horizonten am häufigsten auf, es handelt sich fast immer um Cysten bildende Typen. Viele Schleimpilze (Myxomyceten) und celluläre Schleimpilze (Acrasiomyceten) halten sich im Boden auf. Ihre amöboiden Stadien sind von einfachen, frei lebenden Amöben nicht zu unterscheiden. Die Bedeutung der Schleimpilze wurde wenig untersucht, doch selbst wenn sie nicht in großer Anzahl vorhanden sind (Hunderte, gelegentlich Tausende/g), sind einige der Arten sehr weit verbreitet. Über die Ökologie der Protozoen ist wenig bekannt; sie gehören wie auch die Algen zu den am wenigsten untersuchten Mikroorganismen im Boden. Dieser Forschungsrückstand ist zum größten Teil durch methodische Probleme bedingt.

Wachsende Algen [4, 10] findet man auf der Bodenoberfläche oder höchstens in den obersten Zentimetern des Bodens. Für vertikale Verteilungsmuster besteht daher nicht viel Spielraum, obgleich es Angaben gibt, denen zufolge im obersten Zentimeter des Bodens eine Mikro-Stratifikation ausgebildet sein kann, bei der die Xanthophyten am tiefsten leben. Alle Algen können in das Bodenprofil hinein gespült werden. In der Tiefe des Bodens können einige davon heterotroph leben (z. B. Arten der Bacillariophyceen und Chlorophyceen). Von einigen Autoren wird bezweifelt, ob diese fakultative Heterotrophie von Bedeutung ist. Sie ist wohl mehr eine Frage des Überlebens als des aktiven Wachstums; beim Kohlenstoff-Abbau spielt sie keine große Rolle. Eine große Anzahl von Arten wurde in Böden gefunden, doch nur vergleichsweise wenige davon kommen häufiger vor. Es gibt eine ausgeprägte Boden-Population; *Chlorococcum humicola* und einige *Oedogonium* und *Vaucheria* spp. sind im Wasser unbekannt. Im Boden lebende Formen sind meist kleiner als die verwandten aquatischen Arten oder Stämme. Die meisten sind Kosmopoliten (z. B. *Hantzschia amphioxus* und Arten von *Nostoc, Chlamydomonas, Stichococcus,*

Zygogonium, Hormidium), obgleich die Chlorophyceen sonst eher in den gemäßigten Zonen dominieren und die Cyanophyceen in den Tropen häufiger, wenn auch nicht unbedingt dominant, auftreten.

Viren wurden bisher nicht besprochen, doch sind Bakteriophagen im Boden weit verbreitet, wenn auch nicht in großen Mengen. Wahrscheinlich haben sie keine signifikante Wirkung auf die Anzahl der heterotrophen Bakterien — es liegen allerdings nur wenige Informationen vor. Bakteriophagen, die *Rhizobium* angreifen, wurden in bezug auf Knöllchenbildung und Stickstoff-Fixierung untersucht. Daneben treten auch Viren auf, die für höhere Pflanzen pathogen sind. Einige von ihnen überleben nur kurzzeitig und werden vermutlich durch heterotrophe Organismen zerstört. Andere wie der Tabakmosaik-Virus, können auf infizierten Pflanzenresten viele Jahre überdauern. Ganz allgemein scheint die Adsorption an organische Substanz und Tonpartikel für langzeitiges Überleben wichtig zu sein. Es treten wurzelinfizierende Viren auf, die von ihren Überträgern, insbesondere Nematoden, aktiv durch den Boden transportiert werden. Einige, wie der Tabaknecrose-Virus und der Salatbreitnerv-Virus, werden vom Pilz *Olpidium brassicae* übertragen, der selbst kein Wurzel-Krankheitserreger ist. Pilze sind nicht nur Überträger von Viren, sondern sie werden auch selbst von Viren befallen. Solche Virus-Erkrankungen wurden bei *Penicillium* spp., dem Kulturchampignon (*Agaricus bisporus*) und *Gaeumannomyces graminis* beschrieben. Dabei sind die Viren vermutlich für den Verlust der Virulenz einiger Stämme dieses Krankheitserregers auf Getreide und Gräsern verantwortlich. Auch Boden-Algen und Protozoen werden von Viren befallen, doch ist ihre Bedeutung noch unbekannt. Erstaunlicherweise gibt es auch über das Auftreten und Überleben tierischer Viren im Boden nur wenig Veröffentlichungen. Diese Viren können unter gemäßigten und tropischen Bedingungen nicht lange überleben, vermutlich nur einige Tage. Russische Arbeiten über Maul- und Klauenseuche haben gezeigt, daß diese geringe Überlebensquote auch für den sibirischen Sommer gilt, besonders wenn die Viren dem Sonnenlicht ausgesetzt sind. Während des Winters ist allerdings die Überlebensrate viel höher, und es ist möglich, daß infizierte Erde vom Herbst den ganzen Winter hindurch bis zum Frühling und Frühsommer infektiös bleibt. Verschiedene Arthropoden sind bekanntermaßen Überträger oder Reservoire von Säugetier-Viren, die im Boden existieren.

6.4. *Sukzession, Konkurrenz und Räubertum in Boden-Populationen*

Diese Themen wurden bereits in Kap. 2. allgemein besprochen. Dabei wurden Schwankungen in der Boden-Population erwähnt, die durch physikalische, jahreszeitliche und Umwelt-Faktoren hervorgerufen werden. Diese Fluktuationen werden aber von fortschreitenden Änderungen der Gemeinschaft überlagert, die Teil anderer Sukzessionen sind.

Mikroorganismen sind direkt an der Entwicklung strukturierter Böden aus nackten Felsoberflächen, erodierten Unterböden, Wüsten usw. beteiligt, also von Standorten, die durch einen sehr geringen Anteil an löslichen mineralischen Nährstoffen, fast völliges Fehlen organischer Substanz und extreme Temperatur- und Feuchtigkeitsverhältnisse gekennzeichnet sind. Diese Habitate werden zunächst von einigen toleranten Algen und Cyanophyceen besiedelt, besonders solchen, die über verschleimte Zellwände oder Schleimkapseln verfügen. Dabei ist auch die Fähigkeit zur Stickstoff-Fixierung ein großer Vorteil. Typische Organismen der Erstbesiedlung sind *Porphyrosiphon notarisii*, *P. cinnamomeus*, *Zygogonium ericetorum*, *Gloeocapsa spp.*, *Gloeocystis*, *Palmogloea protruberans*, *Nostoc ellipsosporum*, *N. muscorum*, *Schizothrix calcicola* und *Scytonema hoffmanii* [10]. Die von den Organismen gebildete organische Substanz und angewehter Staub sammeln sich an. Die Oberfläche wird durch Arten, die extracellulären Schleim absondern, stabilisiert. Dadurch werden Infiltration und Wasserhalte-Kapazität des in der Entstehung begriffenen Bodens verbessert, so daß die Algen-Schicht in feuchtem Zustand zu einem guten Medium für das Auskeimen der Samen höherer Pflanzen wird. Auf nackten Felsoberflächen können die Algen, Pilze und Bakterien Mineralstoffe (z. B. Silicate) lösen und damit die chemischen Vorgänge beschleunigen. Durch ihr Wachstum in Felsspalten und Rissen vermögen die Pflanzen auch die physikalische Verwitterung zu unterstützen, die ja auf der Volumenänderung des in den Spalten vorhandenen Wassers im Verlauf des Frost-Tauwetter-Wechsels und des Feuchtigkeit-Trockenheit-Wechsels beruht. Während ihres Lebens führen die Algen dem Rohboden durch Ausscheidung lösliche organische Substanz und mineralische Nährstoffe zu. Nach ihrem Tode bleiben ihre Überreste in dem sich entwickelnden Boden zurück. Sie werden von saprophytischen, gelegentlich auch parasitischen Bakterien und Pilzen genutzt. Daneben gibt es eine höher entwickelte, symbiontische Beziehung zwischen Algen und Pilzen: die Flechten. Die beiden Komponenten der Flechten bilden eine sehr stabile Beziehung aus, deren makroskopische Erscheinung sich von beiden Symbiose-Partnern unterscheidet. Der pilzliche Partner erhält Kohlenhydrate von den Algen, während die Algen vor Austrocknung geschützt werden, da die Pilzhyphen oft gelatineartige Wände aufweisen. Den Flechten wird eine wichtige Rolle bei der Beschleunigung der Boden-

Tabelle 6—4

Die Anreicherung von Mineralien durch Flechten, die auf Felsen wachsen. (Aus: SYRES, J. K., und ISKANDER, I. K. (1973), in AHMADJIAN, V., und HALE, M. E. (Eds.), The Lichens. Academic Press, New York und London, pp. 225—248.)

Flechtenarten	N %	P µg/g	K µg/g	Fe µg/g
Verrucaria sphinctrina	0,72	486	1140	810
Caloplaca citrina	2,42	2000	3990	5020
Aspicilia calcarea	1,31	695	1530	2680
Physcia caesia	1,90	1800	3250	4140
Xanthoria parietina	1,98	1320	3950	3210
Kalkstein	Spuren	48	120	230

bildung aus nacktem Felsen zugeschrieben, obgleich ihre Wachstumsrate so langsam ist, daß ihre Wirkung im Vergleich zu abiotischen Faktoren nur klein sein kann. Die Flechten können die physikalische Zerstörung des Felsens durch Schrumpfen und Ausdehnen ihres Thallus verstärken. Ferner produzieren sie eine Vielzahl von Substanzen, die den Felsen chemisch zersetzen. Hierzu gehören Kohlendioxid (das als H_2CO_3 wirkt), verschiedene organische Säuren und Chelatbildner. Darüber hinaus akkumulieren die Flechten Mineralien und Stickstoff (Tab. 6—4), die in den entstehenden Boden gelangen, wenn der Flechtenthallus zersetzt wird.

Wenn die Anzahl der Algen und Flechten steigt, nehmen auch die Pilze und Bakterien zahlenmäßig zu. Protozoen treten erst relativ spät in der Sukzession in nennenswerter Anzahl in der Population auf. Nur eine Gattung, *Leptopharynx*, gehört in frühe Stadien der Algenkrusten auf erodierten Böden. Auch Boden-Arthropoden und ihre Faeces (s. Abschn. 6.4.) sind für die Bodenbildung und Fruchtbarkeit wichtig, auch wenn sie oft von spezialisierten Protozoen in ihrem Verdauungstrakt (z. B. Springschwänze, die Collembolen) abhängig sind, die die aufgenommenen Algenzellen verdauen.

Alle diese Mechanismen führen schließlich zur Entwicklung eines primitiven, dünnen Rohbodens, der aber bereits wesentlich mehr Nährstoffe, besonders organische Substanzen, enthält als das Ausgangsgestein oder die Mineralbruchstücke. Allerdings ist dieser Rohboden noch sehr instabil. Die Sukzession kann mehrere Male zum Ausgangspunkt Null zurückgeworfen werden, bevor die Gesellschaft eine ausreichende Vielfalt an Mikroorganismen und Nährstoffen aufweist, um das Wachstum höherer Pflanzen zu ermöglichen, deren Wurzeln dann zur weiteren Stabilisierung des sich entwickelnden Bodens beitragen.

Die Sukzession kann verkürzt werden, wenn organisches Material von außen dem System zugeführt wird. Untersuchungen an der neu entstandenen Vulkaninsel Surtsey zeigten, daß vom Meer her organische Substanz in die Littoral-Zone eingespült wurde, so daß die Pilze und Bakterien sehr rasch im Sand und in der vulkanischen Asche Fuß fassen konnten und bald von höheren Pflanzen ergänzt wurden. Während die Algen für die Besiedlung von Felsen und Asche wichtig waren, traten Flechten erst etwa 8 Jahre nach Beginn der Besiedlung auf und hatten keine Bedeutung in der Sukzession.

Innerhalb der langzeitigen Entwicklungsreihe vom primitiven zum reifen Boden finden viele kurzzeitige Änderungen in der mikrobiellen Population statt, die die Besiedlung neu hinzugekommener organischer Substanz widerspiegeln. Sie werden Substrat-Sukzessionen genannt. Die organische Substanz im Boden setzt sich meist aus pflanzlichen Abfällen (Blätter, Zweige, Baumstämme, Wurzeln usw.) zusammen, doch sind Tierkörper, besonders der regelmäßige Nachschub von den vielen Boden-Arthropoden, gleichfalls bedeutend. Alle diese Materialien bringen eine eigene Mikroflora in oder auf sich mit, doch kann diese importierte Population die extreme Konkurrenz oft nicht ertragen, die sich im Boden um diese Substrate abspielt. Die oben genannten langzeitigen Sukzessionen werden durch Umwelt-Faktoren wie Nährstoffmangel eingeschränkt und weisen zu Anfang nur geringe Konkurrenz auf, die aber mit fortschreitender Entwicklung der Population komplexer wird. Sie unterscheiden sich daher grundlegend von den Substrat-Sukzessionen auf organischen Abfällen, wo die Konkurrenz mit dem langsamen Verbrauch der organischen Substanz abnimmt.

Trotz kleiner Unterschiede in den Gattungen und Arten beginnt eine Substrat-Sukzession gewöhnlich mit der Beendigung des Ruhestadiums von Sporen und anderen resistenten Strukturen in dem von der organischen Substanz beeinflußten Bodenbereich. Die Aktivität der zymogenen Pilze (sog. Zucker-Pilze) wie *Mucor, Rhizopus, Trichoderma, Penicillium* und *Aspergillus* nimmt stark zu, während bei den Bakterien wahrscheinlich die Pseudomonaden und Bazillen am wichtigsten sind. Diese Mikroorganismen haben eine sehr starke saprophytische Konkurrenzfähigkeit und besitzen daher viele der Charakteristika, die wirksame Konkurrenten auszeichnen (s. Abschn. 2.3.). Sind die leicht verwendbaren Materialien aufgebraucht und ist der pH-Wert aufgrund der Immobilisierung (Festlegung) der Kationen gesunken, dann verändert sich die Population langsam zugunsten der Ascomyceten, einigen Actinomyceten, coryneformen Bakterien und *Bacillus spp.* Diese Gruppe kann auch *Cytophaga*, Myxobakterien und *Streptomyces* enthalten, die die Hyphen der Pilze lysieren und abbauen, die ursprünglich das Substrat besiedelten. Die meisten Bakterien dienen den Protozoen als Nahrung, deren Zahl während der ersten Phase der Substrat-Sukzession zunimmt. Das Endstadium der Sukzession ist die Einwanderung autochthoner Organismen in das nun stark ausgelaugte Substrat. Normalerweise nimmt die Artenvielfalt sowohl bei den Bakterien als auch bei den Pilzen ab, wenn das Material langsam zersetzt wird.

Besonders in den späteren Stadien der Sukzession kann Kommensalismus anstelle von Konkurrenz auftreten. So benötigen viele Basidiomyceten Vitamine (z. B. Thiamin und Biotin), die in der Kultur von anderen Organismen geliefert werden, welche auf dem gleichen Substrat wachsen oder gewachsen sind. Es treten auch mutualistische Beziehungen auf: Verschiedene Mikroben oder verschiedene Stämme der gleichen Art können komplementäre Enzyme besitzen. Ein einzelner Organismus würde das zur Verfügung stehende Substrat rasch erschöpfen, wenn dieses mit anderem, nicht brauchbarem Material verbunden ist. Gruppen sich ergänzender Organismen dagegen können zusammen die ganze Palette der Enzyme besitzen, die zur vollständigen Zersetzung des gemischten Substrates nötig sind.

In Abb. 6—4 ist ein Beispiel einer Pilz-Sukzession dargestellt. Über Bakterien gibt es nur sehr wenige detaillierte Daten, sie befinden sich jedoch auf absterbendem Pflanzenmaterial und bilden vermutlich einen Teil der Erstbesiedlung. Sowohl in abgestorbenen Ast- oder Baumteilen als auch in Holzstücken, die am Boden liegen, zählen Bakterien zu den ersten Besiedlern. Möglicherweise haben sie synergistische oder mutualistische Funktionen für die nachfolgenden Organismen. Die Bakterien erhöhen die Permeabilität des Holzes, indem sie die Tüpfel-Membranen zerstören. Wahrscheinlich binden einige von ihnen Stickstoff, der in besonders geringer Menge in sich zersetzendem Holz vorliegt.

Diese Sukzessionen erfolgen selten als einheitliche Invasionen, die das ganze Substrat umfassen, besonders wenn es sich um große Stücke handelt. Anfangsbesiedlung und Verbrauch der Nährstoffe können an einer Stelle sehr schnell erfolgen, wenn z. B. eine Blattoberfläche an einem Punkt defekt ist. An anderer Stelle kann die Cuticula intakt sein, so daß sie zumindest zeitweilig ein Eindringen verhindert. Dadurch entsteht auf dem Substrat ein Mosaik verschiedener Besiedlungsstadien, das die Reihenfolge der Aktivität der verschiedenen Kolonisatoren widerspiegelt. Es gibt einige wenige Hinweise darauf, daß in solchen Substrat-Sukzessionen auch chemotrophe Bakterien beteiligt sind, die für den Stickstoff- und Schwefel-Kreislauf von Bedeutung sind. Wenn im Verlauf des heterotrophen Abbaus Ammoniak und Schwefelwasserstoff entstanden sind, können *Nitrosomonas*, *Nitrobacter* und schwefeloxidierende Bakterien an den betreffenden Stellen oder — allgemeiner — auf dem Substrat aktiv werden.

Verschiedene organische Substanzen weisen auch verschiedene Populationen von Mikroorganismen auf. Für so unterschiedlich zusammengestellte Substanzen wie tierisches und pflanzliches Material ist dies nicht überraschend; doch gilt es auch für den Blattfall verschiedener Baumarten. Die Spezifität in der Besiedlung durch Pilze wird wahrscheinlich durch Unterschiede in der chemischen Zusammensetzung verschiedener pflanzlicher Gewebe und durch die physikalische Struktur, die z. B. die Durchlüftung beeinflußt, verursacht. Andererseits gibt es aber auch einige Pilze,

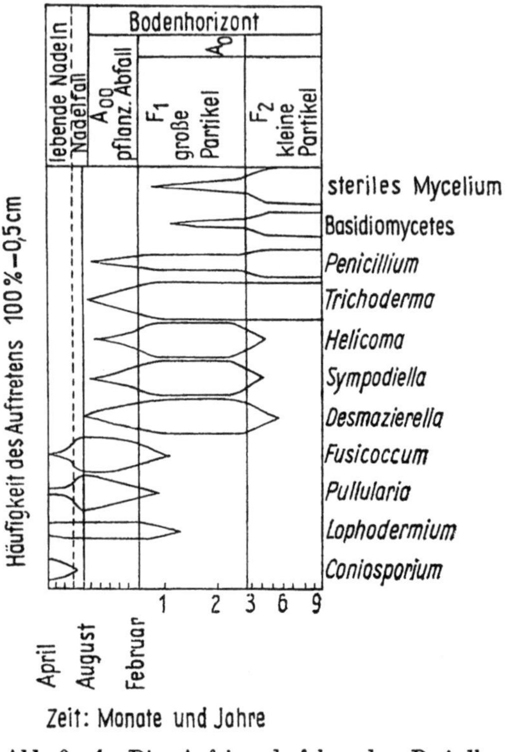

Abb. 6–4. Die Aufeinanderfolge der Besiedlung auf Kiefernnadeln; man beachte, daß die Zeitskala nicht linear verläuft. (Aus: Bryce, W., Kendrick, und Burges, A. (1962), Biological aspects of the decay of *Pinus silvestris* leaf litter. Nova Hedwigia *4*, 313–344.)

die offensichtlich eine sehr weitreichende Toleranz haben und auf sehr verschiedenartigen Substraten vorkommen [13].

An dieser Stelle müssen neben den Mikroben auch andere Organismen erwähnt werden, besonders die Boden-Arthropoden und Regenwürmer. Diese Tiere zerkleinern die anfallenden Pflanzen und zerlegen sie so in kleine Stücke, was zu einer starken Vergrößerung der Oberfläche führt, die der mikrobiellen Besiedlung nun zur Verfügung steht. Bei der Passage durch ihren Verdauungstrakt wird nur relativ wenig von der ursprünglichen organischen Substanz verbraucht, obgleich im Darm Bakterien und Protozoen vorhanden sein können, die beim Aufschließen schwer verdaulicher Substanzen helfen. Die Geschwindigkeit der mikrobiellen Besiedlung der ausgeschiedenen Fäkalien wird dadurch erhöht, daß Schleim und wahrscheinlich auch Harnsäure zu der zerkleinerten organischen Substanz hinzukommen. Die mikrobielle Aktivität kann unter diesen Bedingungen um ein Mehrfaches größer als auf entsprechender unverdauter organischer Substanz sein. Kot-Kügelchen sind für die Beschleunigung der Turnover-Rate der organischen Substanz im Boden wahrscheinlich von großer Bedeutung. Kotfressende Tiere beziehen Nährstoffe von Mikroben, die den Kot besiedelt hatten, und scheiden die organische Substanz wieder aus, so daß sie von neuem besiedelt werden kann. Darüberhinaus durchmischen im Boden lebende Tiere den Boden, verteilen die organische Substanz und legen neue Oberflächen frei. An ihrem Körper befinden sich Mikroorganismen, die auf diese Weise auf neues Material übertragen werden.

Die Boden-Population ändert sich in Abhängigkeit von vielen Faktoren; in erster Linie seien Klima- und Sukzessionsfaktoren genannt. Daher ist es ein scheinbares Paradoxon, daß die Boden-Population als Ganzes bemerkenswert stabil ist, auch wenn sie sich aus einem Mosaik lokaler Wechselbeziehungen zusammensetzt, die im dynamischen Gleichgewicht mit ihrer Umgebung und benachbarten mikrobiellen Gesellschaften stehen. Die Beziehungen zwischen den Mikroorganismen können als Nahrungsnetz (Kap. 2) betrachtet werden. Obgleich sich viele Beziehungen zwischen zwei Mikroorganismen auf der Ebene von Antagonismus und Konkurrenz abspielen, gibt es auch Räuber-Beute-Beziehungen (z. B. fressen Protozoen andere Mikroorganismen, und die Pilze *Arthrobotrys* und *Dactylaria* fangen Nematoden). Einige dieser Wechselbeziehungen in Sukzessionen und Nahrungsnetzen sind in Abb. 2–2 und Abb. 6–5 zusammengefaßt. Diese tragfähigen Konzepte von Konkurrenz und Räuber-Beute-Beziehungen wurden übrigens vorwiegend unter Laborbedingungen entwickelt, da die natürliche Situation außerordentlich komplex ist. Tatsächlich gibt es nur sehr wenige Informationen über solche Beziehungen im Boden selbst, und auch nur über die Auswirkung von Umwelt-Faktoren wie pH-Wert, Redoxpotential usw. auf das Gleichgewicht verschiedener Organismen oder Organismengruppen im Bereich von Mikro-Habitaten.

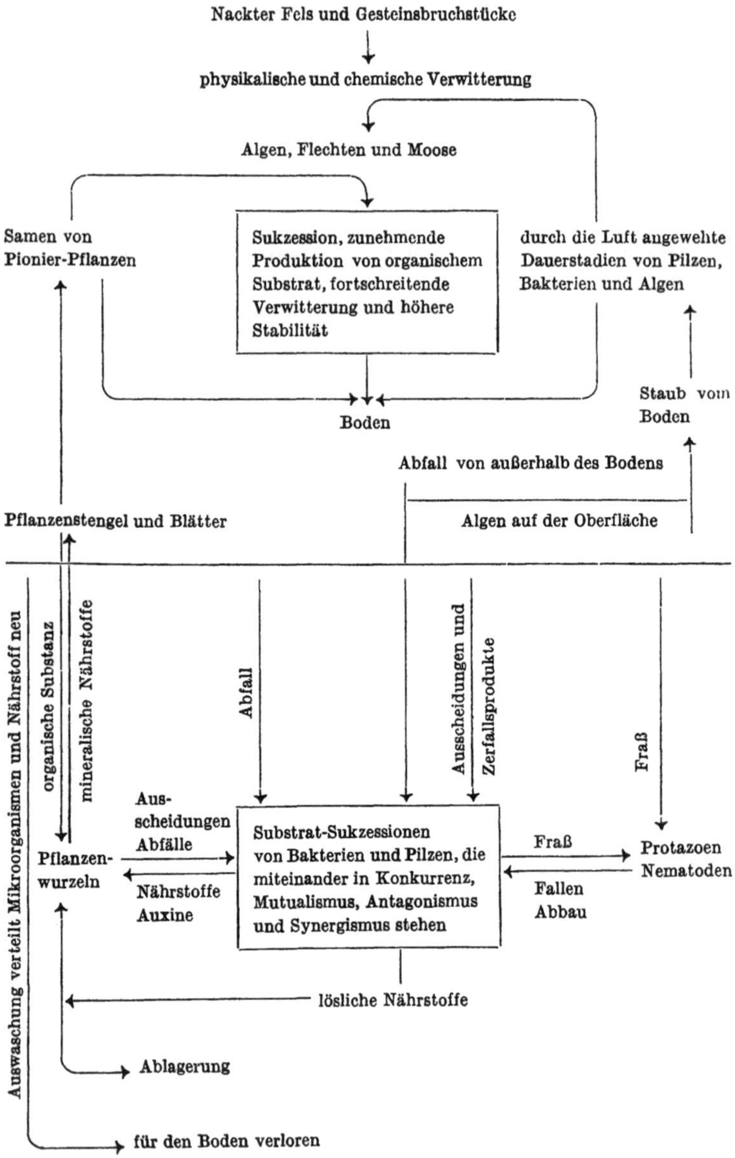

Abb. 6—5. Zusammenfassung der Wechselbeziehungen zwischen den verschiedenen Organismen, die sich im Verlauf der Bodenbildung und -entwicklung beobachten lassen.

6.5. *Die Rhizosphäre*

6.5.1. *Die Wirkung von Pflanzen auf Mikroorganismen*

In Abb. 6—5 ist auch die Rolle der Pflanzenwurzeln im Lebensraum dargestellt. Da die Wurzeln tiefgreifende Wirkungen auf die Mikroorganismen ausüben, müssen wir uns näher mit ihnen beschäftigen. Der Teil des Bodens, der mit Pflanzenwurzeln durchzogen ist, wird Rhizosphäre genannt [3, 14]. In der einen Richtung wird sie von der Oberfläche der Wurzeln, der Rhizoplane, begrenzt. Theoretisch ist dies sehr leicht vorstellbar, in Wirklichkeit sind die Grenzen der Rhizosphäre jedoch schwieriger zu definieren. In Experimenten wird die äußere Grenze oft sehr grob bestimmt: Falls nicht anders möglich, wird die Pflanze ausgegraben und die lockere Erde abgeschüttelt. Was dann noch an den Wurzeln hängen bleibt, ist die Rhizosphäre. Diese Methode kann dadurch verfeinert werden, daß man die Proben in einem bestimmten Abstand von der Wurzel nimmt; aufgrund der geringen Abstände ist das aber sehr schwierig. Mehrere aufeinander folgende Waschungen der Wurzeln erlauben eine gewisse Unterscheidung zwischen den Teilen der Rhizosphäre; je länger und gründlicher die Wurzel gewaschen wird, desto näher an der Wurzeloberfläche lag die abgespülte Erde. 10- bis 15minütiges starkes Schütteln mit Glaskügelchen ist nötig, um die Masse der auf der Wurzeloberfläche lebenden Flora zu entfernen. Unter bestimmten Umständen, z. B. bei Topfpflanzen oder unter dichtem Rasen, können die Wurzeln so dicht sein, daß tatsächlich alle Erde zur Rhizosphäre gehört. Die Wurzeloberfläche ist offensichtlich leichter zu definieren, doch treten auch hier gewisse Probleme auf, da Mikroorganismen besonders in verletzte Rhizodermis- und Rindenzellen eindringen können. Organismen, die auf der Wurzeloberfläche leben, können also auch innerhalb der Wurzel gefunden werden (Abb. 6—7B).

Die Wurzeln beeinflussen den Boden auf verschiedene Weise: durch die Wurzelatmung wird der Kohlendioxid-Spiegel angehoben, während die Sauerstoff-, Wasser- und Mineral-Konzentrationen sinken. Als Hauptgrund für den Rhizosphären-Effekt werden allerdings die organischen Nährstoffe angesehen, die von den Wurzeln an den Boden abgegeben werden. Dazu gehören zum einen die Zellen der Wurzelhaube und das Wandmaterial aus dem Cortex, das beim sekundären Dickenwachstum der Wurzel abgestoßen wird. Zum anderen ist es eine komplexe chemische Mischung an löslichem Material. Seine Ausscheidung erfolgt vor allem in den Bereichen der Zellstreckung und der Wurzelhaarbildung. Schätzungen über die an den Boden abgegebene Substanzmenge weichen stark voneinander ab. Vermutlich sind es 1—2% des in die Wurzeln transportierten Kohlenstoffs, von denen nur 20% löslich sind.

Die Liste der löslichen Verbindungen, die von steril aufgezogenen Pflanzen ausgeschieden werden, ist lang [3], allerdings wurden die meisten Untersuchungen an jungen Keimlingen durchgeführt, so daß sehr wenig über ausgewaschene Pflanzen bekannt ist. Einfache Zucker wie Glucose und Fructose treten fast immer auf, auch Pentose, Di-, Tri- und Oligosaccharide wurden festgestellt. Es ist denkbar, daß auch hochmolekulare Polysaccharide von Bedeutung sind. Alle gängigen Aminosäuren wurden gefunden; Alanin, Serin, Leucin, Valin, Glutamin- und Asparaginsäure, Glutamin und Asparagin wurden von fast allen Pflanzen in großer Menge gebildet. Auch organische Säuren wurden identifiziert, allerdings nur in geringen Mengen. Neben diesen Ausscheidungen treten noch viele Substanzen in niedrigen Konzentrationen auf, die aber dennoch für die Ernährung der in der Rhizosphäre wachsenden Mikroorganismen von Bedeutung sein können. Hierzu gehören Vitamine, besonders Thiamin und Biotin, Nucleotide, Flavone, Auxine und verwandte, chemisch schlecht definierte Stimulatoren oder Inhibitoren für bestimmte Mikroben. Auf die Blätter aufgespülte Nährstoffe, Herbicide, Nematocide und Antibiotika können ebenfalls in die Wurzeln transportiert und dort ausgeschieden werden.

Unter nicht-sterilen Bedingungen ist die Situation komplizierter, da die Mikroorganismen die Verbindungen aufnehmen und umwandeln und dann ihre eigenen löslichen Substanzen ausscheiden. Einige davon können die Wurzel beeinflussen und morphologische und Permeabilitätsänderungen hervorrufen (s. u.). Es ist sehr wenig über die chemische Zusammensetzung der Ausscheidungen unter natürlichen Boden-Bedingungen bekannt. Wahrscheinlich unterscheiden sie sich von den unter sterilen Bedingungen abgeschiedenen Stoffen. Neuere Arbeiten weisen darauf hin, daß die Wurzeln auch eine Reihe flüchtiger Substanzen produzieren können (z. B. Äthanol, Acetaldehyd, Isobutanol, Alkylsulfide), die die Mikroflora beeinflussen. Art oder Sorte der Pflanze, Alter, physiologische Bedingungen und Umweltfaktoren können sich alle auf die Qualität der Wurzel-Ausscheidungen auswirken.

Die Abgabe all dieser unterschiedlichen organischen Substanzen in den Boden erhöht die Gesamtzahl der Mikroorganismen stark, besonders die der im Boden lebenden Organismen, aber auch samenbürtige Organismen können sich auf diese Weise durchsetzen. Die Boden-Population reagiert aber nicht einheitlich. Einige Gruppen bleiben wahrscheinlich völlig unbeeinflußt, so z. B. die autotrophen Algen, die aber unterhalb der Boden-Oberfläche sowieso nicht von Bedeutung sind. *Azotobacter* ist eines der wenigen Bakterien, die normalerweise unbeeinflußt bleiben (Tab. 6—5). Eine zahlenmäßige Abnahme in der Rhizosphäre zeigt sich bei Gram-positiven Kokken, pleomorphen Formen und manchen Stäbchen einschließlich *Bacillus*. Die üblichste Reaktion der Bakterien ist allerdings eine zahlenmäßige Zunahme, verglichen mit dem Boden im allgemeinen, was für Gram-negative Arten, die keine Sporen bilden (*Agrobacterium*, *Corynebacterium*, *Pseudomonas*, *Rhizobium*), und viele zum Stickstoff-Kreislauf gehörige Bakterien gezeigt wurde. Auch die Zahl der Pilze nimmt zu: die Mucorales besonders in der Ausscheidungszone und die Cellulose zersetzenden Pilze dort, wo Zellen abgestoßen werden. In unterschiedlichem Abstand von der Spitze der wachsenden Wurzel findet man auch unterschiedliche Populationen. Unter den Pilzarten auf der Wurzeloberfläche dominieren relativ wenige Gattungen wie *Fusarium* und *Rhizoctonia*. Diese zahlenmäßigen Änderungen sind in Tab. 6—5 dargestellt. Auch die Protozoenzahl nimmt in der Rhizosphäre zu, vermutlich als Reaktion auf die größere Dichte an Beute-Organismen. Erst wenn ein Anstieg der Bakterienzahlen stattgefunden hat, treten Protozoen in größerer Zahl auf (Abb. 6—6). Chromogene Bakterien zeigen in der Rhizosphäre oft eine viel stärkere zahlenmäßige Zunahme als die farblosen Formen, doch sind die Gründe hierfür noch nicht bekannt. Aus der Abb. 6—6 ist auch die Wirkung des Alters der Pflanze auf die Population der Rhizosphäre zu ersehen. Häufig ist nicht das chronologische, sondern das physiologische Alter von Bedeutung; so erreichen die Keimzahlen während des frühen Blütestadiums ihr Maximum.

Betrachtet man anstelle von taxonomischen Gruppierungen

Tabelle 6–5

Änderungen im Keimgehalt verschiedener Mikroorganismen-Gruppen in der Rhizosphäre von Weizen im Vergleich mit wurzelfreiem Boden. Das Verhältnis R:S ist das Verhältnis der Organismen in der Rhizosphäre zu den Organismen im wurzelfreien Boden. (Aus: ROUATT, J. W., KATZNELSON, H., und PAYNE, T. M. B. (1960), Statistical evaluation of the rhizosphere effect. Proceedings of the Soil Science Society of America *24*, 271–273; mit Erlaubnis der Soil Science Society of America.)

Mikroorganismen	Anzahl pro g Trockenmasse		
	Boden aus der Rhizosphäre	Kontrollboden	Verhältnis R:S
Wichtigste taxonomische Gruppen			
Bakterien	$1200 \cdot 10^6$	$50 \cdot 10^6$**)	24,0
Actinomyceten	$46 \cdot 10^6$	$7 \cdot 10^6$**)	6,6
Pilze	$12 \cdot 10^5$	$1 \cdot 10^5$**)	12,0
Protozoen	$24 \cdot 10^2$	$10 \cdot 10^2$**)	2,4
Algen	$5 \cdot 10^3$	$27 \cdot 10^3$*)	0,2
Bakterien-Gruppen mit verschiedener Ernährungsweise			
ammonifizierende Bakterien	$500 \cdot 10^6$	$4 \cdot 10^6$**)	125,0
Gas produzierende Anaerobier	$39 \cdot 10^4$	$3 \cdot 10^4$*)	13,0
Anaerobier	$12 \cdot 10^6$	$6 \cdot 10^6$*)	2,0
denitrifizierende Bakterien	$126 \cdot 10^6$	$1 \cdot 10^5$**)	1260,0
aerobe Cellulose-Zersetzer	$7 \cdot 10^5$	$1 \cdot 10^5$*)	7,0
anaerobe Cellulose-Zersetzer	$9 \cdot 10^3$	$3 \cdot 10^3$ ns	3,0
Sporenbildner	$9 \cdot 10^5$	$6 \cdot 10^5$ ns	1,5
Azotobacter	$1 \cdot 10^3$	$1 \cdot 10^3$ ns	–

** = signifikant unterschiedlich mit 1%igem Wahrscheinlichkeitsniveau
* = signifikant unterschiedlich mit 5%igem Wahrscheinlichkeitsniveau
ns = nicht signifikant

Gruppen mit ähnlichen Nährstoff-Bedürfnissen, dann findet man bei denjenigen Organismen die größte Zunahme, die relativ komplexe Anforderungen stellen, besonders an Aminosäuren (Tab. 6–5 und Tab. 6–6). Dies spiegelt das häufige Auftreten von Aminosäuren in den Ausscheidungen wider.

Die Ausdehnung der Rhizosphäre hängt nicht nur von den Ausscheidungen ab, sondern auch von den physikalischen und chemischen Faktoren im Boden, die die Diffusion der Substanzen beeinflussen, und von der Anzahl der vorhandenen Mikroorganismen. In einem Boden mit sehr geringem Gehalt an organischen Substanzen wird jede zusätzliche Substanz große Wirkung haben, während andererseits in einem Boden mit sehr viel organischer

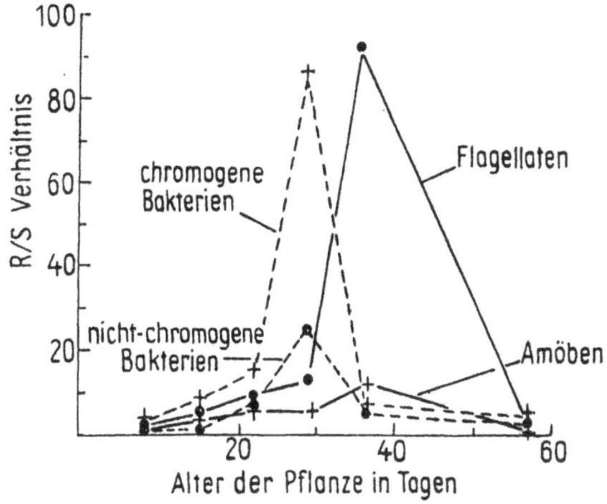

Abb. 6—6. Der Anstieg der Bakterien- und Protozoenzahlen in der Rhizosphäre von *Sinapsis alba* L. (weißer Senf). Das Verhältnis R:S (vgl. Tab. 6—5, S. 134) ist gegen das Alter der Pflanze aufgetragen. Bei Protozoen tritt der maximale Rhizosphären-Effekt später ein als bei Bakterien. (Verändert nach Werten von: DARBYSHIRE, J. F., und GREAVES, M. R. (1067), Protozoa and bacteria in the rhizosphere of *Sinapsis alba* L., *Trifolium repens* L., and *Lolium perenne* L. Canadian Journal of Microbiology *13*, 1057—1068.)

Substanz eine etwas vermehrte Wurzelausscheidung einen geringeren Effekt haben wird. Ist die mikrobielle Population auf der Wurzeloberfläche sehr groß, so wird sie mehr oder weniger alle Ausscheidungen aufbrauchen. Eine Pflanze, die in reinem Sand mit wenigen Mikroorganismen wächst und viel ausscheidet, kann eine Rhizosphäre von mehreren Zentimetern Ausdehnung ausbilden. Wächst dagegen eine Pflanze mit mittleren oder geringen Ausscheidungsmengen in einem Boden, der reich an organischer

Substanz ist, und hat sie zudem noch eine reiche Mikroben-Population auf der Wurzeloberfläche, so kann ihre Rhizosphäre praktisch mit der Wurzeloberfläche zusammenfallen. Der Bereich der Rhizosphäre umfaßt dann nur Millimeterbruchteile oder sogar nur ein paar Mikrometer. Die größte Stimulation zur Vermehrung der Mikroorganismen erfolgt auf der Wurzeloberfläche; mit zunehmender Entfernung von der Wurzel sinkt sie auf normales Boden-

Tabelle 6—6

Organismen-Gruppen mit verschiedenen Nährstoff-Ansprüchen in der Rhizosphäre im Vergleich zu ihrem Auftreten in Kontrollböden. (Aus: LOCHHEAD, A. G., und THEXTON, R. H. (1947), Quantitative studies of soil micro-organisms. VII. The "rhizosphere effect" in relation to the amino acid nutrition of bacteria. Canadian Journal of Research *25c*, 20—26.)

Nährstoff-Bedarf für maximales Wachstum	Millionen pro g		
	Rhizosphäre	Kontrolle	Verhältnis R:S
Grundmedium ohne Zusätze	119,7	4,5	16,6
eine oder mehrere Aminosäuren	133,0	2,6	51,2
Wuchsstoffe	79,8	8,7	9,2
Aminosäuren und Wuchsstoffe	79,8	6,1	13,1
Hefeextrakt	62,2	6,1	10,2
Bodenextrakt	30,8	2,6	11,8
Hefe- und Bodenextrakt	13,3	4,2	3,2
Gesamtkeimzahl	532,0	37,5	14,2

Niveau. Verschiedene Arten von Mikroben unterscheiden sich in ihrer Verteilung: einige beschränken sich auf die Wurzeloberfläche, andere zeigen eine gleichmäßigere Verteilung in der Rhizosphäre, und noch andere weisen — wie wir schon gesehen haben — keinen Rhizosphären-Effekt auf oder nehmen zahlenmäßig sogar ab (Tab. 6—7).

Die Einflüsse auf die Mikroflora sind nicht immer so einfach zu interpretieren wie in den obigen Beispielen. Abnehmende Lichtintensität läßt eine verminderte Photosynthese erwarten und damit auch eine geringere Menge an Ausscheidungen, so daß in der Rhizosphäre weniger Organismen auftreten sollten. Diese Bezie-

Tabelle 6—7

Der Einfluß des Abstandes von der Wurzeloberfläche auf die Keimzahl in der Rhizosphäre. (Aus: PAPAVIZAS, G. C., und DAVEY, C. B. (1961), Extent and nature of the rhizosphere of *Lupinus*. Plant and Soil *14*, 215—236.)

Abstand von der Wurzel mm	10^6/g Trockenmasse		10^3/g Trockenmasse				
	Bakterien	Streptomyceten	Pilze	*Cylindrocarpon radicicola*	*Paecilomyces marquandi*	*Fusarium oxysporum*	*Trichoderma viride*
Wurzeloberfläche = 0	159,0	46,7	355	4,9	9,0	5,3	5,9
0 bis 3	49,7	15,5	176	0	2,8	2,5	22,1
3 bis 6	38,0	11,4	170	0	1,6	2,8	6,9
9 bis 12	37,4	11,8	130	0	1,5	4,5	14,9
15 bis 18	34,2	10,1	117	0	0	4,1	7,3
Kontrolle = 80	27,3	9,1	91	0	0	5,1	11,1

hung trifft für einige Pilze auch wirklich zu (z. B. *Trichoderma* und *Gliomastix*, Tab. 6—8), doch gibt es andere, die bei abnehmender Lichtintensität zahlenmäßig zunehmen. Hierzu gehören besonders Parasiten wie *Rhizoctonia*. Es bieten sich zwei mögliche Erklärungen an: Entweder arbeitet der Abwehr-Mechanismus der Pflanzen bei diesen geringen Lichtintensitäten nur eingeschränkt oder gar nicht, oder es leben Antagonisten auf der Wurzeloberfläche (z. B. *Trichoderma viride*), die mit der Lichtintensität abnehmen, so daß die Parasiten an Zahl zunehmen können. Einige

Tabelle 6—8

Der Einfluß abnehmender Beleuchtung auf die Keimzahl (pro hundert Wurzelsegmente) von Pilzen auf der Wurzeloberfläche von Buchenkeimlingen. (Ausgewählt aus: HARLEY, J. L., und WAID, J. S. (1955), The effect of light upon the roots of beech and its surface population. Plant and Soil 7, 96—112.)

Gattung	% Tageslicht-Beleuchtung				
	25,1	14,2	10,6	6,1	3,6
Trichoderma	72	43	45	22	36
Gliomastix	21	17	12	7	12
Verticillium	4	8	5	5	8
Gliocladium	7	6	10	5	6
Cylindrocarpon	25	31	51	59	44
Rhizoctonia	1	19	22	32	23
Penicillium	39	34	49	43	58

in der Tab. 6—8 aufgeführten Pilze zeigen innerhalb des untersuchten Bereichs keine Reaktion auf die Lichtintensität.

Im Gegensatz zur Anzahl der Mikroorganismen ist ihre Aktivität in der Rhizosphäre schwer zu messen. Dennoch wird die mikrobielle Respirationsrate pro Volumeneinheit höher eingeschätzt als in Kontrollböden. Stickstoff-Fixierung im Boden durch freilebende Organismen findet vorwiegend in der Rhizosphäre statt, besonders auf der Wurzeloberfläche. *Azotobacter paspali* besiedelt spezifisch den Schleim von *Paspalum* und wird dadurch stark stimuliert. Ein vermutlich als *Spirillum lipoferum* identifiziertes Bakterium ist mit den Wurzeln tropischer Gräser assoziiert (z. B. *Digitaria decumbens* und einige Stämme von *Zea mays*) und fixiert beachtliche Mengen an Stickstoff. Ammonifizierung (besonders Abbau von Aminosäuren) und Nitrifizierung nehmen in der Rhizosphäre zu. Für die Pflanzen ist es ungünstig, daß auch die Denitrifizierung ansteigt, wie sich aus der Zunahme anaerober Mikro-Habitate schließen läßt (s. Abschn. 4.3.). Dieser Effekt wird von der allgemeinen Zunahme der mikrobiellen Aktivität hervorgerufen. Daneben findet in der Rhizosphäre auch eine Festlegung des Stickstoffs in der mikrobiellen Biomasse statt.

Es ist denkbar, daß das Verteilungsmuster der Mikroorganismen auf den Bodenkrümeln innerhalb der Rhizosphäre ähnlich ist wie im übrigen Boden (s. Abschn. 6.2.). Auf der Wurzeloberfläche sind die Verhältnisse allerdings anders, da die Wurzeln und die darauf wachsenden Bakterien Schleim produzieren, der bei direkter Untersuchung deutlich gesehen werden kann (Abb. 6—7A). Die Mikroorganismen sind entweder als Einzelzellen oder als Mikrokolonien in den Schleim eingebettet. Die Wurzeloberfläche ist trotz der ermittelten hohen Zahlen nur dünn mit Mikroorganismen besiedelt, wenn man die Größe der tatsächlich besiedelten Oberfläche betrachtet. Eine 10%ige Bedeckung gilt als dicht, 1—4% dürften normal sein. Daneben gibt es Stellen, an denen sich Mikrokolonien befinden. Hier ist die Populationsdichte viel größer, mehrere Schichten von Bakterien können sogar übereinander liegen (Abb. 6—7 B und C). Einige Wissenschaftler stellten eine mehr oder weniger zufällige Verteilung fest, während andere vermuten, daß die Verteilung der Mikroorganismen mit der Mikrotopographie der Wurzel zusammenhängt. Die Mikroben konzentrieren sich entlang der epidermalen Zellgrenzen, wo die Ausscheidung möglicherweise am größten ist.

6.5.2. *Der Einfluß der Mikroorganismen auf die Pflanze*

Änderungen der pflanzlichen Hormon-Konzentration können das Austreiben der Knospen, die Samenkeimung und die Blütezeit beeinflussen, wobei aber noch ungeklärt ist, ob die Mikroben selbst Hormone produzieren oder nur die Produktion und Verteilung der pflanzeneigenen Hormone verändern. Die Gibberellin-Produktion durch *Azotobacter* wurde bereits erwähnt (s. Abschn. 4.3.), ebenso die Bildung von Indolessigsäure durch *Rhizobium* während des Eindringens in die Rindenzellen (s. Abschn. 4.2.2.). Es

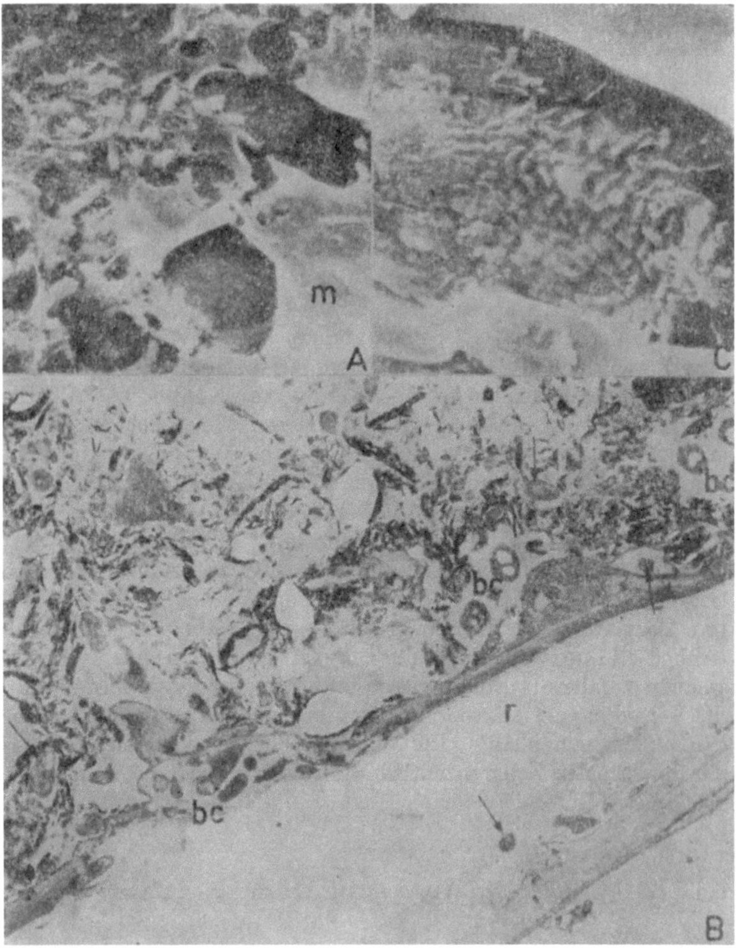

Abb. 6–7. A) Rasterelektronenmikroskopische Aufnahme einer Weizenwurzel mit glatten Schleimflecken, m, (pflanzlichen Ursprungs?) und dem mehrfädigen Material, das mit den Bakterien verbunden ist (links im Bild); ×1 750. (Aus: ROVIRA, R. D., und CAMPBELL, R. (1975), Scanning electron microscopy of micro-organisms on the roots of wheat. Microbial Ecology *1*, 15–23.)
B) Elektronenmikroskopische Aufnahme von Loasa vulcanica: die Wurzel,

ist eine allgemeine Erfahrung, daß Pflanzen in sterilisierter Erde schlecht wachsen. Dieser Effekt wird meist Giftstoffen zugeschoben, die sich während der Sterilisation bilden, doch könnte auch eine Änderung im Hormongehalt daran beteiligt sein. Eine Untersuchung zeigte, daß bis zu 50% der in der Rhizosphäre und auf der Wurzeloberfläche lebenden Organismen in der Kultur Stoffe produzieren, die das Pflanzenwachstum fördern. Allerdings produzierte eine ähnliche Anzahl von Organismen (nicht unbedingt die gleichen) unter den gleichen Bedingungen auch Stoffe, die das Pflanzenwachstum hemmen. Sterile, mit Mikroben beimpfte Erde führt im Vergleich mit mikrobenfreien Pflanzen zu einer Verkümmerung des Wurzelsystems, einer zahlenmäßigen Reduktion der Seitenwurzeln und einer Verzögerung der Wurzelhaar-Bildung. Diese Änderungen der Wurzel-Morphologie können tiefgreifende Wirkungen auf die Nährstoffaufnahme der Pflanzen haben, selbst wenn man nur das Volumen der ausgenutzten Erde betrachtet. Dies wäre besonders für immobile Verbindungen wie Phosphate wichtig, da sich um die Wurzeln rasch Zonen ausbilden, deren Nährstoff-Vorräte völlig erschöpft sind.

Am besten untersucht sind die Änderungen der Wurzel-Morphologie, die durch Symbiose-Beziehungen zwischen Mikroorganismen und Pflanze entstehen. Stickstoffixierende Knöllchen wurden bereits besprochen (s. Abschn. 4.2.2.) und Mykorrhizen im Zusammenhang mit der Phosphor-Aufnahme erwähnt (s. Abschn. 5.2.). Es gibt zwei Haupttypen von Mykorrhizen: endotrophe (einschließlich vesicular arbuscularen und Orchideen-Typen) und ektotrophe [7]. Die Orchideen-Mykorrhizen sind von der Pflanzenernährung und vom wissenschaftlichen Gesichtspunkt her von Interesse, haben aber keine große ökonomische Bedeutung. Sie können bei der Samenkeimung notwendig oder zumindest vorteilhaft sein. Im photosynthetisch inaktiven Protokormus er-

---

Fortsetzung Abbildungsunterschrift (Abb. 6—7)
r, befindet sich rechts unten im Bild, die Rindenzellen tragen Bakterien (Pfeile) in sich. Freilebende Bakterien (Pfeile) und bakterielle Mikrokolonien, (bc), treten im Boden auf. Tonpartikel erscheinen als elektronendichte lamellierte Strukturen; × 5 050. (Unveröffentlichte elektronenmikroskopische Aufnahme von Dr. A. Beckett, Bristol University).
C) Rasterelektronenmikroskopische Aufnahme einer Bakterienkolonie auf einer Weizenwurzel; ×1160. (Aus: ROVIRA, A.D., und CAMPBELL, R. (1975) s. o.)

scheinen die Hyphen innerhalb der Zellen (Abb. 6—8A) und versorgen die Orchidee mit Kohlenhydraten und vielleicht auch Vitaminen und Hormonen. In der Kultur zeigen die Pilze die Fähigkeit, unlösliche Kohlenhydrate wie Cellulose zu verwenden, während der Protokormus auf eine Versorgung mit einfachen Zuckern von außen angewiesen ist. Ausgewachsene Orchideen sind meist in der Lage, Zucker durch normale Photosynthese zu produzieren. Manchmal, besonders während der Samenkeimung und im Keimlingsstadium, scheint der Pilz auf der Orchidee zu parasitieren, diese Beziehung dürfte recht instabil sein. Die beteiligten Pilze sind oft *Rhizoctonia* spp., die normalerweise auf Pflanzenwurzeln parasitieren. Die Orchideen scheinen diese Beziehung verändert zu haben; wie dies geschieht, ist nicht bekannt. Man weiß aber, daß der Schutzstoff Orchinol damit zusammenhängt. Das ist ein interessantes Beispiel dafür, wie das Gleichgewicht von Angriff und Abwehr zwischen Parasit und Wirt verändert werden kann und wie verschiedene Symbiose-Formen ineinander übergehen können.

Vesicular arbusculare Mykorrhizen sind Assoziationen zwischen Phycomycetes-Arten, meist *Endogone* genannt, und einer großen Anzahl von Angiospermen. Die unseptierten Hyphen dringen in die Rindenzellen ein, wo sie reich verzweigte Organe, die Arbuskeln, ausbilden. Daneben treten auch größere Hyphen auf, die endständige oder eingeschobene Schwellungen und Vesikel aufweisen (Abb. 6—8B). Vesicular arbusculare Mykorrhizen finden sich bei vielen Pflanzenarten. Über sie wurde aus allen Teilen der Welt vielfach berichtet. Sie fördern die Nährstoff-Aufnahme und die Translokation, besonders für Phosphor in phosphorarmen Böden. Diese Mykorrhizen sind höchstwahrscheinlich sowohl in

---

Abb. 6—8. Mykorrhiza-Assoziationen

A) Endotrophe Mykorrhiza: Hyphen in den Zellen eines Vorkeims der Orchidee *Neottia*; $\times 160$.

B) Endotrophe Mykorrhiza: vesicular arbuscular auf Plantago mit intracellulären Hyphen, Vesikeln (Doppelpfeile) und einem Arbusculum (Pfeil); $\times 330$.

C) Ektotrophe Mykorrhiza: Die Wuchsformen infizierter Birkenwurzeln; etwa natürliche Größe.

D) Ektotrophe Mykorrhiza: Die Hyphen dringen zwischen die Rindenzellen ein und bilden eine Scheide (zwischen den Pfeilen) um die Wurzel einer Birke; $\times 160$.

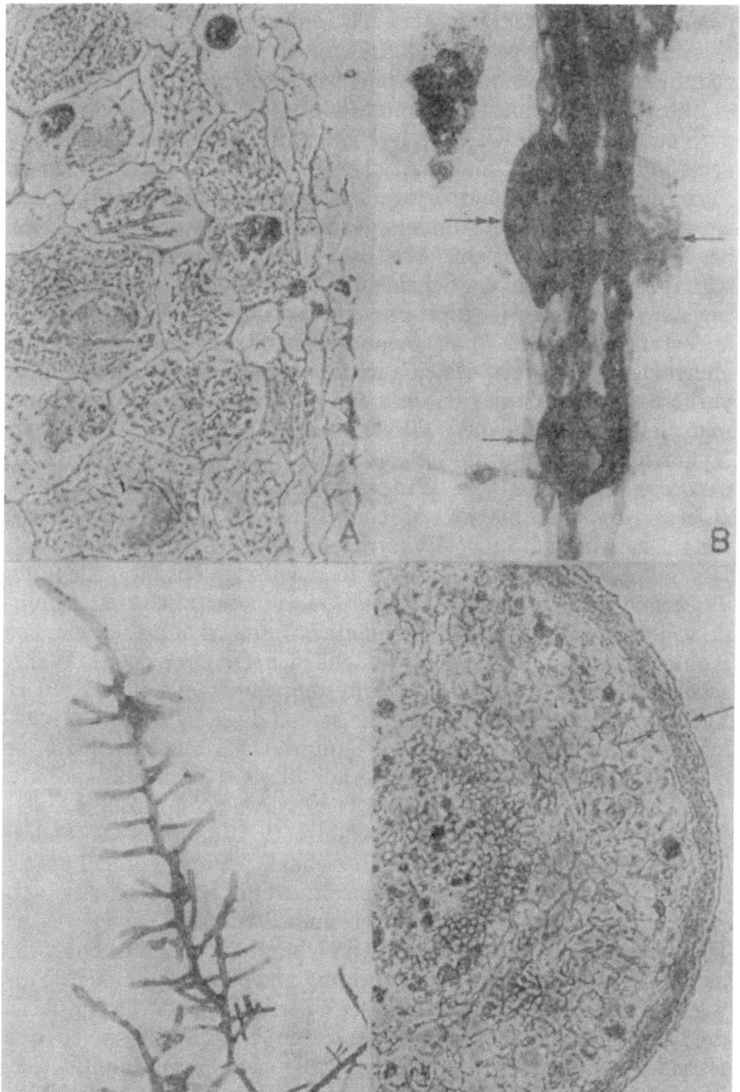
A
B
C
D

natürlichen Gesellschaften als auch in der Landwirtschaft für die Pflanzenernährung sehr wichtig. Dennoch wurden sie bis vor kurzem nicht so eingehend untersucht wie ektotrophe Mykorrhizen.

Ektotrophe Mykorrhizen treten häufig bei vielen Waldbäumen auf, besonders bei Kiefern, Buchen und Birken der nördlichen gemäßigten Breiten. Sie überziehen das Äußere der Wurzeln in Form einer Scheide und dringen zwischen die Rindenzellen ein, wo sie ein Hartig-Netz bilden. Normalerweise dringen sie nicht ins Innere der Zellen ein (Abb. 6—8D). Die Wurzel-Morphologie wird durch die Dicke der Scheide und die wiederholte Bildung kurzer Äste mit stumpfen Spitzen und begrenztem Wachstum verändert (Abb. 6—8C). Das genaue Verzweigungsmuster und die Menge des Myceliums, das sich in die umgebende Erde ausbreitet, variiert mit der Art des Baumes und des Pilzes. Jeder Baum kann mit vielen verschiedenen Pilzen eine Beziehung in Form einer Mykorrhiza eingehen, und ebenso haben die meisten Pilze (z. B. *Cenococcum*) ein breites Wirtsspektrum, obgleich einige (z. B. *Boletus elegans*) offenbar auf eine einzige Wirtsgattung (*Larix*) festgelegt sind. Häufig Mykorrhizen bildende Gattungen sind Basidiomyceten, besonders Agaricaceae wie *Boletus*, *Amanita*, *Tricholoma*, *Russula* und *Lactarius*. Viele dieser Pilze oder zumindest ihre Mykorrhizen bildenden Stämme können komplexe Kohlenhydrate nur schlecht aufschließen (s. Orchideen). Wahrscheinlich erhalten sie die meisten, wenn nicht alle ihre Kohlenhydrate von der Wirtspflanze. Sie setzen diese in Mannit, Trehalose und Glykogen um, die der Baum nicht verwenden kann, so daß der Fluß der Kohlenhydrate nur in einer Richtung verläuft. Der Baum kann besser wachsen, was vorwiegend durch die verstärkte Aufnahme mineralischer Nährstoffe bedingt ist. Besonders Phosphate reichern sich in der Pilzscheide an und können später in den Baum transportiert werden. Es wurde aber auch eine verbesserte Aufnahme von Kalium und Stickstoff nachgewiesen. Diese verstärkte Nährstoff-Aufnahme kann auf mehrere Faktoren zurückgeführt werden. Die Verdickung und Verzweigung der Wurzel führt zu einer Vergrößerung der Oberfläche, zudem vergrößern die Hyphenstränge das durchdringende Bodenvolumen, so daß festgelegte Bodenbestandteile, wie Phosphor, besser genutzt werden. Möglicherweise arbeitet der Mykorrhiza-Pilz bei der Nährstoff-Aufnahme effizienter als die Wurzel. Schließlich leben die von Mykorrhiza umsponnenen Wurzeln länger und sind unempfindlicher gegen Krankheiten als nicht infizierte Wurzeln. Die Beziehung ist daher mutualistisch. Ihre stärkste Entwicklung erfahren diese Mykorrhizen in Böden mit geringer bis mäßiger Fruchtbarkeit und bei guter Lichtversorgung der Bäume. Ektotrophe Mykorrhizen haben ihre eigene Rhizosphäre, und das Verhältnis R : S (Verhältnis der Organismen der Rhizosphäre zu Organismen im undurchwurzelten Boden) ist normalerweise größer als bei nicht infizierten Wurzeln. Der Mykorrhiza-Pilz besiedelt die junge Wurzel zunächst in Konkurrenz mit der normal auf der Wurzeloberfläche lebenden Mikroflora. Hat sich die Scheide aber erst einmal gebildet, so werden die Wurzelausscheidungen durch den Pilz verändert.

Auch für die Rhizosphären-Population ganz allgemein wurden ähnliche Wirkungen auf die Nährstoff-Aufnahme berichtet, doch ist der Beweis hierfür viel umstrittener als bei der Mykorrhiza. Es ist gut vorstellbar, daß die Nährstoff-Aufnahme beeinflußt wird, da ja alles, was die Wurzel erreicht, zuvor durch die Rhizosphäre hindurchgehen muß. Außer für Phosphor und Stickstoff (s. Abschn. 5.2. und 6.2.) wurde eine Wirkung der Mikroorganismen der Rhizosphäre von Laborpflanzen für folgende Elemente festgestellt: verstärkte Aufnahme von Kalium, Zink, Calcium, Magnesium, Eisen, Mangan, Molybdän und Aluminium, verminderte Aufnahme von Rubidium und Strontium. Für Schwefel wurden sehr widersprüchliche Ergebnisse ermittelt. Aber auch für alle anderen aufgeführten Elemente wurden gelegentlich gegensätzliche Angaben gemacht. Möglicherweise ändert sich die jeweilige Wirkung mit der Pflanze und den Mikroorganismen in einem bestimmten Lebensraum. Bis zur vollständigen Klärung sind noch umfangreiche Arbeiten notwendig. Die wahrscheinlichsten Mechanismen sind eine pH-Änderung, die Lösung zuvor unlöslicher Stoffe durch Säuren aus dem Stoffwechsel und die Freisetzung von Mineralien während der Zersetzung organischen Materials.

6.6. Biologische Kontrolle von im Boden lebenden pathogenen Organismen

Pathogene Organismen, die Pflanzenkrankheiten im Boden erregen, müssen in der Lage sein, auch in Abwesenheit ihrer Wirte zu überleben. Dabei können sie mit Saprophyten konkurrieren oder in einem Ruhezustand verharren, bis ein geeigneter Wirt in ihre Nähe kommt. Dies ist bei einigen Fusarium-Arten der Fall, deren Ruhezustand durch die Wurzelausscheidungen eines empfänglichen Wirtes beendet wird. Wurzelausscheidungen können auch die beweglichen Zoosporen von *Phytophthora* anziehen, die sich in den Ausscheidungszonen der betreffenden Wurzeln ansammeln. Befindet sich der Parasit erst einmal in seinem Wirt, so ist die mikrobielle Konkurrenz eingeschränkt. Die Fähigkeit eines Parasiten, in eine normalerweise verteidigte Position einzudringen, bringt ihm den Vorteil, in einem „behüteten Lebensraum" zu leben.

Phytopathogene Organismen, im Boden sind es meist Pilze, reagieren auf Umweltfaktoren in der gleichen, bereits beschriebenen Weise wie andere Mikroorganismen. Sie können antagonistisch wirken und auch selbst angegriffen werden; Hyphen, Sporen und Sclerotien können von anderen Boden-Organismen zerstört werden. Das Prinzip einer biologischen Bekämpfung von im Boden lebenden pathogenen Organismen [2], besteht darin, das Gleichgewicht zwischen Krankheitserregern und saprophytischer Bodenflora zugunsten letzterer zu verschieben. Diese Flora spielt offenbar eine wichtige Rolle bei der Kontrolle pathogener Organismen. Wenn sie fehlt, verläuft die Krankheit oft schwerer oder die Infektions-Rate ist höher. Die Mikroorganismen des Bodens können auch bei der Spezifität von Wirt und pathogenem Organismus eine Rolle spielen.

Die biologische Kontrolle umfaßt im wesentlichen zwei Methoden: Entweder wird ganz allgemein die mikrobielle Aktivität im Boden erhöht, so daß die pathogenen Organismen aufgrund vermehrter antagonistischer Einwirkungen während der saprophytischen Lebensweise lysiert werden. Oder man versucht durch Manipulation der Rhizosphären-Flora eine Infektion zu verhindern. Letztere unterliegt einer genetischen Kontrolle durch den Wirt. Bei einigen Programmen zur Resistenzzüchtung wurde mit dem Erlangen der Resistenz gleichzeitig auch eine Veränderung der Rhizosphären-Flora festgestellt (Tab. 6—9).

Die Populationen von im Boden lebenden Mikroorganismen sind relativ stabil. Ihre Zusammensetzung läßt sich schwer ändern, es sei denn, der Lebensraum wird in irgendeiner Weise verändert. Das Unterpflügen von Gründünger, besonders von Leguminosen, führt zu einer starken Erhöhung der mikrobiellen Aktivität und wurde schon zur Bekämpfung vieler Krankheiten angewendet, z. B. bei *Phymatotrichum* (Wurzelfäule bei Baumwolle) und Kartoffelschorf (*Streptomyces scabies*). Auf ähnliche Weise können durch eine Kontrolle des pH-Werts mittels Schwefel-Zugabe oder durch Veränderungen in den Anteilen der verschiedenen Stickstoff-Dünger die Antagonisten gegenüber den pathogenen Organismen-

Tabelle 6–9

Der genetisch gesteuerte Einfluß der Rhizosphäre des Weizens auf die Pathogenität von *Cochliobolus sativus*. Die Varietät Apex ist resistent; S–615 ist infizierbar; S–A5B wurde aus S–615 gezüchtet, der das Chromosom Apex 5B hinzugefügt wurde. Die Werte innerhalb jeder Spalte, die mit dem gleichen Buchstaben versehen sind, unterscheiden sich nicht signifikant (P = 0,05).
(Aus: NEAL, J. L., ATKINSON, T. G., und LARSON, R. I. (1970), Changes in the rhizosphere microflora of spring wheat induced by disomic substitution of a chromosome. Canadian Journal of Microbiology *16*, 153–158. Siehe auch: BRUEHL, G. W. (Ed.) (1975), Biology and Control of Soilborne Plant Pathogens. American Phytopathological Society, St. Paul, Minnesota, pp. 216.)

Varietät	Resistenz	Rhizosphäre	
		Bakterien 10^6/g Trockenmasse	Pilze 10^3/g Trockenmasse
Apex	resistent	251,5 a	342,9 a
S–615	infizierbar	576,8 b	123,7 b
S–A5B	resistent	266,5 a	81,5 c
keine Pflanze	–	44,9 c	119,5 b

begünstigt werden oder auch direkt das Wachstum des Krankheitserregers beeinflußt werden. Die drastischste Maßnahme zur Änderung der Boden-Population ist die Sterilisierung oder — gebräuchlicher — die Teilsterilisierung, wie sie in Treibhäusern und an anderen Stellen mit relativ kleinen Bodenmengen routinemäßig angewandt wird. Dabei werden verschiedene Agenzien eingesetzt, einschließlich Dampf, Formalin, Chlorpikrin, Methylbromid und viele andere patentrechtlich geschützte Präparate. Das Ziel dabei ist, die pathogenen Organismen abzutöten, von der übrigen Bodenflora aber so viel wie möglich am Leben zu lassen. Gelangt in die sterile oder an saprophytischer Flora stark verarmte Erde zufällig erneut ein pathogener Organismus, so kann es zu einer sehr ernsten Erkrankung kommen. Bei sachgemäßer Behandlung steigt aber die Zahl der verbliebenen saprophytischen Bodenorganismen schnell an (z. B. *Pseudomonas* und *Bacillus*), um die verlassenen Nischen zu füllen und alle vorhandenen toten Organismen abzubauen. Dies ist ein gutes, wenn auch extremes Beispiel des zymogenen Verhaltens von Mikroorganismen. Einer der häufigsten und schnellsten pilzlichen Neubesiedler ist *Trichoderma*, ein gut bekannter Antagonist, der helfen kann, ein erneutes Wachsen pathogener Organismen zu verhindern. Für teilweise sterilisierte Böden sind Sukzessionen beschrieben worden; Änderungen in der Flora können noch viele Monate nach der Behandlung festgestellt werden. Inzwischen sind beachtliche praktische Erfahrungen für die optimale Konzentration von Sterilisationsmitteln für ganz bestimmte Probleme gewonnen worden.

Ist das Gleichgewicht schon in irgendeiner Form gestört, so kann die Gelegenheit genutzt werden, einen fremden, speziell isolierten Antagonisten in den Boden einzuführen. Es gibt heute gut definierte Methoden, um solche Antagonisten zu gewinnen [2]. Sie werden normalerweise als Umhüllung des Saatgutes oder als Staub oder Lösung angewandt. Die Kombination einer künstlichen Milieuänderung und einer Beimpfung mit Antagonisten kann dramatische Auswirkungen auf das Ausmaß der Erkrankung haben. Es gibt Berichte über Ertragssteigerungen, die die durch Schädlingsbekämpfung erwarteten Effekte übertreffen. Mikrobielle Einflüsse auf den Auxin- und/oder Gibberellin-Spiegel werden als mögliche Ursachen diskutiert.

Manche Böden bieten von Anfang an günstige Bedingungen für pathogene Organismen. Die Krankheit kann sich — besonders bei fortwährender Monokultur — in gefährlichem Maße verstärken. Die bisher gängige Praxis ist eine Unterbrechung der Monokultur für einige Jahre, um eine Abnahme des Infektions-Potentials des Erregers zu erreichen. Einige Krankheiten können auch zurückgehen, wenn die gleiche Feldfrucht wiederholt angebaut wird, da sich das Gleichgewicht zwischen Parasit und antagonistischen Mikroorganismen im Boden wiederherstellt. Diese Situation tritt bei der Umfall-Krankheit (*Gaeumannomyces graminis*) des Weizens auf: Die Ausbreitung der Krankheit nimmt etwa drei

Jahre in Anspruch, aber schon fünf Jahre nach Beginn der Monokultur ist die Krankheit wieder auf ein niedriges Niveau zurückgefallen. Während der Periode des Rückgangs und dem anschließenden niedrigen Krankheitsniveau wurden im Boden viele antagonistische Organismen und Viren gefunden, die den Pilz angreifen.

Die biologische Kontrolle von im Boden lebenden pathogenen Organismen war gewöhnlich dann erfolgreich, wenn relativ weitreichende Änderungen im Lebensraum herbeigeführt wurden, um dort vorkommende Antagonisten zu fördern. Mit dem zunehmenden Verständnis der Wechselwirkungen im komplexen Lebensraum Boden besteht die Möglichkeit, anstelle der bisher vorwiegend empirischen Verfahren gezielte Kontroll-Methoden zu entwickeln. Wahrscheinlich wird ein System mit integrierten Bekämpfungsmaßnahmen am erfolgreichsten sein: Anwendung von chemischen und Fruchtfolge-Maßnahmen, gefolgt von einer biologisch sinnvollen Ausnutzung des gestörten Gleichgewichts.

6.7. *Der Einfluß des Menschen auf im Boden lebende Mikroorganismen*

Abgesehen von den Versuchen, die Bodenflora durch biologische Kontrolle zu verändern, wurde der Einfluß des Menschen auf den Stickstoff- und Kohlenstoff-Kreislauf bereits besprochen (s. Abschn. 3.4. und 4.3.). Ganz allgemein erhöhen landwirtschaftliche Arbeiten wie Pflügen, Kalken, Düngen usw. die mikrobielle Aktivität im Boden. Moderne Methoden der Landwirtschaft wie sofortiges Säen nach der Anwendung von Paraquat anstelle von Pflügen oder das Verbrennen von Stroh und Stoppeln anstelle seiner Rückführung in den Boden (als stickstoffangereicherter Mist) wirken sich auf lange Sicht möglicherweise nachteilig auf die Bodenstruktur und -fruchtbarkeit aus, da die organische Substanz fehlt, die zu Humus werden könnte. Die Versuchsstation Rothamsted in England hat seit 120 Jahren Versuchsserien zu diesem Problem laufen. In Böden, die ständig mit Dünger anstatt mit organischem Mist behandelt wurden, ließ sich eine Abnahme der organischen Substanz feststellen; doch waren die Unterschiede nicht groß. Diese Zeitspanne mag zu kurz sein, um korrekte Folgerungen ziehen zu können. Mit Hilfe von Kohlenstoff-Datierungen wurde ermittelt, daß die mittlere Verweildauer von Humusbestandteilen in einigen Steppenböden bis zu 1500 Jahre beträgt. Die Rückführung organischen Materials aus modernen intensiven Tierhaltungen an den Boden erfolgt oft als Gülle in Form von breiigem anstelle von festem Mist. Der hohe Gehalt an organischen Stoffen und der Mehreintrag an Flüssigkeit können zu anaeroben Bedingungen führen, die durch Verstopfung der Bodenporen mit der fein verteilten organischen Substanz noch verstärkt werden können. Auch städtische Abwässer oder teilweise behandelter Klärschlamm werden manchmal auf den Boden gesprüht. Hierzu kommen noch die Probleme durch den Gehalt an Schwermetallen, die sich jedoch in Grenzen halten, sofern die Behandlung nicht wiederholt angewendet wird. Die Belastung mit Schwermetallen wirft auch bei der Kompostierung städtischer Abfälle Probleme auf (s. Abschn. 3.3.3.).

Die Variabilität der Mikroorganismen und die Komplexität der Beziehungen zwischen den Bodenbestandteilen, die zu einer Stabilität des Gleichgewichts im Boden führen, haben in den meisten Fällen drastische Änderungen der Vegetationstypen und der Umweltbedingungen durch Landwirtschaft und Industrie erlaubt, ohne daß es zu einem Zusammenbruch des Bodensystems kam.

7. Struktur und Dynamik von Mikroben-Populationen im Wasser

Wasser kommt unter natürlichen Bedingungen niemals völlig rein vor. Der Regen nimmt verschiedene Stoffe aus der Atmosphäre auf, und beim Durchsickern durch Boden und Gestein werden weitere Materialien gelöst (Kap. 3, 4, 5). Etwas mehr als 70% der Erdoberfläche werden von Wasser bedeckt. Hiervon sind mehr als vier Fünftel über 2000 m tief. Nur 1% der Fläche ist Süßwasser, jedoch ist über diesen kleinen Anteil wegen der besseren Zugänglichkeit mehr bekannt als über die Ozeane. Es gibt viele unterschiedliche Kategorien zur Beschreibung des Süßwassers [3], deren Einteilung aufgrund von Nährstoffangebot oder anderen chemisch-physikalischen Parametern vorgenommen wurde.

Wir wollen zuerst die Umwelt-Faktoren betrachten [3, 5, 9],

die Wachstum und Verteilung von Mikroorganismen in aquatischen Habitaten beeinflussen, danach die verschiedenen Gesellschaften, die in ihnen vorkommen [3, 4, 10].

7.1. Wasser als Lebensraum

7.1.1. Temperatur und Dichte des Wassers

Wasser ist physikalisch und chemisch gesehen ein ziemlich ungewöhnliches Material. Besonders bei Temperaturen um 0 °C lagern sich die Moleküle zusammen, die, über Wasserstoffbrücken verbunden, semikristalline Strukturen bilden. Dies schlägt sich in außergewöhnlichen Änderungen der Dichte nieder, deren Maximum bei 4 °C liegt. Mit zunehmender Tiefe in Seen und Ozeanen ändert sich auch die Temperatur, außerhalb der Tropen gibt es zudem jahreszeitliche Schwankungen. Im Frühling wird das kalte Wasser der Seen der gemäßigten Zonen durch die Sonne erwärmt. An der Oberfläche bildet sich eine warme Wasserschicht aus, die eine geringere Dichte hat. Man nennt sie das Epilimnion. Sie schwimmt auf einer kälteren Wasserschicht, dem Hypolimnion, das sich durch eine höhere Dichte auszeichnet. Die Übergangszone zwischen den beiden Schichten, die Thermocline, kann sehr scharf abgegrenzt sein. Diese Schichtung kann in tiefen Seen während des ganzen Sommers bestehen bleiben, dagegen können flachere Gewässer zu dieser Jahreszeit ungeschichtet sein. Im Herbst führt die Wärmestrahlung der Oberfläche zu einer Abkühlung des Epilimnions, bis es die gleiche Temperatur wie das unter ihr liegende Hypolimnion hat. Jetzt kann es zu einer Vermischung der beiden Schichten kommen. Diese Herbst-Umwälzung, oft durch Wind unterstützt, beendet die Sommer-Schichtung (Abb. 7—1). Im Winter kann sich erneut eine stabile Schichtung ausbilden, jedoch sind die Temperatur-Verhältnisse jetzt umgekehrt: Am Grund liegt Wasser, das eine Temperatur von genau oder annähernd 4 °C hat, darüber befindet sich eine Schicht kälteren Wassers mit geringerer Dichte. Eine Eisdecke kann die Situation zusätzlich stabilisieren und einen Austausch durch Turbulenzen verhindern (Abb. 7—1). Diese Schichtung bricht im Frühjahr mit der Erwärmung des Oberflächenwassers auf 4 °C zusammen: daraus resultiert die Frühjahr-Umwälzung. Wenn die Temperaturen nicht tief genug liegen oder wenn Wind für eine Umwälzung sorgt, kann die Winter-Schichtung ausbleiben.

In den Ozeanen der gemäßigten Zonen kann sich ebenfalls eine Sommer-Schichtung ausbilden. Die Ausdrücke Hypolimnion und

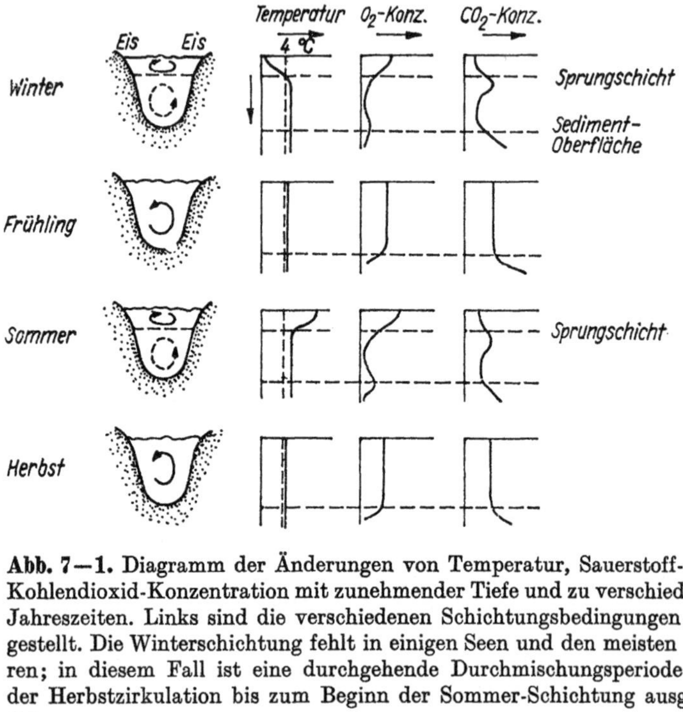

Abb. 7—1. Diagramm der Änderungen von Temperatur, Sauerstoff- und Kohlendioxid-Konzentration mit zunehmender Tiefe und zu verschiedenen Jahreszeiten. Links sind die verschiedenen Schichtungsbedingungen dargestellt. Die Winterschichtung fehlt in einigen Seen und den meisten Meeren; in diesem Fall ist eine durchgehende Durchmischungsperiode von der Herbstzirkulation bis zum Beginn der Sommer-Schichtung ausgebildet.

Epilimnion werden hier durch die Begriffe Tiefenwasser und Oberflächenwasser ersetzt. Während es in den Ozeanen der Polarregion keine Thermocline gibt, kann sie in den Tropen ständig vorhanden sein. Die Verhältnisse in tropischen Seen sind komplizierter. Viele scheinen keine thermische Schichtung aufzuweisen, während andere eine Schichtung entwickeln, die sich täglich aufbaut. Ein weiterer Typ tropischer Seen zeigt eine etwas stabilere Schichtung, die gelegentlich zusammenbrechen kann; dies geschieht jedoch nicht in einem regelmäßigen jahreszeitlichen Zyklus.

Thermocline, besonders die ständig ausgebildeten, spielen in der Kontrolle der Produktivität von aquatischen Ökosystemen eine große Rolle. Durch eine stabile Thermocline besteht nur ein sehr eingeschränkter Austausch zwischen oberer und unterer Wasserschicht, innerhalb der einzelnen Schichten kann es dagegen zu einer Zirkulation kommen. In der trophogenen Zone des Epilimnions, in der die Photosynthese abläuft, können die Nährstoffe erschöpft sein, während sie im darunterliegenden Hypolimnion noch in relativ großer Menge vorhanden sind. Dieser Nährstoffmangel ist einer der Gründe für die relativ geringe Produktivität tropischer Meere. Deshalb kann sie durchaus an Küsten sehr hoch sein, wo sich aufsteigendes, nährstoffreiches Tiefenwasser mit darüberliegenden Wasserschichten vermischt. Die hohe Produktivität der Polarregionen während des Sommers ist zum Teil auf die fehlende Sommer-Thermocline zurückzuführen. Hier sind die Nährstoffe der gesamten Wassersäule potentiell ausnutzbar.

In Flüssen kommt es mit zunehmender Tiefe zu keiner Temperaturänderung, da das Wasser gewöhnlich gut vermischt ist. Die Temperaturschwankungen des gesamten Wasserkörpers können jedoch beträchtlich sein, da er im Verhältnis zu seinem Volumen eine sehr große Oberfläche hat. Im Gegensatz dazu sind die Temperaturschwankungen, die nahe der Oberfläche von großen Seen oder Ozeanen beobachtet werden, sehr gering. Die Schwankungsbreite der Temperatur aller Ozeane der Welt liegt zwischen −2 °C und +40 °C, wobei der Hauptanteil des Meerwassers (90% des Volumens) ständig eine Temperatur unter +5 °C aufweist. Jahreszeitliche Temperaturschwankungen betreffen im Meer nur die obersten 10—200 m der Wassersäule, hier beträgt die Schwankungsbreite der Temperatur gewöhnlich weniger als 10 °C. Tagesschwankungen sind noch geringer, sie betragen in den oberen Wasserschichten nur 0,2—0,3 °C. Trotz dieser geringen Temperatur-Unterschiede zwischen den einzelnen Wasserschichten befindet sich der Hauptanteil der Biomasse in der relativ schmalen trophogenen Zone.

7.1.2. Gelöste Gase und pH-Wert

Wasser ist zu einem geringen Teil in Hydronium-(H_3O^+-) und Hydroxid- (OH^--) Ionen dissoziiert (beim pH-Wert 7 beträgt die Gleichgewichtskonstante der Eigenionisation des Wassers, das sog. Ionenprodukt des Wassers K_W 10^{-14}). Das Wasserstoff-Ion selbst kommt im Wasser nicht vor, sondern nur das Hydronium-Ion. Verbindungen, die beim Lösen Wasserstoff-Ionen freisetzen, beeinflussen in starkem Maße den pH-Wert. Die wichtigste Verbindung in dieser Hinsicht ist in natürlichen Gewässern das leicht lösliche Kohlendioxid [3, 10], das folgendermaßen reagieren kann:

$$CO_2 + H_2O \rightleftharpoons H_2CO_3$$
$$CO_2 + OH^- \rightleftharpoons HCO_3^-$$

H_2CO_3 selbst ist stark dissoziiert:

$$H_2CO_3 \rightleftharpoons H^+ + HCO_3^- \rightleftharpoons 2\,H^+ + CO_3^{2-}$$

Diese Reaktionen stehen untereinander im Gleichgewicht, so daß die Konzentration (Aktivität wäre der genauere Ausdruck) der anorganischen Kohlenstoff-Verbindungen den pH-Wert bestimmt.

Wird auf der anderen Seite durch eine Beeinflussung des Gleichgewichts von außen der pH-Wert verändert, verschiebt sich auch das Verhältnis der verschiedenen Bestandteile der Gleichung zueinander (Abb. 7—2). Durch den Verbrauch von Kohlendioxid oder Hydrogencarbonat während der Photosynthese z. B. steigt der pH-Wert an. Wird durch Atmungsvorgänge dagegen Kohlendioxid freigesetzt, sinkt er. Saures Wasser, das Kohlendioxid enthält, löst Calciumcarbonat (z. B. Kalkstein) ebenso wie Calciumhydrogencarbonat. Sie können bei steigendem pH-Wert und der Entfernung von Kohlendioxid aus der Lösung wieder als Carbonate ausfallen.

$$Ca(HCO_3)_2 \rightleftharpoons CaCO_3 + H_2O + CO_2$$

Das Gleichgewicht kann kompliziert werden, da Verbindungen mit anderen Kationen im Wasser vorliegen, besonders mit Magnesium, dessen Carbonate löslich sind.

Die vertikale Verteilung von Kohlendioxid in Seen und im Meer ist eng mit dem jeweiligen Sauerstoff-Spiegel verknüpft, jedoch in entgegengesetztem Sinn (Abb. 7—1). An der Oberfläche ist die

CO_2-Konzentration gering, sie nimmt mit der Tiefe zu, durch eine mögliche Schichtung des Wassers jedoch nicht gleichmäßig. Die Photosynthese bewirkt Schwankungen in der Konzentration; während Belichtungszeiten wird sie herabgesetzt.

Die in Wasser lösliche Sauerstoff-Menge hängt vom Partialdruck der umgebenden Luft, der Temperatur und dem Salzgehalt

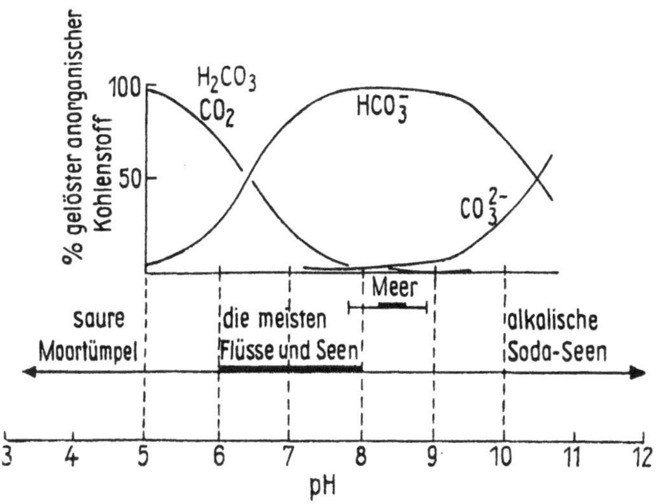

Abb. 7–2. Beziehung zwischen pH-Wert und den verschiedenen anorganischen Kohlenstoffverbindungen, die im Wasser vorhanden sind. Dargestellt ist die normale Bandbreite des pH-Werts und die möglichen Maxima und Minima, die man in natürlichen Gewässern findet. Die Kurven beziehen sich auf Süßwasser; im Meer verlaufen sie etwas anders. (Verändert nach: Riley, J. P., und Skirrow, G. (Eds.) (1965), Chemical Oceanography, Vol. I, Academic Press, London und New York, S. 712.)

ab. Bei 16 °C und normalem atmosphärischem Druck enthält eine mit Sauerstoff gesättigte Salzwasserlösung 5,9 ml O_2/l, für Süßwasser beträgt der Wert 7,2 ml/l. Durch die Photosynthese kann das Wasser in der Nähe der Oberfläche mit Sauerstoff übersättigt sein, die Konzentration nimmt aber mit zunehmender Tiefe ab. Unterhalb der trophogenen Zone erreicht sie ein Minimum, bedingt durch die Atmung der Bakterien, deren Anzahl hier plötzlich auf ein Maximum ansteigt. Unterhalb Tiefen von 600–900 m kann die Sauerstoff-Konzentration in den Ozeanen in nährstoffarmem Wasser noch einmal ansteigen. Sie nimmt dann endgültig an der Sedimentobergrenze oder direkt unter ihr ab.

In Flüssen und anderen fließenden Gewässern zeigen Sauerstoff und Kohlendioxid eine gleichmäßigere Verteilung. In schnell fließenden, klaren Bächen kann ihr Gehalt nahe der Sättigungsgrenze liegen. Ist dagegen die Turbulenz gering und der Gehalt an organischem Material hoch (entweder durch Abwasserbelastung oder durch natürliche Zufuhr von Blättern usw.), kann der Sauerstoff-Spiegel sehr gering sein. Solche Bedingungen sind charakteristisch für langsam fließende Flachland-Flüsse und Ströme.

In dunklen, anaeroben Lebensräumen, z. B. vielen organischen Sedimenten, können nur einige wenige Bakterien und Protozoen, wie z. B. *Pelomyxa sp.* und *Metopus es*, aktiv wachsen. Spezialisierte Gesellschaften können an die Produktion von Schwefelwasserstoff durch *Desulfovibrio desulfuricans* gebunden sein (s. Abschn. 7.2.5.).

7.1.3. *Salzgehalt*

Der Salzgehalt von Meerwasser beträgt normalerweise rund 3,5%. In verschiedenen Gebieten der Ozeane kann es geringfügige Abweichungen von diesem Wert geben. In verhältnismäßig abgeschlossenen Gebieten, wie z. B. dem Roten Meer, kann der Salzgehalt höher sein. In Inlandseen, wie z. B. dem Toten Meer, kann er noch wesentlich höhere Werte erreichen. Normalerweise bestehen eindeutige Unterschiede zwischen der Flora und Fauna von Süß- und Salzwasser. Werden Mikroorganismen Salzwasser ausgesetzt, so gibt es verschiedene Möglichkeiten, wie sie darauf reagieren. Die meisten Süßwasser-Arten tolerieren den Salzgehalt nicht und sterben, vor allem, wenn sie dem vollen Salzgehalt plötzlich ausgesetzt werden. Eine zweite Möglichkeit ist die, daß sie einen bestimmten Salzgehalt ertragen (wenn sie z. B. euryhalin sind), bei niedrigeren Konzentrationen aber besser wachsen. Viele marine Pilze, einige Protozoen und viele Flagellaten und Dinoflagellaten gehören zu dieser Gruppe. Sie wachsen in reinem Meerwasser nur langsam. Die dritte Möglichkeit ist die, daß sie bestimmte Salzkonzentrationen brauchen wegen der Natrium-Ionen oder aus osmotischen Gründen. Solche Organismen sind obligat halophil, zu dieser Kategorie gehören die meisten marinen Bakterien, Algen und Protozoen. Einige von ihnen (z. B. *Peridinium balticum*) wachsen nur bei ganz bestimmten, eng begrenzten Salzverhältnissen, diese Organismen werden als stenohalin bezeichnet. Der Salzgehalt beeinflußt nicht nur die Reaktion der Mikroorganismen auf Druck und Temperatur, sondern verändert auch die Löslichkeit von Gasen im Wasser.

7.1.4. Sonnenlicht

Die Lichtmenge, die auf die Wasseroberfläche auftrifft, beeinflußt die Temperatur und die Produktion im aquatischen Lebensraum. Dabei treten natürlich tages- und jahreszeitliche Schwankungen entsprechend der aufgenommenen Strahlungsenergie auf. Partikuläre Substanz (Detritus) streut das Licht, so daß es z. B. in einigen Flußmündungen mit extrem trübem Wasser nur wenig Zentimeter in den Wasserkörper eindringen kann. Normalerweise erreichen in Binnengewässern jedoch 50% des einfallenden Lichts eine Tiefe von 3—4 m. In sehr klaren Seen kann die photosynthetisch aktive Zone bis zu 200 m tief reichen.

In der Regel gelangen aber nur 10% in eine Tiefe von 45 m, auch in scheinbar sauberen Gewässern [3, 5]. Neben der quantitativen Abnahme des Lichts mit zunehmender Tiefe ändert sich auch seine Farbzusammensetzung. Die blauen Bestandteile (kurze Wellenlängen) können den Wasserkörper am besten durchdringen, die roten am schlechtesten.

Obwohl Licht für die photoautotrophen Organismen lebensnotwendig ist, kann es für Mikroorganismen auch schädlich sein. Es wird behauptet, Licht sei bakterientötend. Es sei auch einer der Gründe für den Tod von Bakterien, speziell solcher aus Abwasser, die den Lichtverhältnissen im Meer ausgesetzt würden. Dieser Effekt ist wahrscheinlich nur von geringer Bedeutung und tritt nur in flachen Gewässern auf (< 20 m). Hohe Lichtintensitäten können Bakterien jedoch beeinflussen, auch wenn sie sie nicht gleich abtöten. Dieser Einfluß zeigt sich z. B. in der Verminderung der Oxidationsraten von *Nitrosomonas* und *Nitrobacter* und auch bei der Denitrifizierung.

Die Zellteilung kann von der Tageslänge oder der Dauer der Dunkelphase abhängen. So teilt sich z. B. die Kieselalge *Nitzschia* meistens im Hellen, während der Dinoflagellat *Ceratium* die Dunkelheit bevorzugt. Auch der Beginn der Sporenbildung kann durch die Tageslänge ausgelöst werden, z. B. bei *Stephanopyxis*.

Bewegliche phototrophe Organismen und auch heterotrophe Protozoen mit mutualistischen Algen-Symbionten, wie *Prorodon*, können eine Phototaxis zeigen. Diese Beweglichkeit kann sie innerhalb gewisser Grenzen dazu befähigen, die Lichtintensität, der sie ausgesetzt sind, selbst zu kontrollieren. Die Reaktion der Mikroorganismen auf Licht ist daher keine einfache Abhängigkeit in bezug auf die Photosynthese. Die Effekte sind viel komplizierter und umfassen viel weitere Bereiche, sie werden in den meisten Fällen bisher jedoch kaum verstanden.

7.1.5. Strömung

In Flüssen treten Strömungen am auffälligsten zutage, sie kommen jedoch in allen großen Wassermassen vor und sind aus zwei Gründen sehr wichtig: Erstens, daß Mikroorganismen aus geeigneten Habitaten ausgewaschen werden, obwohl andererseits die Strömung auch für eine günstige Verteilung sorgen kann. Zweitens sind Strömungen in den Ozeanen, in geringerem Maße auch in großen Seen, für den Transport von Nährstoffen verantwortlich. Außerdem verhindert bewegtes Wasser die Ausbildung nährstoffarmer Zonen rund um festsitzende Mikroorganismen. Das kann einer der Gründe sein, warum die Nährstoff-Aufnahme in bewegtem Wasser höher ist als in ruhigem Wasser. Strömungen in den oberflächennahen Wasserschichten können durch die Thermocline von den in tieferen Schichten verlaufenden Strömungen getrennt sein. Tatsächlich können Tiefseeströmungen in entgegengesetzter Richtung zu Oberflächenströmungen verlaufen, sie haben gewöhnlich eine geringere Geschwindigkeit (Abb. 7—1, S. 152).

7.1.6. Nährstoffe

Das Angebot an organischen und anorganischen Nährstoffen ist einer der Hauptfaktoren, die die Biomasse und Vielfalt der aquatischen Mikroorganismen bestimmen. Die Menge und chemische Struktur der gelösten und partikulären organischen Substanz variiert stark (s. Abschn. 3.1.2.). Sie reicht von annähernd Null in Quellen über 1 oder 2 mg/l (= ppm) in den tiefen Ozeanen und oligotrophen Seen bis zu hohen Gehalten in eutrophen Situationen. In Flüssen und kleinen flachen Seen ist das organische Material meistens allochthoner Herkunft, während in großen Seen und den Meeren das meiste Material autochthoner Herkunft ist.

Oberflächen, die Nährstoffe und Mikroorganismen durch Adsorption anreichern, können bei niedrigem Nährstoffgehalt eine große Rolle spielen. Die Luft-Wasser-Grenzschicht stellt eine besondere Oberfläche dar, deren Beschreibung durch Effekte der Oberflächenspannung sehr kompliziert ist. Invertebraten zerkleinern organisches Material, so daß neue Oberflächen für die Besiedlung geschaffen werden, wodurch die Kohlenstoff-Umsatzrate erhöht und die mikrobielle Aktivität durch die Bildung von nährstoffreichen Faeces stimuliert wird.

Für heterotrophe Organismen ist die zur Verfügung stehende organische Substanz von großer Bedeutung. Niedrige Gehalte sind verantwortlich für die relative Seltenheit von Bakterien in Quellen, oligotrophen Seen und der Tiefsee. Ein hoher Gehalt an gelöstem organischem Material kann auch die Photosynthese hemmen. Algen, die normalerweise die wichtigsten Primärproduzenten im Wasser sind, leisten nicht nur nach dem Absterben durch ihre Körpersubstanz einen Beitrag zu den Nahrungsketten, sondern auch durch die Produktion organischer Exudate (Kap. 3.). Diese Ausscheidungen führen gelegentlich zu einem starken Wachstum von heterotrophen Organismen auf den Oberflächen der autotrophen Organismen (s. u., Epiphyten-Gesellschaften) und damit zu einer Schädigung. Die Interpretation der Nährstoff-Effekte auf Oberflächen von Lebewesen wird durch die schon erwähnten Adsorptionserscheinungen, die Abgabe von Sauerstoff während der Photosynthese und die Abgabe von antibiotisch wirksamen Substanzen durch einige Algen noch komplizierter.

Anorganische Nährstoffe, besonders die Konzentration von Stickstoff im Meer und von Phosphor im Süßwasser (Kap. 4, 5) können das Algen-Wachstum begrenzen. Die Probleme der Verfügbarkeit von Nährstoffen in geschichteten Wasserkörpern wurden ebenfalls schon angesprochen.

7.1.7. Druck

In den meisten Ozeanen beträgt der Druck mehr als 300 bar (ca. 300 atm). An den tiefsten Stellen kann er über 1200 bar (ca. 1200 atm) erreichen. Er hat vielfältige Auswirkungen auf die physikalischen und chemischen Zustände bzw. Eigenschaften von Wasser und Organismen, auf die Änderung des pH-Werts, den Grad der Ionisierung, die Viskosität, auf die Geschwindigkeit des

Membran-Transports, die Löslichkeit von Nährstoffen, auf die Enzymkinetik, das Volumen von Molekülen und auf die Tertiär- und Quartär-Struktur von Proteinen. Diese Auswirkungen können eine Änderung der äußeren Zellstruktur bewirken, z. B. bei einigen Bakterien eine Änderung von der Stäbchen- zur Filament-Form [5]. Viele Organismen ertragen für kurze Zeit einen hohen Druck. Doch tritt selbst bei barophilen Mikroorganismen der Tod ein, wenn sie für längere Zeit einem Druck ausgesetzt werden, der 1500 bar (ca. 1500 atm) übersteigt. Zwischen Druck und Temperatur gibt es eine Wechselbeziehung, höhere Temperaturen führen zu einer größeren Toleranz gegenüber Druck. In natürlichen Lebensräumen spielt dieser Effekt aber keine Rolle, da die Temperatur in großen Tiefen niedrig ist. Tatsächlich sind viele der Mikroorganismen der Tiefsee sowohl barophil als auch psychrophil. Einige sind obligat barophil; daher ist es wichtig, Kulturen, die ausgezählt werden sollen, unter Druck zu inkubieren (Tab. 7—1). Mikroorganismen werden noch im Sediment der größten ozeanischen Tiefen gefunden, obwohl Pilze in einer Tiefe unter 4000 m selten vorkommen. Dort lebende Algen müssen demnach heterotroph sein.

7.2. Organismen-Gesellschaften im Wasser

Im Wasser gibt es viele distinkte Habitate, die jeweils von einer charakteristischen Gesellschaft von Mikroorganismen besiedelt werden. 1. Es gibt Formen, die durch Turbulenzen und Eigenbewegung im Wasserkörper gehalten werden, das Plankton (Abb. 7—3). 2. Mikroorganismen bilden auf der Oberfläche der unterschiedlichsten Substrate deutlich unterscheidbare Gesellschaften aus. Diese werden in ihrer Gesamtheit als Benthos bezeichnet. Im einzelnen werden sie nach dem Substrat, das sie besiedeln, unterschieden. Wachsen sie auf der Oberfläche von anderen Pflanzen (sowohl Angiospermen als auch Algen), so zeichnen sie sich durch eine epiphytische Lebensweise, auf anderen Tieren durch eine epizoische, auf Steinen durch eine epilithische und auf Sand durch eine epipsammische Lebensweise aus (Abb. 7—3). 3. An der Grenzfläche Luft-Wasser ist eine spezialisierte Gesellschaft angesiedelt, die als Neuston bezeichnet wird. Sie kommt sowohl in den Ozeanen als auch in relativ stillen Seen und Tümpeln vor. Darin zeigt sich wieder die Bedeutung von Oberflächen für Mikro-

Tabelle 7–1

Keimzahl/g Feuchtmasse von verschiedenen Bakterien-Gruppen in den Sedimenten des Pazifik und Indischen Ozeans in 7000 und 10000 m Tiefe. Die Platten wurden bei verschiedenen Druckverhältnissen inkubiert. Die Populationen enthalten beachtliche Mengen obligat barophiler Organismen. Ihr optimaler Druck liegt wahrscheinlich nahe dem ihres Standortes. (Aus: ZOBELL, C. E., und MORITA, R. Y. (1957), Barophilic bacteria in some deep sea sediments. Journal of Bacteriology *73*, 563–568.)

Ort	Phillippinen-Graben; Mittelwert aus 4 Proben		Indischer Ozean; Mittelwert aus 2 Proben		
Druck in der Tiefe der Probeentnahme in bar	1012–1021		702–725		
Druck während der Inkubation in bar	1	1000	1	700	1000
Gesamtzahl der Aerobier	5500	550000	750000	1670000	10900
Gesamtzahl der Anaerobier	5000	100000	–	–	–
Stärke hydrolysierende Organismen	780	550	55	1000	0
Nitrat-Reduzenten	330	78000	5500	10000	10
ammonifizierende Organismen	1000	68000	–	–	–
Sulfat-Reduzenten	0	52	0	55	0

organismen. Überall in der Welt, sowohl im Süßwasser als auch in den Meeren, finden sich ähnliche, abgegrenzte Plankton- und Benthos-Gesellschaften, auch wenn sie in der Zusammensetzung der Arten und Gattungen unterschiedlich sein können.

Die Bedeutung der verschiedenen Gesellschaften ist in den verschiedenen Gewässern nicht gleich: Je tiefer der Wasserkörper ist, desto weniger Bedeutung hat das Benthos für die Primärproduktion. In den meisten marinen Biotopen und in vielen Seen befindet sich die Masse der Benthos-Organismen weit unter der trophogenen Zone und besteht daher ausschließlich aus heterotrophen und chemotrophen Organismen. In solchen tiefen Gewässern ist das Plankton in der Nähe der Oberfläche der einzige Primärproduzent.

7.2.1. Plankton

Das Plankton setzt sich aus Organismen zusammen, die normalerweise zumindest einen Teil ihres Lebens im offenen Wasser verbringen. Einzelne Organismen, die von dem umgebenden Land eingespült werden, sollten ihm nicht zugerechnet werden. Das Plankton wird normalerweise in Phytoplankton (Algen, Pilze und Bakterien) und Zooplankton unterteilt. Letzterem werden die Protozoen, eine große Anzahl von Larven, die adulten Stadien von Copepoden, Crustaceen usw. zugerechnet. Außer auf ihre Wirkung auf Algen-Populationen durch Filtration soll auf sie nicht näher eingegangen werden. Auf der Ebene der Mikroorganismen gibt es sehr ähnliche und offensichtlich nahe verwandte Formen unter dem Phyto- und Zooplankton, besonders unter der kleinsten Gruppe, dem Nanoplankton. Dieser Teil des Planktons setzt sich

---

Abb. 7—8. Beispiele für Algengattungen und ihre Wuchsformen aus verschiedenen Gesellschaften sowohl im Süß- als auch im Salzwasser, nicht maßstabsgetreu. (Aus: ROUND, F. E. (1977), Algal Ecology. Arnold, London.)

Schlüssel:
Cy: Cyanophyceae; Ch: Chlorophyceae; X: Xanthophyceae; B: Bacillariophyceae; D: Dinophyceae; Chry: Chrysophyceae; R: Rhodophyceae; P: Phaeophyceae; E: Euglenophyceae.

Süßwasser
epilithisch: 1. *Calothrix* (Cy); 2. *Ulothrix* (Ch); 3. *Chaetophora* (Ch); 4. *Chamaesiphon* (Cy); 5. *Cymbella* (in Röhren) (B).
epiphytisch: 6. *Oedogonium* (Ch); 7. *Ophiocytium* (X); 8. *Characium* (Dh); 9. *Tabellaria* (B); 10. *Cocconeis* (B); 11. *Gomphonema* (B); 12. *Dermocarpa* (Cy).
planktonisch: 13. *Pandorina* (Ch); 14. *Ceratium* D); 15. *Mallomonas* (Chry); 16. *Fragilaria* (B); 17. *Melosira* (B); 18. *Staurastrum* (Ch); 19. *Anabaena* (Cy); 20. *Ankistrodesmus* (Ch); 21. *Chlamydomonas* (Ch); 22. *Coscinodiscus* (B); 23. *Dinobryon* (Chry).
epipsammisch: 24. *Navicula* (B); 25. *Chlorella* (Ch); 26. *Nitzschia* (B); 27. *Opephora* (B); 28. *Opephora* (B); 29. *Amphora* (B); 30. *Achnanthes* (B); 32. *Nitzschia* (B); 33. *Amphora* (B); 34. *Gomphonema* (B).
epipelisch: 35. *Caloneis* (B); 36. *Pinnularia* (B); 37. *Surirella* (B); 38. *Oscillatoria* (Cy); 39. *Spirulina* (Cy); 40. *Euglena* (E); 41. *Merismopedia* (Cy); 42. *Lyngbya* (Cy); 43. *Closterium* (Ch); 44. *Navicula* (B); 45. *Amphora* (B); 46. *Trachelomonas* (E); 47. *Cymatopleura* (B).

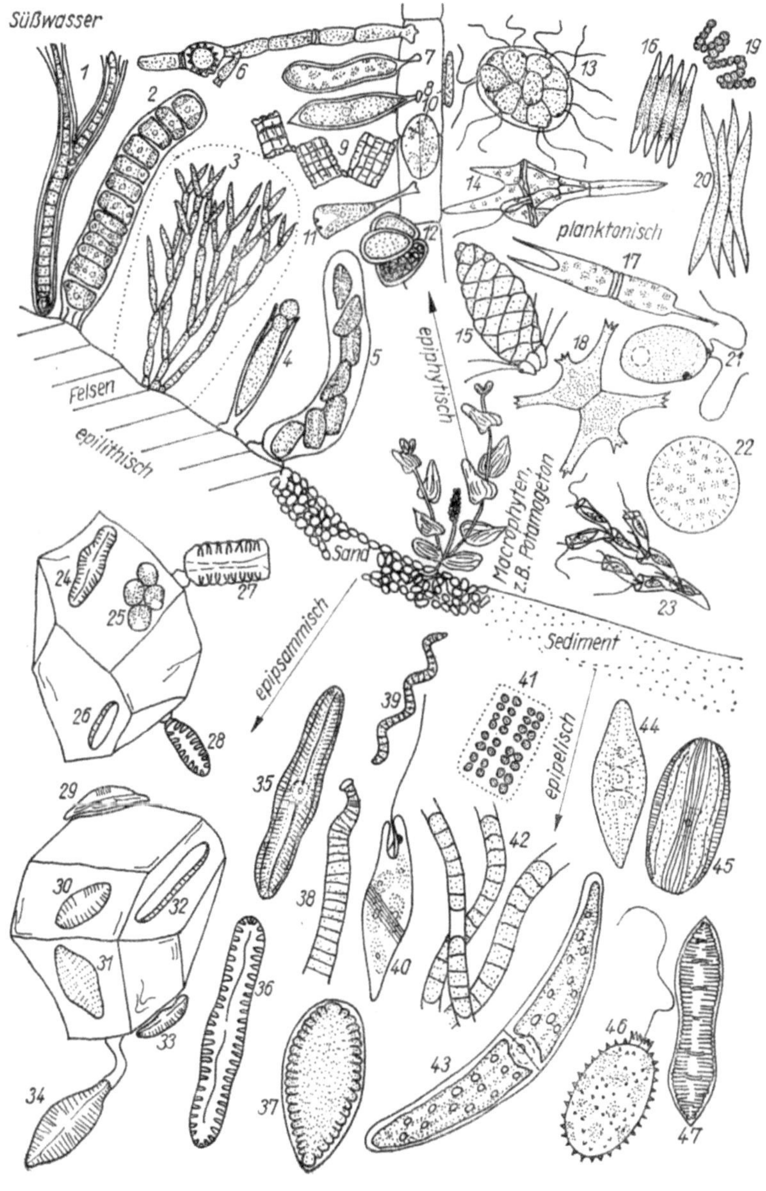
Süßwasser
Felsen
epilithisch
Sand
epipsammisch
epiphytisch
Macrophyten, z.B. Potamogeton
planktonisch
Sediment
epipelisch

hauptsächlich aus Flagellaten der Klassen der Haptophyceae (überwiegend marin) und der Chrysophyceae (überwiegend Süßwasser) zusammen. Beide enthalten sowohl pigmentierte als auch farblose Formen, die von den Botanikern, aber auch von den Zoologen „beansprucht" werden. Das Nanoplankton ist für die Produktivität von Seen und Ozeanen oft von großer Bedeutung. Da es jedoch durch Plankton-Netze nicht erfaßt wird und die empfindlichen Zellen außer durch äußerst vorsichtiges Filtrieren zerstört werden, ist es bisher, verglichen mit den größeren Formen, die leichter zu beobachten sind, kaum untersucht worden.

In den gemäßigten Zonen setzen sich die Algen hauptsächlich aus Diatomeen und Dinoflagellaten zusammen. Im Meer sind die Hauptvertreter der Diatomeen *Coscinodiscus*, *Chaetoceros*, *Sceletonema* und *Thalassiosira*, die der Dinoflagellaten *Ceratium*, *Dinophysis*, *Exuviaella*, *Gymnodinium* und *Peridinium*. Blaualgen sind unter den Plankton-Organismen des Meeres nicht allzu häufig zu finden. Nur über eine Gattung, *Trichodesmium*, wird regelmäßig aus den Tropen berichtet, im Zusammenhang mit Diatomeen und Coccolithophoriden (Haptophyceae). Dinoflagellaten kommen hier nicht so häufig vor wie in den Ozeanen der gemäßigten Breiten.

Süßwasser ist variabler mit Diatomeen besetzt. *Fragilaria* und *Melosira* dominieren in neutralen und leicht alkalischen Gewässern, sie kommen hier zusammen mit *Ceratium*- und *Peridinium*-Arten vor (Abb. 7—3). In saureren, oligotrophen Gewässern, z. B. in

---

Abb. 7—3 Fortsetzung
Meer
planktonisch: 48. *Peridinium* (D); 49. *Rhizosolenia* (B); 50. *Hymenomonas* (Chry); 51. *Ceratium* (D); 52. *Coscinodiscus* (B); 53. *Chaetoceros* (B); 54. *Eucampia* (B); 55. *Thalassionema* (B); 56. *Sceletonema* (B).
epiphytisch: 57. *Erythrotrichia* (R); 58. *Pleurocapsa* (Cy); 59. *Cocconeis* (B); 60. *Grammatophora* (B); 61. *Bulbochaete* (Ch); 62. *Synedra* (B); 63. *Licmophora* (B); 64. *Cymbella* (B).
epilithisch: 65. *Fragilaria* (B); 66. *Navicula* (in tubes) (B); 67. *Rivularia* (Cy); 68. *Ectocarpus* (P); 69. *Bangia* (R).
epipelisch: 70. *Amphidinium* (D); 71. *Amphora* (B); 72. *Holopedia* (Cy); 73. *Hantzschia* (B); 74. *Mastogloia* (B); 75. *Pleurosigma* (B); 76 *Nitzschia* (B); 77. *Diploneis* (B); 78. *Amphiprora* (B); 79. *Navicula* (B); 80. *Tropidoneis* (B).
epipsammisch: 81. *Licmophora* (B); 82. *Coscinodiscus* (B); 83. *Cocconeis* (B); 84. *Opephora* (B); 85. *Cocconeis* (B); 86. *Licmophora* (B); 87. *Raphoneis* (B); 88. *Amphora* (B).

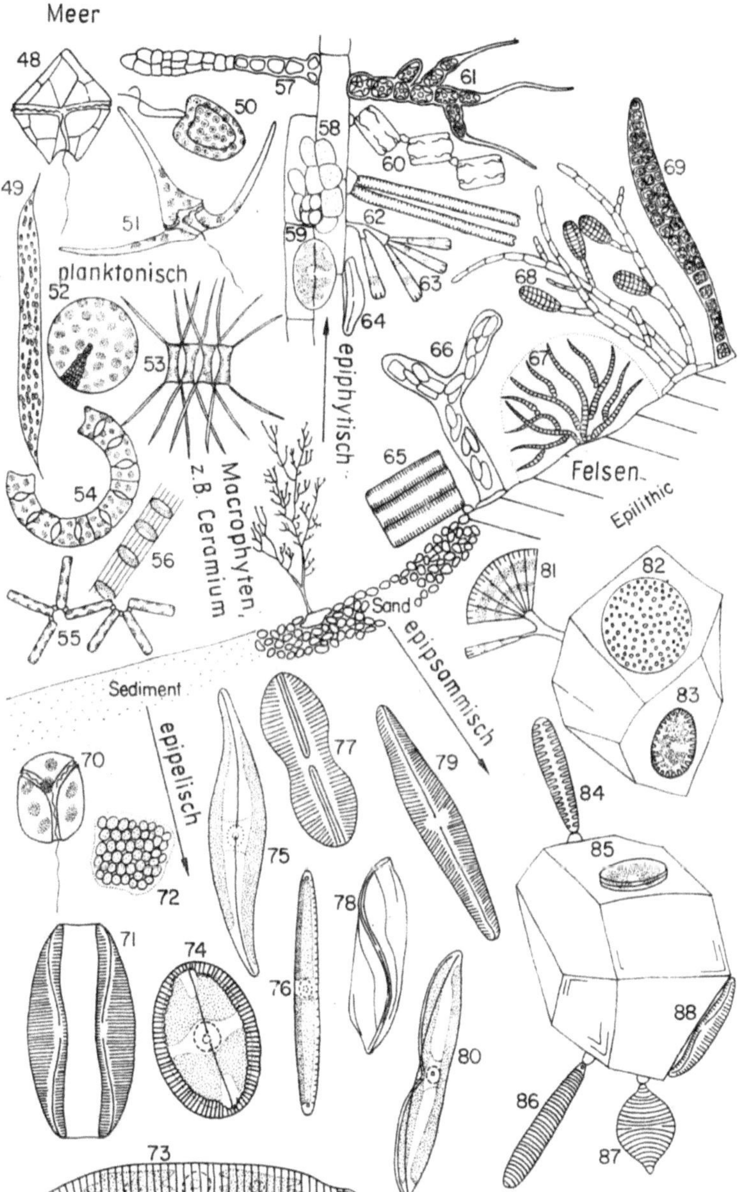

Meer
planktonisch
Macrophyten, z.B. Ceramium
epiphytisch
Felsen
Epilithic
Sand
epipsammisch
Sediment
epipelisch
48
49
50
51
52
53
54
55
56
57
58
59
60
61
62
63
64
65
66
67
68
69
70
71
72
73
74
75
76
77
78
79
80
81
82
83
84
85
86
87
88

Moortümpeln, dominieren normalerweise die Desmidiaceen (*Cosmarium* und *Staurastrum*), obwohl auch hier einige Diatomeen (*Melosira distans*) und Flagellaten (*Chlamydomonas spp.* und *Euglena spp.*) vorkommen können. Eutrophe Gewässer weisen in der Zusammensetzung ihrer Plankton-Organismen größere Formen auf, während in oligotrophen Seen kleine Flagellaten (z. B. Chrysophyceae) einen bedeutenden Anteil der Flora darstellen. In Gewässern mit einem hohen Gehalt an organischen Stoffen können die Euglenophyceae (*Euglena* und *Phacus*) und Chlorococcales (*Scenedesmus*, *Chlorella* usw.) ein Übergewicht erlangen. Cyanophyceae können ebenfalls ein bedeutender Bestandteil von planktischen Süßwasser-Gesellschaften sein, die in eutrophen Gewässern leben. Hirek kommen sowohl coccale (*Mircocystis* und *Coelosphaerium*) als auch filamentöse Formen (*Anabaena*, *Lyngbya* und *Oscillatoria*) vor. Einige von ihnen leben in Kolonien, die Gas entwickeln können. Damit haben sie die Möglichkeit, sich vom Sediment, in oder auf dem sie gewöhnlich leben, zu lösen und aufzutreiben. Trophische Seen sind durch größere Planktonarten gekennzeichnet, darüber hinaus durch Gattungen, z. B. *Nitzschia*, die in den gemäßigten Breiten benthische Organismen sind. In eutrophen tropischen Seen sind wiederum die Cyanophyceae ein Hauptbestandteil des Planktons. In arktischen und alpinen Seen setzt sich die Winterflora hauptsächlich aus kleinen Flagellaten (*Chromulina*, *Mallomonas*, *Dinobryon* usw.) zusammen, die auch während des kurzen eisfreien Sommers im Wasser zu finden sind.

In Flüssen gibt es, mit Ausnahme von Gebieten, in denen kaum Strömung herrscht, kein Phytoplankton im eigentlichen Sinne, obwohl mit der Strömung durchaus eine beträchtliche Anzahl von Organismen verdriftet werden kann. Diese Organismen stammen aus Seen, Stillwasserzonen oder Tümpeln, die den Fluß speisen. Die meisten von ihnen verschwinden schnell aus dem Wasser unterhalb ihrer Ursprungsquelle, einige leben jedoch lange genug, um zu wachsen und sich auch im Fluß zu vermehren. Man kann sie daher als „wahres“ Plankton ansprechen. An den Stellen, an denen in langsam fließenden Flüssen Phytoplankton vorkommt, setzt es sich aus kleinen zentrischen Diatomeen (*Stephanodiscus hantzschii* und *Cyclotella*), Flagellaten und coccalen Grünalgen (*Ankistrodesmus*, *Chlamydomonas*, *Pandorina*, *Scenedesmus* usw.) zusammen.

In der Produktivität von Flußmündungen spielen planktische

Algen keine so große Rolle wie die benthische Flora und die Gesellschaften des Littorals. Dies liegt zum einen an den Bedingungen des Brackwassers, zum anderen an suspendierten Materialien, die ein Eindringen des Lichts in tiefere Wasserschichten weitgehend verhindern. In der Population dominieren marine Diatomeen, obwohl auch einige kleine Dinoflagellaten (*Gymnodinium* und *Gonyaulax*) vorkommen. Im Verhältnis zum offenen Meer oder

Tabelle 7–2

Planktische Bakterien in der Bucht von Neapel. Dargestellt sind die starke zahlenmäßige Zunahme der Bakterien in den verschmutzten Gewässern in Küstennähe und die viel geringeren Zahlen im offenen Meer. (Aus: JANNASCH, H. W. (1955). Zur Ökologie der zymogenen planktischen Bakterienflora natürlicher Gewässer. Archiv für Mikrobiologie *23,* 146 bis 180.)

	Hafen	Bucht von Neapel	offenes Meer
Gesamtzahl der Bakterien, Anzahl/ml	$2{,}27 \cdot 10^7$	$1{,}01 \cdot 10^6$	290
Saprophyten, Anzahl/ml	$3{,}64 \cdot 10^6$	$2{,}10 \cdot 10^5$	82

dem einmündenden Fluß können Küstengewässer dagegen eine höhere Anzahl von heterotrophen planktischen Organismen aufweisen. Wahrscheinlich ist das ein Ergebnis des höheren Nährstoffgehalts, der durch Einspülungen vom Ufer und Aufwirbelung (Suspension) nährstoffreicher Sedimente hervorgerufen wird. Verunreinigungen, speziell durch Einleitung von Abwässern, können ebenfalls eine große Zunahme dieser Organismen bedingen (Tab. 7–2).

Protozoen spielen im Plankton gewöhnlich keine große Rolle, außer bei Planktonblüten. Sie fressen Detritus, Bakterien und kleine Algen, können aber auch um gelöste Nährstoffe konkurrieren. Im Süßwasser dominieren Ciliaten (z. B. *Colpidium, Euplotes*) und farblose Dinoflagellaten. Die Rhizopoda werden durch Heliozoen und Thec-Amöben (*Arcella* und *Difflugia*) repräsentiert, die vor allem in verunreinigtem Wasser vorkommen. Tintinnide

Ciliaten (die mit Hilfe eines Sekrets eine Schale oder Lorica um sich herum aufbauen) kommen ebenfalls im Süßwasser vor, in viel größerer Zahl jedoch im Meer. Radiolarien sind ausschließlich Tiefsee-Organismen, marine Foraminiferen finden sich besonders in tropischen Gewässern (z. B. *Globigerina*). Radiolarien und Foraminiferen können symbiontisch (vermutlich mutualistisch) Dinoflagellaten beherbergen. Außerdem gibt es Berichte über Foraminiferen, die Chlorophyceen oder sogar Diatomeen als Endosymbionten besitzen sollen.

Planktische Bakterien sind zum größten Teil Gram-negativ (80—95%), sie sind oft beweglich, pleomorph und pigmentiert. Die Klassifizierung von aquatischen Bakterien ist sehr schwierig, sie werden meistens den Pseudomonaden, den Corynebakterien und den Mikrokokken (z. B. *Arthrobacter*, *Flavobacterium*, *Micrococcus*, *Pseudomonas*, *Sarcina*, *Spirillum* und *Vibrio*) zugerechnet. Sporen bildende Bakterien haben in nährstoffreichem Wasser eine größere Bedeutung (*Bacillus* und *Clostridium*). An mit Abwässern verunreinigten Stellen kann man *Escherichia coli*, *Clostridium perfrigens*, *Proteus vulgaris* und *Streptococcus faecalis* finden.

Die Mehrzahl der Bakterien schwebt nicht frei im Wasser, sondern ist an Partikel angeheftet. Ihre Biomasse ist im Verhältnis zu der der Primär-Produzenten klein, doch ist ihre Aktivität bei der Rückführung von Nährstoffen in den Kreislauf vor allem dann von großer Bedeutung, wenn die trophogene Zone von den darunter liegenden Wasserschichten durch eine Thermocline getrennt ist. So findet z. B. ein großer Teil der Phosphor-Mineralisierung noch im Epilimnion statt. Unter optimalen Bedingungen benötigt die Umsetzung nur einige Minuten. Ist abbaufähiges Material erst einmal unter die Thermocline abgesunken, dauert es bis zum nächsten Zusammenbruch der Schichtung, ehe es von den meisten Phytoplankton-Organismen wiederverwendet werden kann. Daher ist die Menge der innerhalb der trophogenen Zone in den Nährstoff-Kreislauf zurückgeführten Substanzen für die Produktivität der Algen von größter Bedeutung.

Die Anzahl der Bakterien ist erheblichen Schwankungen unterworfen, die in erster Linie von der Menge an verfügbarer organischer Substanz abhängen. Die organische Substanz kann allochthoner oder autochthoner Herkunft sein. Die Zählung von lebensfähigen Organismen ergibt für Seen Werte von weniger als 100/ml bis zu 1000/ml; im offenen Meer können sie bei 1/ml oder darunter liegen, obwohl eine Gesamtzählung Werte ergeben kann, die um einige Einheiten höher liegen (Tab. 7—3).

Von Bakteriophagen ist bekannt, daß sie im Wasser vorhanden sind und Bakterien, Actinomyceten und Blaualgen befallen. Ihnen wird aber in bezug auf die Kontrolle dieser Populationen nur wenig Bedeutung beigemessen. *Bdellovibrio* (s. Abschn. 3.3.1.) wurde ebenfalls schon gefunden. Viren, die Algen, Pilze und Protozoen angreifen, sind sowohl im Süßwasser als auch im Meerwasser vorhanden; Tier-pathogene Viren können im Wasser vorkommen, wenn dieses durch Fäkalien verunreinigt wurde. Sie überleben im Wasser offensichtlich nicht allzu lange, daher ist die Übertragung von Virus-Krankheiten durch Wasser relativ selten. Eine Ausnahme macht wahrscheinlich die infektiöse Hepatitis. Fische erkranken an einigen Virus-Infektionen; daher ist anzunehmen, daß die infektiösen Partikel im Wasser vorhanden sind.

Unter den Plankton-Organismen spielen Pilze keine große Rolle. Im Süßwasser werden ihre Sporen, die im Benthos entstehen, durch das Wasser verbreitet, ohne jedoch darin zu wachsen. Unter ihnen gibt es epiphytische und endophytische Algen-Parasiten, meistens Chytridiales und Saprolegniales (s. Abschn. 7.2.6.). Die einzigen planktisch lebenden Pilze sind die Hefen. Sie kommen außer in Küstennähe, wo bodenbewohnende Arten eingeschwemmt werden, niemals in größerer Anzahl vor. Unter den marinen Hefen gibt es einige stenohaline (s. Abschn. 7.1.3.) und obligat halophile Formen; normalerweise sind sie aber euryhalin (z. B. *Candida parasilopsis*, *Cryptococcus*, *Debaryomyces*, und die Basidiomyceten *Leucosporidium*, *Rhodosporidium* und *Sporobolomyces*). Ihre Zahl ist im offenen Meer sehr gering, sie reicht von 1 bis 500 Zellen/l, gewöhnlich sind es 10 bis 40/l. Einen zahlenmäßigen Anstieg zur Küste hin findet man auch bei filamentösen Pilzen. *Cephalosporium*, *Cladosporium*, *Penicillium* usw. können zwar aus dem Wasser isoliert werden, sie sind aber wahrscheinlich keine wirklichen Plankton-Organismen. Benthische Pilze können durch Wellenbewegung und Turbulenzen in der Nähe von Küsten und Stränden suspendiert werden.

Innerhalb eines größeren Wasserkörpers ist die Plankton-Verteilung niemals einheitlich: Sowohl die Anzahl als auch die Zusammensetzung der Arten variiert von Ort zu Ort. In der Horizontalen können sich Planktonvorkommen unterschiedlicher Arten in den Meeren über viele Kilometer hinweg erstrecken. In kleinen Seen

Tabelle 7—3

Anzahl der planktischen Bakterien in verschiedenen Süßwässern. In Quellen und oligotrophen Seen sind die Zahlen sehr gering, in eutrophen Gewässern dagegen (erkennbar an der geringen Sauerstoff- und hohen Nitrat-Konzentration) und in der Nähe der Bodensedimente sind sie erheblich höher. (Aus: JANNASCH, H. W. (1955), Zur Ökologie der zymogenen planktischen Bakterienflora natürlicher Gewässer. Archiv für Mikrobiologie *23*, 146—180.)

	Aale			Fulda			Sieburger See, 3,5 m tief und eutroph		Vierwaldstätter See, 45 m tief und oligotroph	
	Quelle	20 m von der Quelle	2000 m von der Quelle	Oberlauf	Mittellauf	Unterlauf	0,5 m unter der Oberfläche	3 m unter der Oberfläche	0,5 m unter der Oberfläche	44 m unter der Oberfläche
Gesamtzählung Anzahl/ml	0	67800	614000	352000	$9{,}8 \times 10^6$	845500	300	$1{,}03 \times 10^6$	120*)	56700
Saprophyten, Anzahl/ml	85	83000	135000	68000	$1{,}2 \times 10^6$	95000	840	$3{,}93 \times 10^5$	180	19100
Sauerstoff, mg/l	0,60	11,50	8,75	9,45	2,21	4,82	8,95	4,40	9,11	0,30
Nitrat, mg/l	0	1,0	8,0	4,5	11,0	4,0	7,5	2,0	—	—

* überwiegend Aufwuchs (= Epiphyton), kein echtes Plankton
— nicht bestimmt

betragen die Entfernungen wenige Meter bis einige Dutzend Meter. In der Vertikalen treten solche Arten-Wechsel oft schon innerhalb einiger Meter auf (z. B. *Chromatium*, s. Abb. 5—3). Die Faktoren, die die Menge des Phytoplanktons kontrollieren, schließen Nährstoffverhältnisse, Temperatur, Lichtintensität und -dauer sowie die Vermischung durch die Konsumenten ein; alle diese

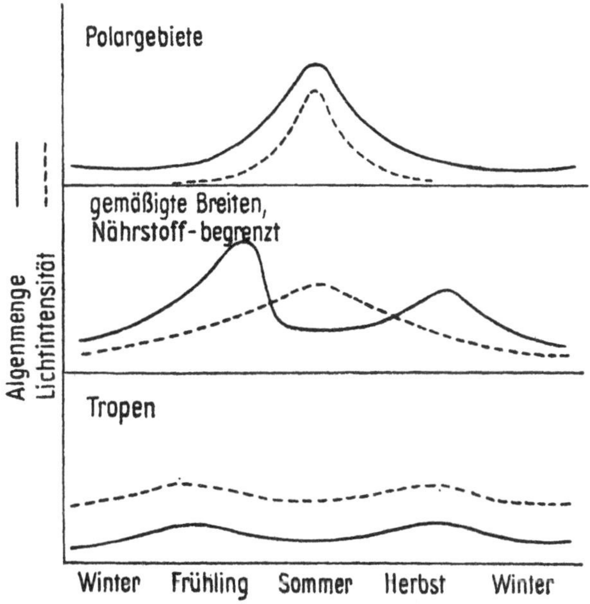

Abb. 7—4. Diagramm der möglichen Muster von Algenblüten in verschiedenen Klimazonen.

Faktoren ändern sich mit den Jahreszeiten. Daher gibt es in erster Linie außerhalb der Tropen jahreszeitliche Schwankungen in der Anzahl der Plankton-Organismen, besonders der Algen (Abb. 7—4). Von ihnen hängen die heterotrophen Organismen ab, deren Populationsänderungen oft — manchmal mit einer Zeitverzögerung — denen der Primärproduzenten folgen (Abb. 7—7, S. 176).

Die einfachste Situation ist ein einzelner Anstieg der Nährstoffmenge, der durch die zunehmende Intensität und Länge der Belichtung im Frühjahr ausgelöst wird. Ein solches Muster kann sich in Polarregionen (Abb. 7—4) entwickeln, wo normalerweise keine Thermocline ausgebildet wird. In der Antarktis bilden die Diatomeen zur Zeit der Sommerblüte einen Hauptbestandteil der Flora. Arktische Algenblüten werden dagegen in erster Linie durch eine Zunahme des Nanoplanktons hervorgerufen, das sich größtenteils aus kleinen Flagellaten wie Chrysophyceen und Haptophyceen zusammensetzt. Dinoflagellaten sind in allen Polarmeeren von Bedeutung.

In den gemäßigten Breiten kann es zu einem einzelnen Anstieg im Frühling oder Frühsommer kommen. Gewöhnlich bildet sich hier aber eine stabile Sommer-Thermocline im Epilimnion oder im marinen Oberflächenwasser aus, die die Nährstoff-Zufuhr begrenzt. In dem Moment, in dem sich das Nährstoff-Defizit zu entwickeln beginnt, nimmt die Anzahl der Organismen ab (Abb. 7—4 und Abb. 5—6, S. 105, zeigen die Abnahme von Silicium). Im Herbst kann sich eine kleinere Algenblüte entwickeln, wenn nach dem Zusammenbruch der Schichtung die Nährstoffe wieder dem Kreislauf zugeführt werden. Die Begrenzung der Algenblüte hängt nicht nur von der Erschöpfung der Nährstoffe ab. Im Herbst können die Algen durch die einsetzenden Turbulenzen zeitweise unter die trophogene Zone verfrachtet werden, so daß die Photosyntheserate sinkt. Verstärkt wird dieser Effekt durch die kürzer werdenden Tage und die geringere Lichtintensität. Von Bedeutung sind außerdem die Filtrierraten der Konsumenten und Parasiten (s. u.).

Diese Fluktuationen ergeben sich beim undifferenzierten Auszählen aller vorhandenen Arten, obwohl Algenblüten häufig nur von einer einzigen Art hervorgerufen werden. So ist z. B. die Frühjahrsblüte in vielen eutrophen Seen der gemäßigten Zone auf Diatomeen zurückzuführen (*Asterionella, Fragilaria, Melosira, Stephanodiscus* oder *Tabellaria*). Sie wird durch die Erschöpfung der Silicium-Vorräte oft zeitlich begrenzt (Abb. 5—6, S. 105). Chlorophyceae können ebenfalls vorhanden sein und bei Abnahme der Diatomeen den Sommer über dominant werden (*Ankistrodesmus, Chlorella, Cosmarium, Pediastrum* usw.). Cyanophyceen, wie *Anabaena-flos-aquae, Chroococcus* und *Oscillatoria*, können gleichfalls im Sommer und Herbst vorkommen; sie werden ihrerseits durch Dinophyceen (*Ceratium* und *Peridinium*) ersetzt.

Im Winter und im zeitigen Frühjahr sind die kleineren Formen, wie die Cryptophyceen, vorherrschend (*Rhodomonas* und *Cryptomonas*). Dieses verallgemeinerte Schema trifft für die meisten Gewässer nur mit Abweichungen zu, doch werden in sehr vielen Seen der gemäßigten Zone wenigstens einige dieser Stadien gefunden (z. B. Abb. 7—5). Im Meer ist die zeitliche Abfolge gewöhnlich weniger kompliziert. Auf die Frühlingsblüte der Diatomeen (*Sceletonema, Thalassiosira*) folgen Dinoflagellaten, obwohl es auch hier innerhalb einer Blüte zu einer Sukzession bestimmter Arten kommen kann. Kleine Diatomeenarten erscheinen normalerweise zuerst.

Unter tropischen Bedingungen sind diese jahreszeitlichen Schwankungen nicht so stark ausgeprägt, doch kann es auch im tropischen Meer eine schwache Frühlingsblüte geben, der wegen der Erschöpfung der Nährstoffe ein Sommertief folgt (Abb. 7—4, S. 170). Eutrophe tropische Seen können eine ständige Algenblüte aufweisen, besonders von Cyanophyceen.

Diese Sukzessionen sind gewöhnlich sehr fest ausgebildet: Dieselben Arten erscheinen Jahr für Jahr in einem bestimmten See oder einem Meeresteil, und selbst ihre Abfolge ist innerhalb derselben Klimazone bemerkenswert konstant. Die Faktoren, die das Aufeinanderfolgen der einzelnen Arten bedingen, sind weitgehend unbekannt. Die sich ändernden Lichtverhältnisse und der Nährstoffzustand sind sicherlich von Bedeutung, da die verschiedenen Arten bekanntermaßen unterschiedliche Wachstumsoptima haben. Untersuchungen im Meer selbst und im Laboratorium haben Hinweise darauf erbracht, daß die Verfügbarkeit von Vitaminen unter Umständen die Abundanz einiger Arten kontrollieren kann. So wird z. B. oft Vitamin B_{12} benötigt, das von einigen Bakterien und Algen, z. B. *Coccolithus huxleyi*, produziert wird. *Coccolithus huxleyi* selbst ist von einer äußeren Zufuhr von Thiamin (B_1) abhängig, das zusammen mit Biotin (Vitamin H) von *Gonyaulax polyedra, Skeletonema costatum* und *Stephanopyxis turris* produziert wird, um nur einige zu nennen. Möglicherweise hängen die letzten Glieder innerhalb einer Sukzession von den Vitaminen der früher auftretenden Organismen ab. Dadurch kann die Reihenfolge selbst bestimmt werden. Ferner ist bekannt daß Algen zur Bekämpfung anderer Algen (und Bakterien, s. Abschn. 7.2.6.) Antibiotika bilden. Dieser Faktor könnte bewirken, daß die Algenblüte immer nur von einer oder wenigen Arten gebildet wird.

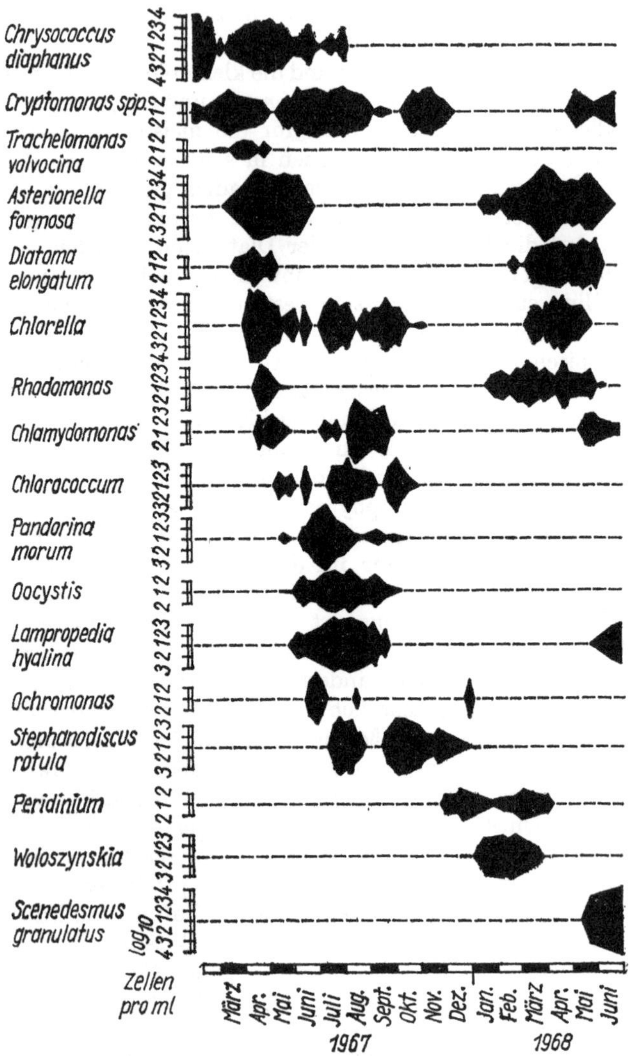

Abb. 7–5. Sukzession von Algen und einem Bakterium in Abbott's Pool, einem eutrophen Teich in der Nähe von Bristol. (Aus: ROUND, F. E. (1971), The growth and succession of algal populations in freshwaters. Mitteilungen Internationale Vereinigung für theoretische und angewandte Limnologie *19*, 70–99. Basiert auf Werten von Dr. C. M. Happey.)

Die zunehmende Aktivität einiger Arten hängt von der Durchmischung des Wassers im späten Winter und zeitigen Frühjahr ab. Diese Arten (z. B. *Melosira italica* subsp. *subarctica* und *Gloeotrichia echinulata*) bilden im Littoral oder auf der Sandoberfläche Sporen oder vegetative Zellen, die keinen Auftrieb erfahren. Sie bleiben dort, bis sie durch Turbulenzen in den Hauptwasserkörper verfrachtet werden. Wenn sie dort ausreichende Lichtbedingungen vorfinden, können sie eine Blüte auslösen. In den Ozeanen ist dieser Vorgang nicht möglich, da die meisten Sedimente in zu großer Tiefe vorliegen, um durch Vermischung in die trophogene Zone zu gelangen. Außerdem gibt es sowohl im Süßwasser als auch im Meer viele Algen, von denen weder Sporen noch andere Ruhestadien bekannt sind. Sie leben wahrscheinlich zu allen Jahreszeiten in der Wassersäule, obwohl es ihre geringe Zahl fast unmöglich macht, sie ohne spezielle Sammeltechniken oder die Anreicherung aus großen Volumina zu finden.

In kleinen Seen, in denen die Verweildauer des Wassers kurz ist, kann die durch das hindurchfließende Wasser bewirkte Ausspülung das Plankton beeinflussen. Starke jahreszeitliche Regenfälle bestimmen deutlich erkennbar den Zeitpunkt des Ausspülens; in kalten Klimazonen kann das Tauwetter im Frühling die Zeit des größten Durchflusses sein. Der Effekt des Ausspülens wird besonders in Zeiten niedriger Temperatur oder geringer Lichtintensität gut sichtbar, da dann die Reproduktionsrate sehr niedrig ist.

Die Filtrierraten von Copepoden und anderen Zooplanktern werden für den Niedergang von marinen Planktonblüten verantwortlich gemacht. Im Süßwasser sind Protozoen, Rotatorien und Cladoceren die bedeutendsten Filtrierer. Unter den Protozoen finden sich außerdem Parasiten, deren Zahl bei guter Ausbildung der Phytoplankton-Gesellschaft anzusteigen beginnt. Letztere bricht schnell zusammen, wenn ein hoher Prozentsatz ihrer Zellen angegriffen ist (Abb. 7—6A). Die Räuber oder Filtrierer sind wahrscheinlich das ganze Jahr über im Wasser vorhanden, doch sind ihre Chancen, eine Beute zu finden (oder diesen Vorgang bei Forschungsarbeiten zu sehen) nur gering; eine Ausnahme bilden die Bedingungen während einer Blüte. Der Fraßdruck kann ein Faktor sein, der in den Gewässern der gemäßigten Breiten die Sommerminima der Algen-Population aufrechterhält. Die Zusammensetzung der Arten und die Sukzession können durch die selektive Nutzung der Filtrierer beeinflußt werden. Ferner vermögen

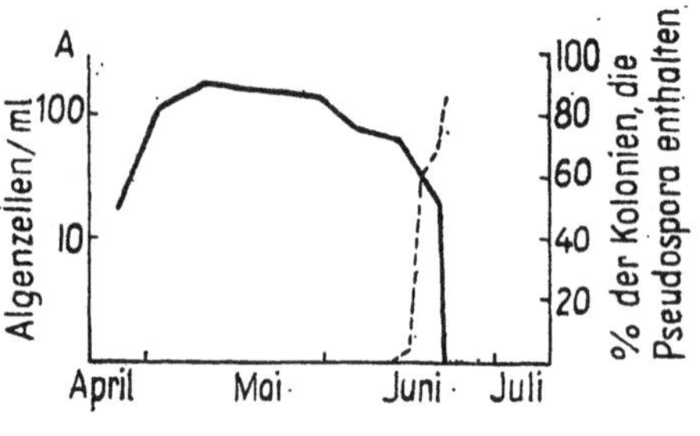

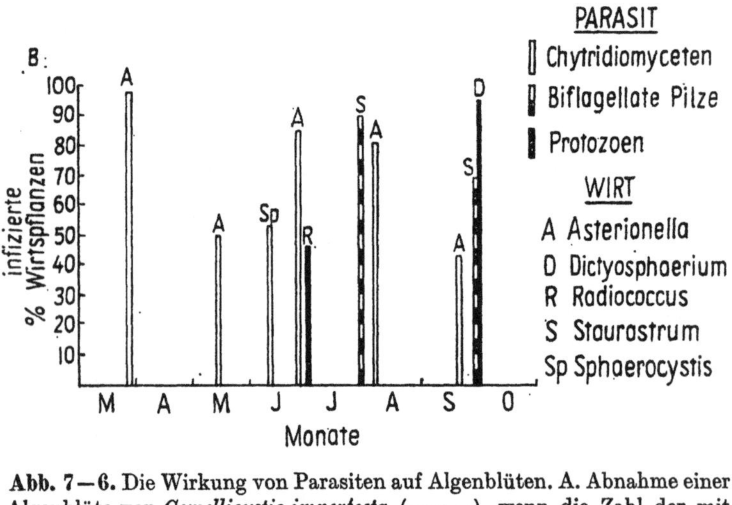

Abb. 7—6. Die Wirkung von Parasiten auf Algenblüten. A. Abnahme einer Algenblüte von *Gemellicystis imperfecta* (———), wenn die Zahl der mit dem Protozoon *Pseudospora* infizierten Kolonien ansteigt (------). (Aus: Canter, H. M., und Lund, J. W. G. (1968), The importance of protozoa in controlling the abundance of planktonic algae in lakes. Proceedings of the Linnean Society *179*, 203—219.)
B. Zehn Epidemien verschiedener Plankton-Parasiten, die zu einer anschließenden Abnahme der Algenzahlen im Grasmere-See im englischen Seengebiet im Sommer 1973 führten. (Werte aus: 42nd Annual Report, Freshwater Biological Association (1974), Data of Drs. H. M. Canter und J. W. G. Lund.)

die verschiedensten pilzlichen Parasiten (besonders Chytriden, s. Abschn. 7.2.6.) Algenblüten im Süßwasser zu dezimieren (Abb. 7—6B). Sowohl der Parasitismus als auch die Nutzung als Nahrungsquelle laufen gewöhnlich nicht überall gleichartig ab. Es gibt Orte mit einem so intensiven Fraßdruck, daß die Algen hier fast ausgerottet werden; ganz in der Nähe dagegen werden sie nicht angegriffen. Hierdurch verstärkt sich die bereits beschrie-

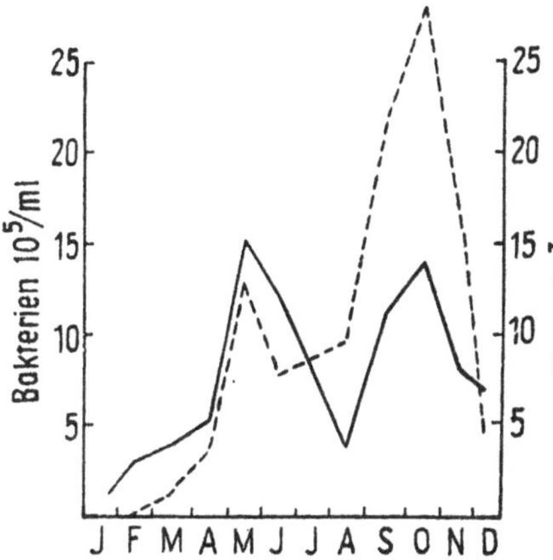

Abb. 7—7. Der gleichzeitige Anstieg und Abfall der Anzahl heterotropher Bakterien (———) und der planktischen Alge *Scenedesmus* (———) in einem künstlich abgegrenzten Teil eines Sees. (Aus: OVERBECK, J., und RABENZIEN, H. D. (1964). Bakterien und Phytoplankton eines Kleingewässers im Jahreszyklus. Zeitschrift für Allgemeine Mikrobiologie *4*, 59—76.)

bene ungleiche Verteilung des Planktons; in einigen Fällen kann der ungleiche Fraßdruck der Grund dafür sein. Während der Bedingungen einer Algenblüte kann das Zooplankton eine „Überfluß-Abweichung" zeigen. Die Nahrung wird nur teilweise verdaut, bevor sie wieder ausgeschieden wird. Das an Nährstoffen reiche Faecesmaterial kann von Bakterien schnell umgesetzt und dem Kreislauf wieder zugeführt werden. Es ist außerdem eine bedeutende Quelle für das organische Material des Benthos. Die Anzahl der Bakterien steigt während und nach einer Algenblüte an (Abb. 7—7). Die Gründe hierfür liegen entweder in einer direkten Beeinflussung durch Stoffe, die von den Algen ausgeschieden werden, oder in dem durch Fäkalien bedingten Effekt. Bakterien werden ebenfalls gefressen, z. B. von Protozoen. Ihre geringe Anzahl im offenen Meer wird außer auf das geringe Nährstoffangebot auf den Fraßdruck zurückgeführt.

Einige Algen produzieren Toxine, die Konzentrationen erreichen können, bei denen Zooplankter oder sogar Fische sterben. Diese Tatsache mag teilweise dafür verantwortlich sein, daß Filtrierer in bestimmten Gebieten der Algenblüte nicht vorhanden sind. In einigen auffallenden Algenblüten wie den „Roten Tiden", die durch *Gymnodinium brevis* und *G. splendens* hervorgerufen werden, können die Toxine sich in einem solchen Maße anreichern, daß Nahrung aus dem Meer selbst für den Menschen giftig wird.

Die maximale Algendichte liegt unterhalb der Oberfläche, da die Photosynthese — wahrscheinlich durch zu starke direkte Einstrahlung — an der unmittelbaren Oberfläche des Wassers gehemmt wird. Bei Fehlen einer Schichtung im Wasserkörper findet man eine nahezu gleichmäßige Verteilung über die gesamte Tiefe, bedingt durch Turbulenzen. Ist dagegen eine stabile Thermocline ausgebildet, so konzentriert sich der Hauptanteil der mikrobiellen Biomasse im oberflächennahen Wasser. Die Algen haben ihr Maximum in einer Tiefe zwischen 5 und 100 m, abhängig vom jeweiligen Wasserkörper. Das Bakterien-Maximum liegt gewöhnlich in der gleichen Tiefe wie das Phytoplankton, manchmal etwas tiefer (Abb. 7—8). Es kann auch auf der Thermocline liegen, wenn diese sich nahe der Oberfläche befindet. Organismen und partikuläre organische Substanz können sich an jeder Grenzschicht anreichern, an der Wasser einer bestimmten Dichte auf einer Wasserschicht mit höherer Dichte liegt, da die Sinkgeschwindigkeit an diesen Grenzschichten herabgesetzt oder sogar gänzlich aufgehoben wird. Unterhalb der Sprungschicht nimmt die Anzahl der aeroben Organismen schnell ab; in der Nähe des Sediments kann sie wieder etwas ansteigen (s. Sauerstoff-Verteilung, Abb. 7—1). Anaerobe Bakterien, die Methan (*Pseudomonas methanica*) oder reduzierte Schwefel-Verbindungen (*Desulfovibrio, Thiothrix*) produzieren, und photosynthetisch aktive Bakterien (*Chlorobium, Chromatium, Rhodopseudomonas*) können ihr Maximum in diesen tieferen Wasserschichten ausbilden.

Die Anzahl der Hefen nimmt ebenfalls mit der Tiefe ab. Über sie ist sehr wenig bekannt, doch ist anzunehmen, daß die Hefen ebenso wie die heterotrophen Bakterien ihr Maximum in der Nähe oder unterhalb des Maximums der Algen haben. Parasitische Pilze, wie die Chytriden, sind natürlich an die Verteilung ihrer Wirte gebunden.

Phytoplankter können sich in einem diurnalen Rhythmus auf und ab bewegen. Die Mechanismen dieser Vertikalwanderung sind noch nicht vollständig geklärt. Nur in sehr ruhigen Gewässern reichen die Beweglichkeit der Organismen bzw. die Schwebe-

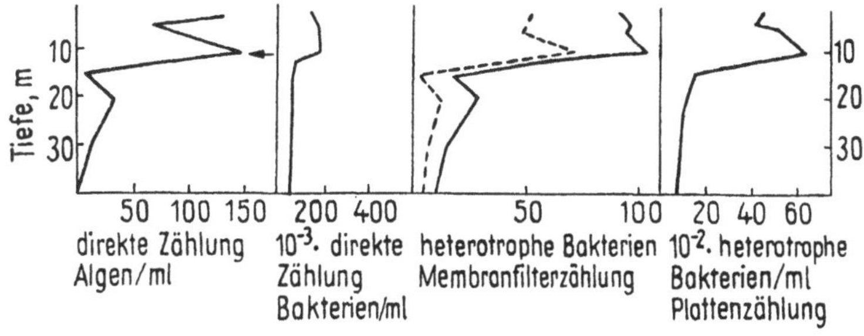

Abb. 7–8. Die Schwankungen von Algen- (Diatomeen) und Bakterienzahlen während einer Blüte im Windermere-See. Der Pfeil im linken Diagramm gibt die Lage der Sprungschicht an. Bei den heterotrophen Bakterien, deren Auszählung mit der Membranfiltermethode erfolgte, bedeuten (------) die angehefteten Bakterien und (———) die Bakterien insgesamt. (Aus: JONES, J. G. (1972), Studies on fresh water bacteria: association with algae and alkaline phosphatase activity. Journal of Ecology *60*, 59–75.)

mechanismen der unbeweglichen Formen wie *Anabaena* oder *Microcystis* für eine eigenständige Wanderung aus. In unruhigen Gewässern sind diese Eigenbewegungen gegenüber den Turbulenzen des Wassers unbedeutend. Normalerweise ist eine Aufwärtsbewegung des Planktons während des Tages und eine Abwärtswanderung während der Nacht zu beobachten, was für viele Dinoflagellaten, wie z. B. *Ceratium*, zutrifft. Dieses Bewegungsmuster hat allerdings viele Variationen. So wurde auch das umgekehrte Verhalten (nachts hinauf, tags hinab) beobachtet. Einige Organismen, wie z. B. *Peridinium bahamensis*, bewegen sich sogar zweimal am Tage zur Oberfläche hin. Vermutlich hängen diese

Bewegungen nicht nur mit dem Streben nach mehr Licht in den oberen Schichten, sondern auch mit dem höheren Nährstoffgehalt der tieferen Wasserschichten zusammen. Außerdem können sich die Bewegungen unter Laborbedingungen fortsetzen, wenn alle periodisch stimulierenden Effekte fehlen. Es sind daher wahrscheinlich endogene Rhythmen, die von „biologischen Uhren“ kontrolliert werden. Auch bei physiologischen Prozessen gibt es diurnale Änderungen. So erreicht die Photosyntheserate gewöhnlich in den Mittagsstunden oder kurz danach ihren höchsten Wert, und möglicherweise treten auch in der Höhe des Chlorophyllgehalts solche täglichen Schwankungen auf. Zellteilungen und selbst die Biolumineszens (bei *Gonyaulax polyedra*) zeigen diurnale Rhythmen.

Abgesehen von den Eigenbewegungen der Algen, stellt sich das generelle Problem ihres Auftriebs. Die meisten Plankton-Organismen haben eine höhere Dichte als Wasser und sollten daher absinken, was in unbewegtem Wasser und bei toten Organismen auch zutrifft. Viele lebende Organismen sinken jedoch langsamer ab, als es ihre Größe vermuten ließe, oder sie steigen sogar. Bei den Cyanophyceen wird das Schweben oft durch Gasblasen hervorgerufen; die Bedeutung von Öltröpfchen als Schwebehilfe ist dagegen in Frage gestellt worden. Die Ionen-Konzentration der Vakuolenflüssigkeit kann die spezifische Dichte der Zellen ebenfalls beeinflussen.

7.2.2. Neuston

Der Begriff Neuston kennzeichnet eine spezialisierte Organismen-Gesellschaft, die in engem Kontakt mit dem Oberflächenfilm eines Gewässers lebt. Sie wird bei einer Probeentnahme gewöhnlich mit dem Plankton eingesammelt. Im Vergleich zu dem übrigen Anteil des Sees oder Ozeans, ist dieses Habitat in vielen Punkten sehr ungewöhnlich. Es ist schnell verlaufenden Temperaturänderungen, einer hohen Lichtintensität, aber auch einer sehr guten Durchlüftung ausgesetzt. Das Neuston wurde bisher wenig untersucht, scheint aber weltweit verbreitet zu sein. Es kommt selbst in rauhen Gewässern vor, bei denen die Oberfläche, wie bei den meisten Ozeanen, oft unterbrochen wird. Organisches Material, sowohl partikuläres als auch gelöstes, und anorganische Nährstoffe, wie Phosphate, reichern sich auf der Oberfläche in diesem

Film an. Es kommt hier zu einer großen Zunahme der Bakterienzahl, wie *Pseudomonas* und *Caulobacter*, die das 300fache derjenigen Zahl erreichen können, die man in den oberen 10 Metern der Wassersäule findet. Flagellaten, besonders die kleinen Chlorophyceen und Chrysophyceen, die in den meisten Untersuchtungen dem Nanoplankton zugerechnet werden, zeigen ebenfalls eine starke Zunahme, die der Ciliaten ist etwas geringer. Aus dem Bereich des Süßwassers gibt es Berichte über spezialisierte Amoeben (*Arcella* sp.), die auf oder direkt unter der Wasseroberfläche leben.

7.2.3. Epilithon und verwandte Gesellschaften

Epilithische Gesellschaften (Abb. 7—3) variieren in ihrer Bedeutung und in der Zusammensetzung ihrer Arten in den unterschiedlichen Habitaten. Sie zeigen jedoch alle die gleichen morphologischen und physiologischen Merkmale, die sich im Laufe der Evolution als Anpassung an ihre Umwelt ausgebildet haben. Unterhalb der trophogenen Zone sind epilithische Gesellschaften relativ unbedeutend, da die Bodenbedeckung normalerweise nicht aus Steinen, sondern aus Sedimenten besteht: in Seen sind es Sande und Kiese, in den Ozeanen ist es organischer Schlick. Im Bereich des Littorals dagegen kann das Epilithon von großer Bedeutung sein und sich durch eine hohe Produktivität auszeichnen, obgleich die Habitate im marinen Bereich durch den Gezeitenrhythmus sehr stark spezialisiert sind.

In Quellen und schnell fließenden Flüssen und Bächen enthält das Epilithon neben dem größten Teil der Primärproduzenten viele andere Organismen, die anderen trophischen Ebenen zugeordnet sind. Ein Hauptproblem ist die Strömungsgeschwindigkeit an den Substratoberflächen. Die meisten Mikroorganismen sind im Untergrund inkrustiert oder angeheftet. In sehr schnell fließenden Gewässern — z. B. Stromschnellen — kann selbst das nicht ausreichen, da die Bewegung der Steine die Ausbildung einer permanenten Organismen-Gesellschaft verhindern kann. Die Position auf dem Stein im Verhältnis zur Strömung beeinflußt die Population. So gibt es bestimmte strömungsliebende Algen, z. B. *Lithoderma fluviatilis*, *Cocconeis placentula*, *Ulothrix* und die gestielte Kieselalge *Gomphonema*. *C. placentula* kommt ebenfalls auf der Lee-Seite von Steinen in der bewegten Wasserzone vor. In den gemäßigten Breiten finden sich regelmäßig einige Flechten auf submersen Steinen, besonders aus der Gattung *Verrucaria*. Das häufige Vorkommen größerer Flecken mit nur einer Algenart kann mit den speziellen Lebensbedingungen dieser Habitate erklärt werden. Es gibt weiterhin charakteristische angeheftete Bakterien, wie das filamentöse *Sphaerotilus* und die gestielten *Caulobacter* und *Hyphomicrobium*. Sie können sowohl Nährstoffe aus dem fließenden Wasser als auch von den Algen stammende oder an die Felsoberfläche adsorbierte Nährstoffe aufnehmen. Wegen des im allgemeinen sehr niedrigen Angebots an organischen Nährstoffen resultiert ein sehr langsames Wachstum; eine Ausnahme bilden Assoziationen mit Algen. Besiedlungsexperimente mit Steinen und künstlichen Substraten lassen vermuten, daß sich zuerst eine Bakterienflora ausbildet (*Pseudomonas*, *Flavobacterium* und *Achromobacter*), die das Substrat mit einer Schleimschicht überzieht. Danach folgen *Caulobacter* und *Hyphomicrobium*. Jetzt erst kann eine Besiedlung mit Diatomeen, Protozoen, die sich anheften, und solchen Arten, die thigmotaktile Cilien (die auf Berührung reagieren) besitzen, erfolgen. Später können dann makroskopische Algen wichtig werden: *Cladophora glomerata* ist in den gemäßigten Breiten im Süßwasser weit verbreitet.

In der epilithischen Flora von Seen und Flüssen treten oft jahreszeitliche Änderungen auf. Sie ähneln denen des Planktons: Einer Diatomeenblüte im Frühling folgen Chlorophyceen im Sommer, zwischen beide ist manchmal eine Blaualgenblüte eingeschoben. Im Epilithon von Seeufern werden die Nährstoffe normalerweise nicht zu Minimumfaktoren, da nicht nur vom See her eine Zufuhr erfolgt, sondern auch von den Sedimenten des Littorals und vom umgebenden Land.

Steine am Seeufer werden bei schwankendem Wasserstand oft trocken. Sie sind jedoch immer mit Diatomeen, Blaualgen, Desmidiaceen und Bakterien bedeckt, die gewöhnlich von einer Schleimschicht umgeben sind. Dabei kann es sogar, ähnlich wie am Meer, zu einer Zonierung von Arten am Ufer der Seen kommen. Nur Kieselalgen sind davon ausgenommen, sie zeigen eine nahezu einheitliche Verteilung. Die dominierenden Organismen in den oberen Regionen, die der größten Trockenheit ausgesetzt sind, sind die Cyanophyceen *Gloeocapsa* und *Scytonema* (s. Felsen, s. Abschn. 6.4.). Näher zum Wasser hin findet man *Nostoc* und *Calothrix*, dann *Tolypothrix*; *Rivularia*, *Schizothrix*; die Chlorophyceen

Spirogyra und *Oedogonium* kommen dagegen nur in ständig submersen Habitaten vor.

Im marinen Epilithon dominieren die Braunalgen und andere makroskopische Formen, deren Zonierung entlang der Küste gut untersucht ist. Daneben sind auch mikroskopische Algen vorhanden, sie können gleichfalls eine Zonierung zeigen. Durch das sich ständig wiederholende Austrocknen und Überflutetwerden und die damit verbundenen Änderungen des Salzgehaltes und der Temperatur ist die felsige Meeresküste ein sehr unwirtliches Biotop. Außerdem besteht eine starke „Abgrasung" durch Mollusken, Arthropoden, manchmal auch durch Fische. Der über der Gezeitenzone gelegene Bereich von Mikroorganismen hat besonders schwierige Probleme durch den hohen Salzgehalt, der durch das Spritzwasser entsteht. Ein darauffolgender Regen kann zu einer schnellen Verminderung des Salzgehalts führen. So extreme Habitate sind nur von Flechten (z. B. *Verrucaria* spp.) und Blaualgen (z. B. *Calothrix scopulorum, Gloeocapsa* und *Lyngbya* spp.) besiedelt. Diese können Stickstoff in Mengen von etwa 2,5 g N/m^2/Jahr binden, die in einem Lebensraum, der so arm an organischen Nährstoffen ist, bedeutsam sind. Auf sehr porösen Steinen, wie Kalkfelsen, kann oberhalb der Gezeitenzone eine noch extensivere Flora ausgebildet sein, die einige Diatomeen in Spalten und Rissen und auch von Chrysophyceen geprägte Gesellschaften einschließt. In der Supralittoralzone gibt es aber auch bedeutende Mengen an Detritus, der hauptsächlich aus der Zersetzung von Seegras durch Bakterien (*Cytophaga, Vibrio*) und marine Pilze (*Helicoma, Halosphaeria*) stammt. Guano kann als eine besondere Form von supralittoralem Detritus bezeichnet werden, der, abgesehen von heterotrophen Organismen, von *Prasiola* besiedelt werden kann (s. Abschn. 6.2.).

Über die Mikroorganismen innerhalb und dicht unterhalb der Gezeitenzone ist wenig bekannt. Die Schleimschichten auf den Felsen sind aus Bakterien, Diatomeen, coccalen Chlorophyceen und Blaualgen (z. B. *Rivularia mesenterica*) zusammengesetzt. Wie im Süßwasser erfolgt auch hier die Erstbesiedlung durch Bakterien und mikroskopisch kleine Algen. Als aktuelles Beispiel kann die Insel Surtsey (s. Abschn. 6.4.) dienen: Die ersten Organismen, die sie besiedelten, waren Bakterien, *Navicula* und *Nitzschia* spp.

Korallenriffe sind ein spezialisierter und hoch produktiver mariner Lebensraum. In den stärker exponierten Bereichen der Riffe kommt es zu einem extensiven epilithischen Wachstum, besonders von *Porolithon* (Rhodophyceae), die wegen ihrer Calciumcarbonat-Ablagerungen Bedeutung besitzt. Andere Rotalgen zementieren Riffe zusammen und können so auf der dem Wind zugekehrten Seite die Hauptkraft der Wellenbewegung brechen. Diatomeen wachsen normalerweise auf Korallenstöcken außerhalb der Riffkante und in den Lagunen, wo auch die Blaualgen (z. B. *Calothrix*, *Nostoc* und *Lyngbya*) eine bedeutende Rolle spielen. Letztere kommen auch an steinigen und sandigen Stränden vor. Da es auf den Atollen keinen Stickstoff gibt, der vom Land eingespült wird, hat die Stickstoff-Fixierung dieser Cyanophyceen für die Produktivität des Riffs größte Bedeutung. Es wurden sehr hohe Werte registriert, so z. B. in flachen, innerhalb der Gezeitenzone liegenden Riffgebieten nahezu 2 kg N/ha/Tag. *Calothrix* war hier der wichtigste Organismus. Dieser Wert läßt sich gut mit an Land ermittelten Werten für die Stickstoff-Bindung vergleichen (s. Tab. 4—1). Zusätzlich gibt es Blaualgen, die endolithisch innerhalb des Korallenskeletts leben oder in Symbiose mit einigen Schwämmen vorkommen. Symbiontische Algen sorgen ebenfalls dafür, daß Stickstoff innerhalb des Korallenriffs wieder aufgeschlossen und dem Nährstoff-Kreislauf zugeführt wird. Die wichtigsten Symbionten innerhalb des Riffs sind Dinoflagellaten (z. B. *Gymnodinium microadriaticum*), die innerhalb von Korallenpolypen leben und für einen beträchtlichen Teil der Photosynthese-Leistung des Riffs verantwortlich sind. Symbiontische Dinoflagellaten sind in den meisten tropischen Meeren ein sehr wichtiger Faktor (s. Abschn. 7.2.1.).

7.2.4. Epipsammon und assoziierte Gesellschaften

Auf Sandkörnern ist nur dann ein Wachstum von Mikroorganismen zu beobachten, wenn sie von Strömung und Wellenbewegung relativ unbeeinflußt bleiben. Aber auch dann bestehen die Mikroorganismen nur aus kleinen Kolonien in Ritzen oder auf konkaven Stellen der Oberfläche, wo sie weitgehend vor Abrasion geschützt sind. Solche Plätze sind mit einer Schicht organischen Materials überzogen, das entweder von den Sandkörnern adsorbiert oder als Schleim von den Organismen selbst produziert wurde. Die Flora

(Abb. 7—3) besteht aus Bakterien und kleinen Diatomeen, die inkrustiert sind oder auf Stielchen sitzen (z. B. *Achnanthes, Amphora, Fragilaria, Opephora* im Süßwasser und *Cocconeis, Opephora* und *Raphoneis* im Meer). Zusätzlich gibt es eine klar abgegrenzte Gesellschaft beweglicher Mikroorganismen, z. B. Diatomeen (*Nitzschia, Hantzschia*) und Blaualgen. Flagellaten und euglenoide Arten können bei besseren Nährstoffverhältnissen vorkommen, wenn z. B. organischer Schlick mit dem Sand vermischt ist. Als Vertreter der Protozoen finden sich Ciliaten, die in ihrer Morphologie und Physiologie Anpassungen an ihr Habitat zeigen. Arten mit langen dünnen Körpern und einer ausgeprägten positiven Thigmotaxis sind dominant (*Remanella* und *Trachelocerca*).

Im Sand des marinen Littorals wandert *Hantzschia* bei Ebbe an die Oberfläche und bei Flut wieder zurück in die Tiefe. Dieser Mechanismus soll wahrscheinlich eine Abspülung und eine Zerstörung durch Abrieb in den turbulenten oberen Wasserschichten verhindern. Einen ganz ähnlichen Rhythmus zeigt der Plattwurm *Convoluta roscoffensis*, der endobiontische Algen (*Plytymonas convolutae*) enthält. Er lebt im Gezeitenbereich einiger Sandgebiete, speziell an der Nordküste Englands. Wird das Wirtstier geschlechtsreif, dann hört es auf zu fressen. Es verläßt sich ganz auf seinen Symbionten, von dem es nicht nur Photosynthese-Produkte aufnimmt, sondern auch verwertbare Aminosäuren, die aus Stickstoff-haltigen Abfallprodukten aufgebaut wurden. Das Epipsammon kann im Süßwasser, genau wie das Plankton, einen jahreszeitlichen Wechsel mit einem zahlenmäßigen und Produktions-Maximum im Frühling zeigen (Abb. 7—9). Der Grund für das Frühjahrsmaximum des Episammons dürfte nicht die Lichtintensität sein, da das Phytoplankton zur gleichen Zeit zunimmt und die Sandoberfläche beschattet. Wenn am Ende der Phytoplanktonblüte die Lichtintensität ansteigt, fällt auch die Blüte des Epipsammons zusammen.

7.2.5. *Epipelon und assoziierte Gesellschaften*

Es gibt eine große Vielfalt an Schlämmen, angefangen vom organischen Schlamm in den Tiefen der Ozeane bis hin zu Salzsümpfen und dem anorganischen Schlamm am Grund von Flüssen und Seen. Entsprechend ist die Mannigfaltigkeit der Organismen-Gesellschaften, die in ihnen leben (Abb. 7—3). Die Anzahl der Mikroorganismen und ihre Aktivität sind gewöhnlich in den Schlämmen flacher Gewässer am größten. Algen sind nur dann aktiv, wenn sie in der trophogenen Zone leben. Sie fehlen daher in den Tiefsee-Sedimenten, die den flächenmäßig größten Teil der Welt bedecken. Es wird aber auch hier von heterotrophem Wachstum berichtet, besonders von Diatomeen.

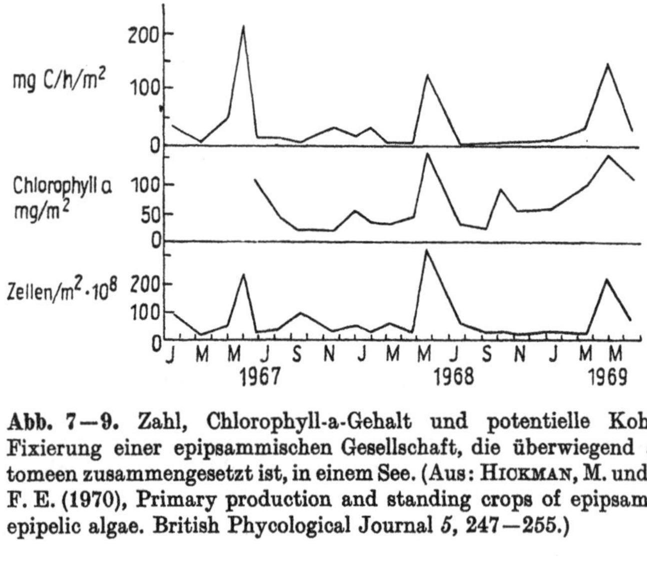

Abb. 7—9. Zahl, Chlorophyll-a-Gehalt und potentielle Kohlenstoff-Fixierung einer epipsammischen Gesellschaft, die überwiegend aus Diatomeen zusammengesetzt ist, in einem See. (Aus: HICKMAN, M. und ROUND, F. E. (1970), Primary production and standing crops of epipsammic and epipelic algae. British Phycological Journal *5*, 247—255.)

Im Süßwasser-Schlamm hängt die Anwesenheit der Arten hauptsächlich vom Gewässertyp ab, insbesondere dem pH-Wert und dem Nährstoffgehalt. In Torfmooren können Desmidiaceen dominieren, aber in allen anderen Schlämmen sind Diatomeen die Hauptvertreter der Algen, die von einer wechselnden Anzahl von Chlorophyceen, Cyanophyceen und Euglenophyceen begleitet werden. Einige Werte über die relativen Verhältnisse der einzelnen epipelischen Organismen zueinander kann man aus ihren Respirationsraten erhalten. In einem See der gemäßigten Breiten wurde im Juni folgender prozentualer Anteil an der Respiration gemessen: Bakterien 31%, Algen 23%, Protozoen 13%, die gesamten benthischen Metazoen 33%.

Die Hauptvertreter der Protozoen sind Ciliaten. Sie sind gewöhnlich heterotroph und fressen Detritus und andere Mikroorganismen. Es gibt einige mutualistische Assoziationen, in denen Algen als Endosymbionten vorkommen. Solche Assoziationen sind von verschiedenen Protozoen wie *Prorodon*, *Euplotes* und *Stentor* bekannt, das am besten untersuchte Objekt ist aber *Paramecium bursaria*. Die endosymbiontische Alge ist immer *Chlorella*. Diese Assoziationen sind sicherlich für die Produktivität der meisten Süßgewässer unbedeutend (für tropische marine Bedingungen, s. Abschn. 7.2.4.), sie sind jedoch von wissenschaftlichem Interesse.

Quellen stellen spezielle Habitate dar, in denen die dort vorkommende Lebensgemeinschaft epipelisch lebt (manchmal epilithisch). Die Umweltbedingungen sind hier bemerkenswert einheitlich, da das Wasser aus dem Untergrund stammt: die Temperatur ist konstant, in den gemäßigten Breiten gewöhnlich 9 oder 10 °C. Das Wasser ist arm an Nährstoffen, speziell an organischem Material; es ist aber, besonders in Kalkgebieten, mit Bicarbonaten gesättigt oder sogar übersättigt. Carbonate können ausgefällt werden, wenn ein Überschuß von Kohlendioxid zur Einstellung des Gleichgewichts an die Atmosphäre abgegeben wird oder wenn der Kohlendioxid-Gehalt des Wassers durch Photosynthese sinkt. Besonders Blaualgen sind mit Krusten von ausgefällten Carbonaten überzogen. Die Mikroflora ist sehr spärlich, ansonsten aber typisch für nährstoffarme Gewässer. Makroskopische Algen, z. B. *Batrachosperum*, können vorkommen und sind als Nährstoffquelle für ihre mikroskopisch kleinen Epiphyten von Bedeutung. Eisenbakterien (*Gallionella*, *Leptothrix* und *Crenothrix*) sind oft vorhanden, da einige von ihnen chemotroph sind. In ähnlicher Weise kommen in Schwefelquellen schwefeloxidierende Bakterien vor. Da diese Quellen oft Thermalquellen sind, haben sie eine spezialisierte Flora, z. B. *Leptothrix thermalis* (Eisen) und *Chloroflexus* (Schwefel). Heiße Quellen haben einen hohen Gehalt an Mineralien. Sie sind sehr genau abgegrenzte Lebensräume, in denen Blaualgen dominieren, besonders bei Temperaturen zwischen 50 und 60 °C (z. B. *Mastigocladus laminosus*, *Synechococcus lividus*). Bei niedrigeren Temperaturen können Kieselalgen, z. B. *Achnanthes*, vorkommen. Zwischen den Algen kann es zu einem reichlichen Wachstum von Bakterien kommen, die ausgeschiedenes organisches Material ausnutzen, sowie von Blaualgen, die Stickstoff binden. Hohe Temperaturen liebende Protozoen-Stämme werden ebenfalls gefunden, z. B. sind *Actinophrys sol*, *Cyclidium glaucoma*, *Hyalodiscus limax* und *Nassula elegans* zu nennen.

Im Epipelon von Flüssen ist die Algenflora vielfältiger als in Quellen. In den gemäßigten Breiten dominieren aber auch hier bewegliche Diatomeen, daneben sind Flagellaten wie *Phacus* und *Euglena* bei Auftreten hoher Konzentrationen an organischem Material zu finden.

Im Epipelon oligotropher Seen kommen Desmidiaceen wie *Frustulia rhomboides*, *Eucocconeis flexella* und *Eunotia* und filamentöse Chlorophyceen (*Spirogyra* und *Zygnema*) vor. In eutrophen Gewässern findet man mehr Cyanophyceen (*Aphanothece* und *Nostoc*), zusammen mit Chlorophyceen und Euglenophyceen. In arktischen Seen kann das Epipelon einen Großteil der gesamten Produktivität stellen, da Plankton-Organismen besonders im Frühling nur spärlich vorhanden sind. Gewöhnlich sind Grünalgen dominant, obwohl auch die Kieselalgen in einer hohen Dichte vorkommen (60 Zellen/mm^2).

Die epipelischen Algen zeigen jahreszeitliche Schwankungen in ihrer Anzahl, gewöhnlich haben sie nur eine Hauptblüte (Abb. 7—10). In den beiden Beispielen in Abb. 7—10 liegen die Spitzenwerte zu verschiedenen Jahreszeiten. Der eine liegt mitten im Winter und wird hauptsächlich von Diatomeen gebildet, der andere kommt durch Blaualgen zustande und hat das Optimum im Sommer wie auch das Plankton. Der Grund für den Zusammenbruch der Algenblüte ist nicht bekannt. Für das Zooplankton wichtige Nährstoffe sind im Schlamm selten die limitierenden Faktoren. Auch das Licht kann, wie im Episammon, kaum ein Hauptfaktor sein. Möglicherweise findet ein diurnaler Wechsel in der Anzahl der Organismen an der Oberfläche statt, da bewegliche Formen tagsüber zur Oberfläche wandern. Dies ist offensichtlich die Folge einer Phototaxis, da sie bei Dauerlicht nicht erhalten bleibt (s. Abschn. 7.2.1.).

Die Anzahl der Bakterien im Süßwasser-Schlamm liegt in der Nähe der Oberfläche in der Größenordnung von 10^4 bis 10^6/g Trockenmasse. Ihre Zahl, auch die der Anaerobier, nimmt mit zunehmender Tiefe im Sediment schnell ab (Abb. 7—11). Actinomyceten können besonders in eutrophen Seen und bei einem hohen Nährstoff-Spiegel vorkommen, ihre Anzahl ist jedoch nied-

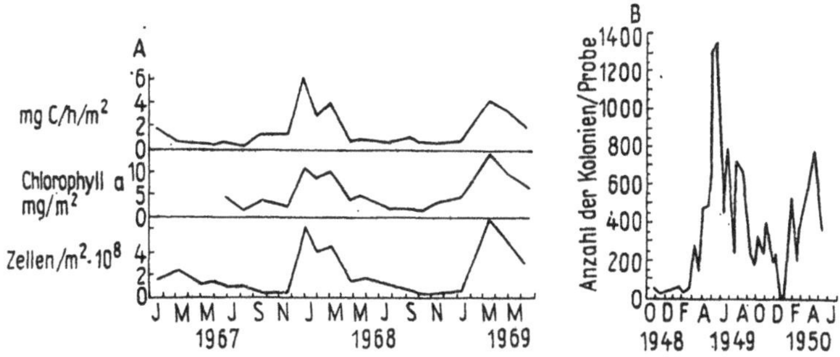

Abb. 7—10. A. Der jahreszeitliche Wachstumscyclus des Epipelons in einem See, in dem Diatomeen die wichtigsten Organismen waren. Populationsdichte und Produktivität erreichen ihr Maximum im Winter. (Aus Hickman, M., und Round, F. E. (1970), Primary production and standing crops of episammic and epipelic algae. British Phycological Journal *5*, 247—255.)
B. Jahreszeitlicher Cyclus der epipelischen Blaualgen im Windermere-See. Das Maximum tritt viel später ein, im Mai oder Juni. (Aus: Round, F. E. (1961), Studies on bottom-living algae in some lakes in the English Lake District. V. The seasonal cycle of Cyanophyceae. Journal of Ecology *49*, 31—38.)

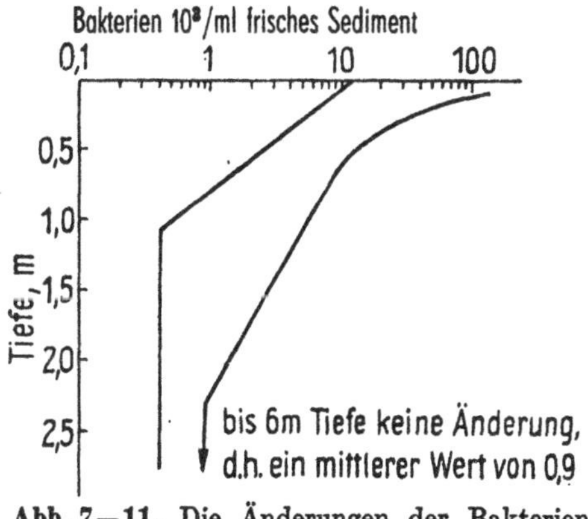

Abb. 7—11. Die Änderungen der Bakterienzahl (sowohl anaerobe als aerobe Bakterien) mit zunehmender Tiefe im Sediment von zwei sauren Seen. Das Verteilungsmuster ist für beide Seen sehr ähnlich, obgleich sich die Tiefe unterscheidet, an der die Keimzahlen einen konstanten, niedrigen Stand erreichen. (Aus Hayes, F. R., und Anthony, E. H. (1959), Lake water and sediment VI. The standing crop of bacteria in lake sediments and its place in the classification of lakes. Limnology and Oceanography *4*, 299—315.)

rig (z. B. < 10/ml Sediment). In Flüssen kann dieser Wert erheblich höher liegen (1000/ml). Arten, die unbewegliche Sporen produzieren, sind weit verbreitet (*Micromonospora, Nocardia, Streptomyces*). Es gibt aber auch weniger bekannte Arten, wie z. B. *Streptosporangium*, und solche mit beweglichen Sporen (z. B. *Actinoplanes*), die mit Sicherheit aquatisch sind.

Die Sauerstoff-Verteilung hat einen großen Einfluß auf im Schlamm lebende Pilze. Während der Sommer-Stagnation, wenn im Hypolimnion kein Sauerstoff vorhanden ist, kann ihre Anzahl stark absinken. Am häufigsten wird über *Achlya-*, *Pythium-* und *Saprolegnia*-Arten berichtet. Daneben gibt es eine große Zahl von Deuteromyceten in der Nähe der Küste, bei denen es sich höchstwahrscheinlich um vom Land eingeschwemmte Fremdorganismen handelt. Sie sind nicht an die hier herrschenden Lebensbedingungen adaptiert und können weder sporulieren noch sich im Wasser verbreiten. Eine wichtige Ausnahme bildet das Auftreten aquatischer Hyphomyceten, die weit verbreitet auf Blättern, Zweigen usw. in und auf aeroben Sedimenten wachsen. Sie haben spezielle Sporen für eine Verbreitung im Wasser entwickelt [4]. Diese Sporen sind teilweise verzweigt oder haben Anhänge (Abb. 7—12), die die Absinkrate im Wasser herabsetzen können, wahrscheinlich sind sie aber für das Verankern der Sporen sehr wichtig (z. B. *Tetracladium, Clavariopsis* und *Varicosporium*). Die meisten Sporen treten im Winter auf, wobei noch nicht bekannt ist, ob dies eine Sporulationsphase widerspiegelt oder nur eine Zeit mit allgemein größerer Aktivität ist. Es kommen Hefen mit ähnlichen verzweigten Zellverbänden vor und auch aquatische Ascomyceten, die besonders häufig auf Holzstücken und Ästen leben. Auch sie besitzen solche Sporen mit Anhängen. Auf vermoderndem organischem Material im Wasser findet man auch unter den Pilzen Sukzessionen. Viele Hyphomyceten (z. B. *Clavariopsis aquatica*) sind zusammen mit *Pythium, Saprolegnia* und *Fusarium* Erstbesiedler. Andere Hyphomyceten und die Ascomyceten dringen erst später in diese Substrate ein.

Eine besonders wichtige epipelische Organismen-Gesellschaft findet sich an der Grenze von Süß- und Salzwasser in den Flußmündungen und Salzmarschen. Filamentöse Algen und Cyanophyceten, wie *Vaucheria, Enteromorpha, Ulothrix, Anabaena* und *Calothrix*, sind weit verbreitet, sie sind für die Festlegung des Schlammes von Bedeutung. Sowohl bei den makroskopischen Pflanzen als auch bei den Mikroorganismen gibt es im Gezeitenbereich Zonen, die von der Überflutungsdauer abhängig sind. Im Bereich des Springtide-Hochwassers sind *Navicula, Nitzschia* und *Rivularia* und gelegentlich auch *Nostoc* weit verbreitet. *Caloneis, Pleurosigma* und andere *Navicula*- und *Nitzschia*-Arten kommen dagegen erst im Bereich des Niptide-Hochwassers zusammen mit *Microcoleus*

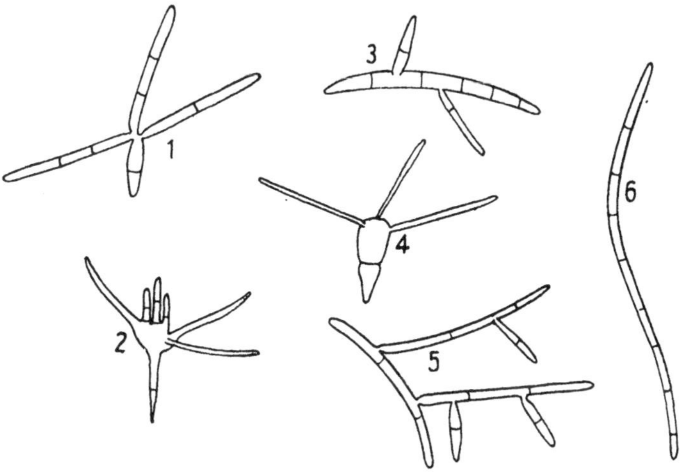

Abb. 7—12. Sporen aquatischer Hyphomyceten, die die Bandbreite der Formen zeigen. 1. *Articulospora tetracladia*; 2. *Tetracladium setigerum*; 3. *Tricladium splendens*; 4. *Clavariopsis aquatica*; 5. *Varicosporium elodea*; 6. *Anguillospora longissima*. Die Abbildungen sind nicht maßstabsgerecht gezeichnet.

und *Phormidium* vor. Die Cyanophyceten auf Wattflächen tragen ganz wesentlich zum Stickstoff-Gleichgewicht in den Flußmündungen bei.

Besonders die chromogenen Arten von *Bacillus* kommen in alten, sich in einem stabilen Gleichgewicht befindenden Salzsümpfen vor. Generell sind an diesen Standorten — im Gegensatz zu der normalen Verteilung im Wasser — die Gram-positiven Bakterien häufiger zu finden als die Gram-negativen. Junge, sich gerade entwickelnde Sümpfe haben einen höheren Anteil an Gram-negativen Bakterien. Es gibt keine genauen Informationen über

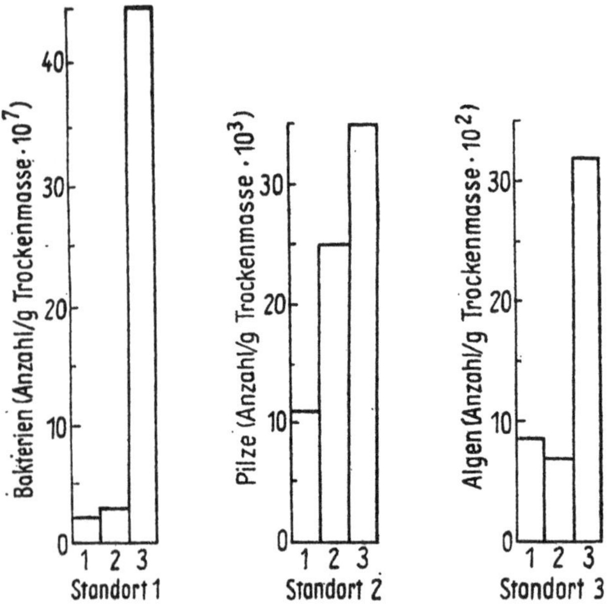

Abb. 7—13. Anzahl der Bakterien, filamentösen Pilze und Hefen an verschiedenen Stellen einer Salzmarsch. Die Daten wurden auf Verdünnungsplatten gewonnen.
Standort 1: Schlamm an der Niedrigwasserlinie
Standort 2: auf halber Höhe der Marsch
Standort 3: *Spartina*-Bank am höchsten Punkt des Hochwassers
(Unveröffentlicht, Herrod-Hempsall, G., und Campbell, R., Department of Botany, Bristol University.)

die Verteilung der anderen Gattungen im Verhältnis zu ihrer Position in Sümpfen. Generell läßt sich aber sagen, daß ihre Anzahl im Bereich des Übergangs zum Land am höchsten ist (Abb. 7—13).

Die dominierenden Pilzarten sind aller Wahrscheinlichkeit nach eher mit terrestrischen Formen als mit der marinen Flora verwandt (z. B. *Aspergillus*, *Penicillium*), obwohl einige typisch marine Hefen vorkommen (*Trichosporon* und *Pichia* spp.). Zur Niedrigwasserzone hin nimmt die Anzahl der Pilze ab (Abb. 7—13). Sowohl Pilze als auch Bakterien spielen in der Littoralzone eine bedeutende Rolle bei der Zersetzung von marinem Detritus (s. Abschn. 7.2.3.), einige Gesellschaften basieren sogar auf der Zersetzung von Detritus. Einer der am gründlichsten untersuchten Fälle von natürlichem heterotrophem Wachstum bei Algen wurde in dieser Zone gefunden. *Nitzschia putrida* ist eine farblose Kieselalge, die in verrottendem Seegras lebt. Ascomyceten (z. B. *Lulworthia*) kommen häufig auf Holzpartikeln im Detritus und auf Holzteilchen vor, die dem Wasser ausgesetzt sind. Hier rufen sie Weichfäule hervor und führen dadurch zu wirtschaftlich bedeutendem Schaden. In Flußmündungen können Detritus und partikuläres organisches Material wichtige Kohlenstoffquellen für Ciliaten und filtrierende Organismen sein, da die Primärproduktion des Planktons — durch das trübe Wasser bedingt — häufig nur gering ist.

In manchen Schlämmen können sich komplexe Gesellschaften von heterotrophen, phototrophen und chemotrophen Organismen entwickeln. Diese sind besonders in Flußmündungen untersucht worden, obwohl sie auch an anderen Stellen auftreten. An organischem Material reiche Schlämme haben nur an ihrer Oberfläche, die von Algen (z. B. *Navicula*) und Blaualgenkolonien (z. B. *Lyngbya*) besiedelt ist, aerobe Bedingungen. Unter ihnen im Schlamm leben purpurne und grüne Schwefelbakterien. Sie oxidieren reduzierte Schwefel-Verbindungen, die von *Desulfovibrio* in tieferen, anaeroben Schichten des Schlammes produziert wurden (Abb. 5—4 zeigt die unterschiedlichen Anforderungen dieser Organismen). Algen, Blaualgen und Photosynthese betreibende Schwefelbakterien benötigen alle Licht, jedoch von unterschiedlicher spektraler Zusammensetzung (Abb. 7—14). Die Bakterien benutzen Licht aus Spektralbereichen, die zu beiden Seiten des Bereiches liegen, in dem die Algen ihre maximale Absorption (zwischen 600 und 700 nm) haben. Sie ergänzen sich daher eher in der Ausnutzung des verfügbaren Lichts, als daß sie darum konkurrieren. Das gleiche gilt für Schwefelbakterien, die in Seen im Hypolimnion unter den Algen leben (Abb. 5—3).

Pennate Diatomeen und wahrscheinlich auch Dinoflagellaten, Euglenophyceen und Cyanophyceen können sich in den oberen Schlammschichten im Gezeitenbereich aufwärts und abwärts bewegen. Wie die Organismen an sandigen Küsten erscheinen sie bei Ebbe tagsüber an der Oberfläche; kommt das Wasser mit einsetzender Flut zurück, ziehen sich die Organismen in tiefere Schlammschichten zurück. Der primär stimulierende Faktor dürfte hierbei weniger das Licht als vielmehr der Gezeitenwechsel sein. Tatsächlich wird die Aufwärtsbewegung bei einigen Organismen (z. B. *Surirella*) sogar vom Licht unterdrückt.

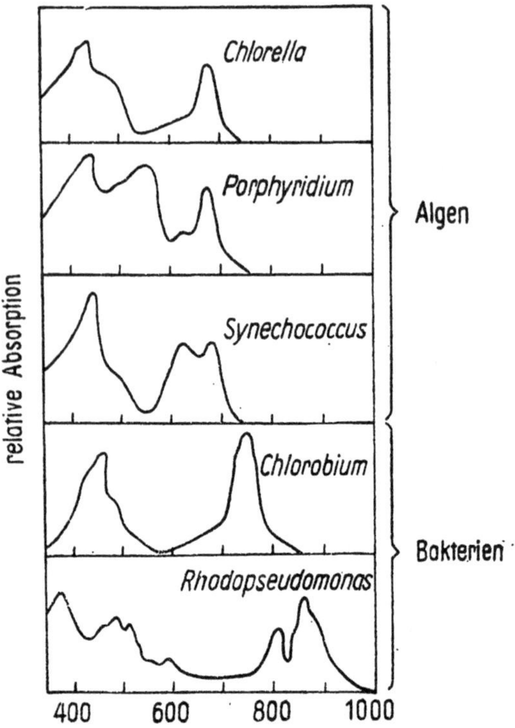

Abb. 7—14. Die Absorptionsspektren von Algen und Blaualgen und der Lichtbedarf von Schwefelbakterien, die unter den Algen im Schlamm und Wasser leben. Die Wellenlänge ist in nm angegeben. (Aus: STANIER, R. Y., und COHEN-BAZIRE, G. (1957), The role of Light in microbial world: some facts and speculations. In: Microbial Ecology, 7th Symposium of the Society for General Microbiology, Cambridge University Press, S. 56—89).

Unterhalb des Gezeitenbereichs kommen Algen auf Sedimenten bis hinab zur Grenze der trophogenen Zone vor. In den gemäßigten Breiten sind Diatomeen wahrscheinlich die bedeutendste Gruppe, es wurden Werte von 50—100 Zellen/mm² ermittelt. In den Tropen dagegen sind Blaualgen wie *Lyngbya* und *Schizothrix* verbreiteter. Viele Algen werden auf tieferen Sedimenten gefunden, die meisten von ihnen sind aber wahrscheinlich abgesunkene Plankton-Organismen. Pilze, wie die Thraustochytriden, können vorkommen, ihnen wird aber keine große Bedeutung zugerechnet. Die häufigsten Mikroorganismen in den tiefen Ozeanen sind Bakterien, vorwiegend Gram-negative Formen wie *Pseudomonas* und *Flavobacterium*, unter anaeroben Bedingungen auch *Clostridium*. Ihre Anzahl ist sehr variabel. Die Auszählung von lebensfähigen saprophytischen Formen ergab einen Wert von 10^4 bis 10^7 Zellen/g feuchter Masse. Die niedrigsten Werte erhielt man in den tiefsten Gewässern. Ihre Zahl nahm, wie auch im Süßwasser, in tieferen Sedimentschichten sehr schnell ab. Bakterien sind besonders in anaeroben Sedimenten wichtig, um Nährstoffe aufzuschließen und dem Kreislauf wieder zugänglich zu machen. Protozoen können nahezu die gleiche Biomasse wie die Bakterien haben, sie besitzen jedoch eine viel geringere Aktivität.

7.2.6. Epiphyton

Die Organismen-Gesellschaften auf der Oberfläche von Pflanzen variieren von photo-lithothrophen Organismen, die die Wirtspflanze nur durch ihre Beschattung beeinflussen, über photo-organotrophe Organismen, die ihre Photosynthese-Aktivität durch die Aufnahme von Exsudaten ergänzen, bis hin zu heterotrophen Organismen und Parasiten, die ausschließlich auf Ausscheidungen oder ihre lebenden Wirte angewiesen sind. Nahezu alle aquatischen Pflanzen haben einen Aufwuchs, der teilweise sehr dicht sein kann (Abb. 7—15). Nur einige schnell wachsende Pflanzen können eine Zeitlang „sauber“ bleiben, andere werden nie besiedelt, weil sie wahrscheinlich Antibiotika produzieren (z. B. *Cyclotella* und *Stephanodiscus*, zwei Diatomeen, die keinen Bakterien-Aufwuchs haben). Die Produktion solcher Substanzen kann für die Spezifität einiger Wirt-Aufwuchs-Assoziationen verantwortlich sein, obwohl auch die Oberflächen-Beschaffenheit der Wirtspflanzen, z. B. die Dicke der Schleimhaut, von Bedeutung sein kann.

Planktische Algen haben gewöhnlich einen Bakterien-Aufwuchs, der an oder in ihrer Schleimhaut festgeheftet ist (Abb. 7—15B), manchmal sind auch Pilze und Protozoen vorhanden. Ein Großteil der Bakterien im Plankton zeigt eher eine epiphytische als eine wirklich planktische Lebensweise; eine Ausnahme bilden sehr nährstoffreiche Gewässer. Es ist nicht sicher, welche Rolle die Bakterien spielen. Sie sind wahrscheinlich harmlose Saprophyten,

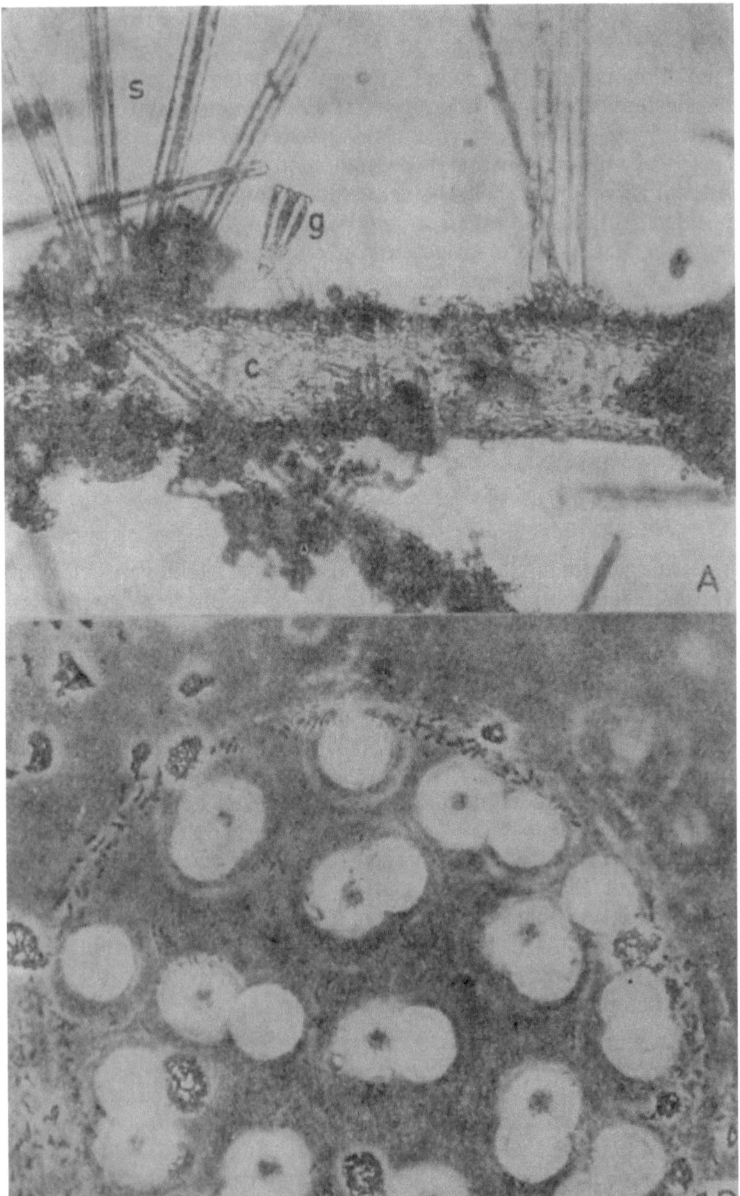
s
g
c
A
B

obwohl *Cytophaga* z. B. Algen lysieren kann. Viele der Pilze sind mit Sicherheit Parasiten, besonders Chytriden (s. Abschn. 7.2.1., Abb. 7—6B und 4). *Rhizophidium planktonicum* auf der Kieselalge *Asterionella formosa* kann den Zeitpunkt, an dem die Alge ihren Wachstumshöhepunkt erlangt, hinauszögern und die Massenvermehrung begrenzen. Bei niedrigen Populationsdichten der Wirte liegt auch die Zahl parasitierender Organismen niedrig. Im Süßwasser sind Chytriden weit verbreitet, im Meer Thraustochytriden. Beides sind Kosmopoliten; es ist jedoch wenig über die Verbreitung der einzelnen Arten und Gattungen bekannt. Einige von ihnen sind begrenzt wirtsspezifisch. So wächst *Phlyctidium* sowohl auf *Scenedesmus* als auch auf *Pediastrum*. Andere sind jedoch artenspezifisch, z. B. lebt *Amphicypellus elegans* nur auf toten oder sterbenden Zellen von *Ceratium hirundinella*.

Epiphyten, einschließlich der Makrophyten, sind auf benthischen Algen und Angiospermen sehr weit verbreitet. Die vorherrschenden Organismen sind Diatomeen (Abb. 7—3). Sie haben zwei Formen ausgebildet: entweder sind es flache, durch Schleim angeheftete Formen (*Cocconeis, Amphora, Epithemia*), oder es sind Zellen mit einer klar erkennbaren Fußscheibe und manchmal einem Stielchen (*Achnanthes, Cymbella, Gomphonema, Synedra*). Außerdem gibt es filamentöse Epiphyten (*Oedogonium, Bulbochaete, Cladophora, Oscillatoria* und *Lyngbya*), die selbst wieder Aufwuchs haben können.

Bakterien sind auf benthischen Pflanzen überall zu finden. Sie können, wie im Plankton, eine Schleimhülle besitzen oder bestielte (*Hyphomicrobium, Caulobacter*) oder filamentöse Formen (*Leucothrix mucor* im Meer und *Sphaerotilus* im Süßwasser) ausbilden. Sehr hohe Anzahlen wurden besonders auf marinen Algen wie *Macrocystis* gefunden (10^4 bis 10^9/cm^2 von *Vibrio, Flavobacterium* und *Pseudomonas*). Auf Laminarien schwanken die Werte zwischen 10 und 10^5 Bakterien/cm^2, was von der Jahreszeit und der Lage der untersuchten Stelle auf dem Thallus, d. h. seiner Position zwischen

---

Abb. 7—15. Epiphyton.

A. Dichtes Wachstum, vorwiegend von *Synedra* (s) auf der Fadenalge *Cladophora* (c). Auch *Gomphonema* (g) und viele kleinere Diatomeen und Bakterien leben im Schleimfilm, der um den Algenfaden herum besteht; × 200.

B. Bakterien im Schleim der planktischen Grünalge *Eudorina*; × 630.

Meristem und aufspaltender Spitze, abhängt [1]. Vermutlich leben die meisten Bakterien saprophytisch, einige können Parasiten sein, andere dagegen können ihrem Wirt nützlich sein, indem sie ihn wahrscheinlich mit Vitaminen versorgen.

Die großen marinen Algen dienen einer Reihe von Ascomyceten, von denen einige Parasiten sind, als Wirt. Daneben gibt es eine Anzahl von eigenartigen Organismen, die Labyrinthulales, die sowohl Pilz- als auch Protozoeneigenschaften aufweisen. Sie haben Zellen, die sich innerhalb eines Netzes von Schleimfäden bewegen können. Sie parasitieren auf Seegras (*Zostera*) und wahrscheinlich auch auf Algen. Zusammen mit physikalischen und klimatischen Faktoren können sie eine Vernichtung der Pflanzenbestände bewirken, die zu einer Erosion der Schlammbänke führen kann.

Mit der Epiphyton-Gemeinschaft sind im Schutz des Aufwuchses frei lebende Organismen assoziiert. Obwohl sie sich nicht festheften, kommen sie auch zwischen flotierenden, filamentösen Algen und in Matten filamentöser Bakterien, wie *Beggiatoa*, vor. Diese Flora besteht aus beweglichen Formen wie *Euglena*, *Navicula*, *Nitzschia* und vielen Bakterien und Protozoen. Innerhalb der Gemeinschaft kann es unter den Protozoen Sukzessionen geben. So erfolgt z. B. in *Beggiatoa*-Matten die Erstbesiedlung durch Ciliaten (*Colpidium*), die frei lebende Bakterien fressen. Ihnen folgen räuberische Ciliaten, wie *Linotus*, die die *Colpidium*-Population reduzieren. Anschließend beginnen *Glaucoma* und *Chilodonella*, die *Beggiatoa* selbst zu fressen. Der entstehende Detritus kann danach von *Paramecium* und *Coleps* besiedelt werden. Vermutlich treten Sukzessionen dieser Art auch in natürlichen Lebensräumen häufiger auf, da sie regelmäßig in Protozoen-Rohkulturen zu finden sind, die im Laboratorium durch Animpfung von Heuaufgüssen mit natürlichen Wasserproben hergestellt werden. Wie in so vielen anderen Bereichen der Ökologie der Protozoen fehlen auch hier noch ausführliche Informationen.

7.2.7. *Epizoische Gesellschaften*

Die meisten epizoischen Gesellschaften entsprechen denen auf Pflanzen, nur sind es hier Tiere, deren Oberfläche besiedelt wird, z. B. Wale, Schildkröten, Schnecken, Muscheln usw. Es kann zu einer dichten Bedeckung mit Algen, Bakterien und Protozoen kommen, die dem schädlichen Bewuchs auf Schiffen sehr ähnelt. Copepoden, Arthropoden und Crustaceenlarven haben ebenfalls assoziierte Bakterien, Chytriden und Algen. Fische besitzen auf ihrer Haut einen dichten Bakterien-Bewuchs (1000 bis 10000/cm^2), außerdem tragen sie dort und auf den Kiemenplatten oft auch Protozoen (*Trichodina*) mit sich. Einige Tiefsee-Fische besitzen leuchtende symbiontische Bakterien. Sie erzeugen Lichtflecken, die als Köder und als Erkennungsmuster in dieser Region der ewigen Dunkelheit fungieren.

Viele parasitische Bakterien und Pilze sind für Krankheiten von Wassertieren verantwortlich. Das vielleicht bekannteste Beispiel sind Pilzkrankheiten von Fischen im Süßwasser, die von *Saprolegnia* und *Achyla* hervorgerufen werden. Sporadische Krankheitsausbrüche, die wirtschaftliche Bedeutung haben können, kommen auch bei Muscheln und Austern vor.

7.3. *Nahrungsketten*

In den meisten dieser untereinander zusammenhängenden Gesellschaften sind Mikroorganismen die Ausgangsbasis für die Nahrungsketten der höheren Tiere. Selbst wenn höhere Pflanzen, wie im Littoral, die hauptsächlichen Primärproduzenten sind, basieren die Nahrungsketten mehr auf dem Aufschluß des produzierten Detritus als auf der direkten Nutzung der Pflanzen als Nahrungsquelle. Dies wird in Seegras-Flächen besonders deutlich, in denen Seeigel die einzigen direkten Fresser sind. Diese Habitate sind jedoch sehr produktiv und von großer Bedeutung (Tab. 3—1). Einige Beziehungen zwischen den unterschiedlichen Gesellschaften und die Rollen, die sie in den Nahrungsketten spielen, sind in Abb. 7—16 zusammengefaßt.

7.4. *Eutrophierung und Verunreinigung*

Der Nährstoffgehalt natürlicher Gewässer wird hauptsächlich von dem Nährstoffgehalt des umgebenden Landes oder von Flüssen, die in Seen oder Ozeane fließen, bestimmt. Normalerweise sind die Nährstoff-Konzentrationen keinen schnellen, andauernden Änderungen unterworfen. Oligotrophe Seen, die eine Produktivi-

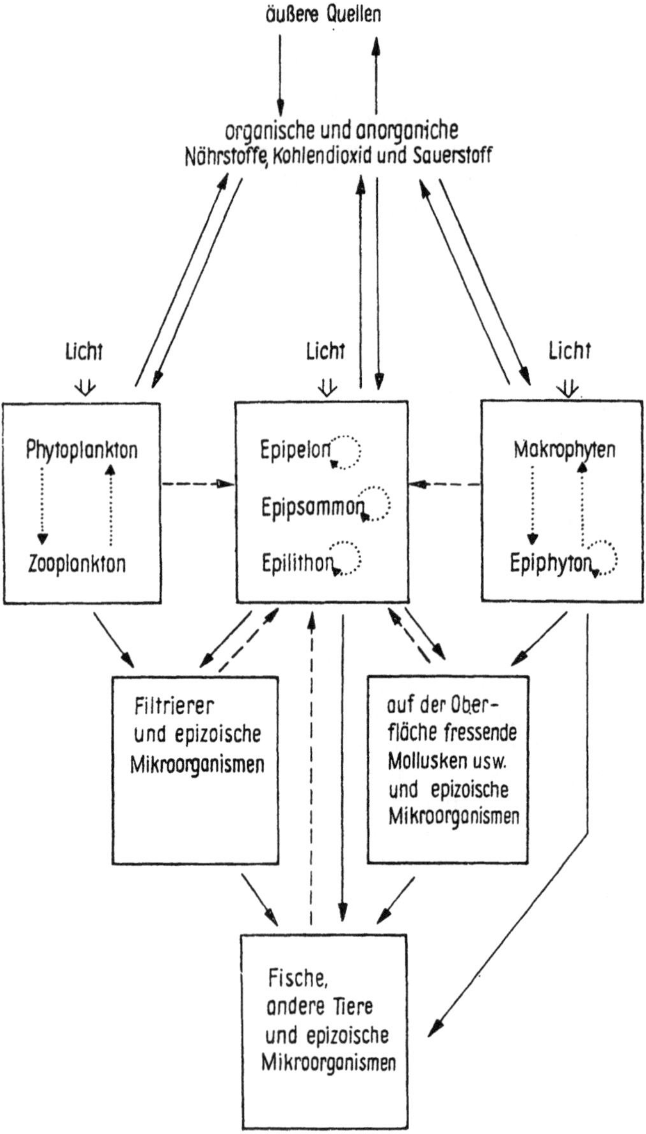
äußere Quellen
organische und anorganiche
Nährstoffe, Kohlendioxid und Sauerstoff
Licht
Licht
Licht
Phytoplankton
Zooplankton
Epipelon
Epipsammon
Epilithon
Makrophyten
Epiphyton
Filtrierer
und epizoische
Mikroorganismen
auf der Oberfläche fressende
Mollusken usw.
und epizoische
Mikroorganismen
Fische,
andere Tiere
und epizoische
Mikroorganismen

tät von 7 bis 25 g Kohlenstoff/m²/Jahr haben, bleiben, über historische Zeitperioden hinweg gesehen, in diesem Zustand. Erst innerhalb geologischer Zeiträume kann es zu einem langsamen Wechsel kommen. Sukzessionsänderungen, z. B. von Seen über Verlandungszonen hin zu Festland, sind die Folge einer Anreicherung von Sedimenten; nur selten sind sie von einem Wechsel im Nährstoff-Zustand begleitet. Auch eutrophe Seen mit einer Produktivität von 75 bis 250 g Kohlenstoff/m²/Jahr behalten unter den meisten Bedingungen einen stabilen Nährstoff-Haushalt. Eine Eutrophierung drückt sich in einem verhältnismäßig schnellen Anstieg der Nährstoff-Vorräte aus, besonders von Stickstoff und Phosphor. Diese Stoffe werden nun auf einem neuen, höheren Spiegel gehalten. Sie führen zu einem verstärkten Algenwachstum und damit auch zu einer Zunahme der anderen Organismen, die von den Algen abhängen [6]. Eine Euthrophierung kann durch natürliche Ursachen, z. B. durch eine tiefgreifende Veränderung in der Vegetation des Einzugsgebietes, die z. B. durch Feuer bedingt sein kann, hervorgerufen werden. Eine andere Möglichkeit ist durch die Verunreinigung mit Exkrementen von Vögeln oder Tieren in der Nähe einer Brutkolonie oder eines Wasserloches gegeben. In unserer Zeit sind die Hauptgründe für eine Eutrophierung in der Zufuhr von Abwässern (auch wenn eine Abwasserbehandlung zur Entfernung des organischen Materials stattfand), dem Phosphat-Reichtum der Waschmittel und dem Einspülen von Düngemitteln aus den Feldern zu sehen. Die eutrophierenden Bedingungen sind nicht grundsätzlich zu verurteilen. Der See kann sich im Verhältnis zu seinem früheren Zustand verändern, ohne das dies unbedingt als „schlecht" zu bewerten ist, es sei denn, der Wechsel ist so abrupt oder die eingebrachten Stoffmengen sind so hoch, daß die Nährstoff-Kreisläufe zusammenbrechen oder einige wirtschaftlich bedeutende Faktoren, z. B. Fische, verschwinden.

Die Auswirkungen der Eutrophierung auf Mikroben-Popula-

Abb. 7—16. Beziehungen zwischen den Gesellschaften und Nahrungsnetze in aquatischen Lebensräumen. Die punktierten Pfeile geben interne Nährstoff-Kreisläufe und Nahrungsketten innerhalb einer Gesellschaft an. Die gestrichelten Pfeile symbolisieren den Transfer von Detritus zwischen den Gesellschaften, und die durchgezogenen Pfeile stellen den Transfer anderer Materialien und von Energie zwischen den Gesellschaften dar.

tionen hängen vom einzelnen Gewässer, der chemischen Natur der eingebrachten Stoffe und der Art der limitierenden Faktoren ab. Wenn z. B. Stickstoff und Phosphor die limitierenden Faktoren waren und jetzt hinzugefügt werden, dann führt das zu einem Ansteigen der Bakterien-, Algen- und Protozoenzahlen. Werden diese Substanzen aber einem Gewässer zugeführt, das eine von Silicium begrenzte Diatomeenblüte aufweist, so wird dies keine sofortigen Auswirkungen haben. Bei zunehmender Eutrophierung eines Gewässers wird sich die Zusammensetzung der Populationen ändern (s. Abschn. 7.2.). Phosphor regt besonders Grünalgen und Cyanophyceen zum Wachstum an, während andere Gruppen oder Arten zurückgehen können; z. B. ging *Asterionella* im Windermere-See in England zurück, als der Gehalt an Phosphor anstieg. Ein hoher Nährstoffgehalt kann zu wiederholten Algenblüten führen, die von ganz verschiedenen Organismen verursacht werden. Dadurch werden dem Wasser, zumindest zeitweilig, die Nährstoffe entzogen, die jedoch durch Zersetzungsprozesse wieder frei werden und die nächste Blüte auslösen. Die Mikroorganismen selbst oder ihre Zerfallsprodukte können Farb- und Geruchsstoffe in die vom Menschen genutzten Gewässer abgeben. Bei den hohen Populationsdichten, wie sie unter eutrophen Bedingungen vorkommen, entsteht zusätzlich das Problem der vorzeitigen Verstopfung der Filter von Wasserwerken.

Unter extremen Nährstoffbedingungen ist die Population so dicht, daß ihr Wachstum durch die gegenseitige Beschattung begrenzt wird. Obwohl die Biomasse hier insgesamt sehr hoch sein kann, ist die Produktivität des einzelnen Individuums möglicherweise sehr klein. Große Mengen an zersetzbarem Material rufen anearobe Bedingungen hervor, diese wiederum verlangsamen die Zersetzungsrate. Erreichen Algenblüten dieses Ausmaß, dann ist dies gleichbedeutend mit einer Verschmutzung des Wassers: Sie zerstören ihren Lebensraum, indem sie ihm ein Übermaß an organischem Material zuführen.

Die Verschmutzung mit organischem Material wurde besonders in Flüssen ausgiebig untersucht, da hier die Zufuhr von Abwässern mit einem hohen biologischen Sauerstoff-Bedarf einhergeht. Kleine Mengen an organischem Material führen besonders zu einem Anstieg der Bakterienzahl, besonders derjenigen Arten, die im Wasser frei suspendiert und nicht an partikuläres Material angeheftet sind. Auch bei den epilithischen Algen, besonders bei den filamentösen Formen, wie *Spirogyra*, *Ulothrix* und den Blaualgen *Lyngbya* und *Phormidium*, ist eine Zunahme festzustellen. Jede der genannten Arten kann wiederum einen dichten Aufwuchs epiphytischer Diatomeen haben (*Nitzschia palea*, *Diatoma vulgare*, *Fragilaria capucina* und *Meridion sp.*). Die Produktivität dieser Gesellschaften kann sehr hoch sein (z. B. 350—700 g Kohlenstoff/m^2/Jahr). Wenn die Abwasserbelastung ansteigt, können auch „Abwasserpilze" vorkommen; sie sind eine Ansammlung von Organismen, einschließlich des Pilzes *Leptomitus lacteus*, des Bakteriums *Sphaerotilus natans* und assoziierter Protozoen, speziell Ciliaten wie *Colpidium*. Bei einem sehr hohen Verschmutzungsgrad mit organischem Material wird das Wasser anaerob, und es kommt zu einem sehr dichten Wachstum von *Sphaerotilus*, anderen anaeroben Bakterien und Ciliaten. Nach einiger Zeit, wenn der Kohlenstoff als CO_2 entfernt und das Wasser wieder mit Sauerstoff angereichert ist, stellt sich im Wasser die normale Population wieder ein, vorausgesetzt, die einzige Verschmutzungsquelle war organisches Material (Abb. 7—17, [6]). Diese Art der Verschmutzung ist daher ein lokal begrenztes Problem, es sei denn, die dem Gewässer zugeführten Schmutzmengen sind extrem hoch. Darüber hinaus werden Flüssen auf natürliche Weise große, sich ständig ändernde Mengen an organischem Material zugeführt. In den gemäßigten Breiten ruft der Laubfall in den Flüssen eine große Sauerstoff-Zehrung hervor. Obwohl die organische Materie durch Regenerationsprozesse aus dem Fluß entfernt wird, verbleiben doch die Mineralstoffe, die eine Eutrophierung bewirken können. Ein anderer Aspekt der Verschmutzung mit Abwässern ist das Auftauchen humanpathogener Organismen in der Umwelt. Hier sind Bakterien, die Lebensmittel-Vergiftungen, Typhus, Ruhr usw. (*Salmonella* spp. *Shigella* spp.) hervorrufen, und auch einige *Clostridium* spp., die Toxine produzieren, zu nennen. Diese Organismen sollten eine richtige Abwasser-Behandlung nicht überleben. Werden jedoch ungeklärte Abwässer in einen Fluß oder ins Meer geleitet, dann können die Erreger dort einige Zeit überleben, obwohl Salzwasser gegenüber dem gewöhnlich verwendeten Testorganismus *Escherichia coli* als mildes Biocid wirkt. Die pathogenen Organismen können von filtrierenden Schalentieren aufgenommen werden und in ihnen überleben.

Die Auswirkungen chemischer Verunreinigungen wurden bereits angesprochen (Kap. 3). Die unterschiedliche Giftigkeit einzelner

Stoffe für verschiedene Organismen kann große Auswirkungen auf die Gesellschaftsstruktur im Ganzen haben. Das zeigt sich besonders bei Ölverschmutzungen und dem anschließenden Einsatz von Dispergatoren. Sie sind für die Konsumenten im Gewässer giftiger

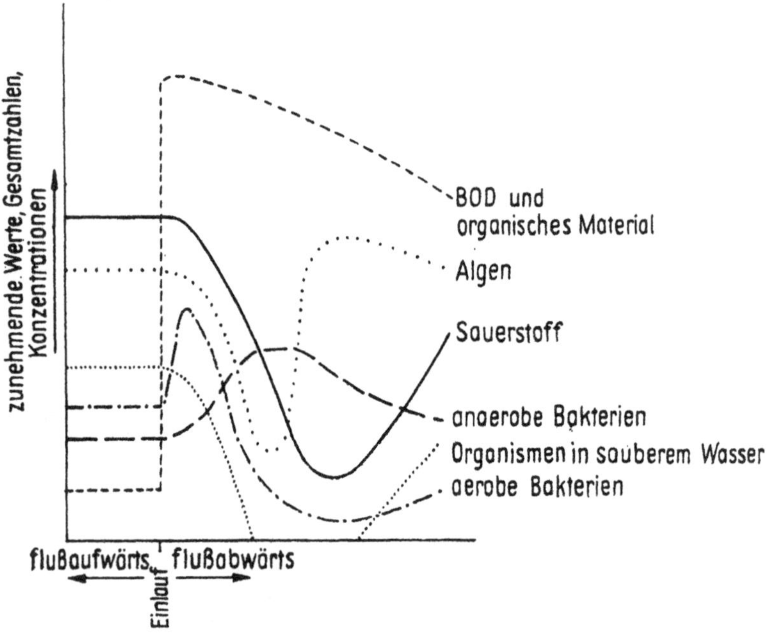

Abb. 7—17. Diagramm der Änderungen der Organismen und der Umweltfaktoren als Reaktion auf die Überlastung eines Flusses mit organischer Substanz aus dem Einlauf eines Abwasserkanals. Das genaue Niveau der einzelnen Faktoren und die Entfernung, über die sich die Wirkung flußabwärts verfolgen läßt, hängen von der Qualität und Quantität des Zuflusses und der Fließgeschwindigkeit des Flusses ab.

als für die Primärproduzenten, die Algen. Dies führt zu einem verminderten Abweiden der marinen epilithischen Algen. Steine, die normalerweise kahl sind, werden jetzt von einem dichten Algenteppich überzogen. Dies zeigt, wie wichtig das Abweiden für die Kontrolle einer normalen Populationsgröße ist.

Schwermetalle können absichtlich in aquatische Lebensräume eingebracht werden. So werden z. B. mit Kupfer in Stauseen Algenblüten abgetötet. Biocide werden verwendet, um Fäulnisprozesse oder das Wachstum von ekelerregenden Organismen zu verhindern. Einige Schwermetalle können mikrobiell umgesetzt werden: hierbei ist die Produktion von Methyl-Quecksilber durch Bakterien zu erwähnen. Das Quecksilber wird leichter löslich und kann in die Nahrungsketten eintreten.

Wärmebelastungen kommen sowohl in Binnen- als auch in Küstengewässern vor. Sie werden normalerweise durch Kühlwasser-Einleitungen von Kraftwerken hervorgerufen. Die Populationen ähneln hier denen der natürlichen heißen Quellen (s. Abschn. 7.2.5.). Die Veränderung wird in der Zunahme der Cyanophyceen und der geringeren Artenvielfalt, besonders unter den Nanoplanktern, sichtbar.

Die Binnengewässer sind in einem sehr starken Maße verschmutzt worden, seit die Industrien in den Städten und Industrierevieren zentralisiert wurden. Die Meere wurden zeitweilig als eine unbegrenzte Abfallgrube aufgefaßt. Es zeigt sich jedoch, daß diese Annahme falsch ist. Mikroorganismen, die am Anfang der Nahrungsketten stehen, können giftige Stoffe auch aus sehr verdünnten Lösungen anreichern. Weiterhin sind die am stärksten verschmutzten Gebiete die flachen Küstengewässer und Salzwatten. Sie haben, verglichen mit dem offenen Meer, eine sehr viel höhere Produktivität und damit eine viel größere Bedeutung, als man aufgrund der Ausdehnung dieser Gebiete vermuten möchte.

8. Struktur und Dynamik von Mikroorganismen in der Luft

8.1. Einführung

Von den uns bekannten Lebensräumen ist die Luft am einfachsten aufgebaut. Sie besteht aus einer einzigen Phase, der Gasphase, sieht man von kondensiertem Wasserdampf und Staub ab. Sie setzt sich zusammen aus 79 Vol.-% Stickstoff, 21 Vol.-% Sauerstoff, 0,9 Vol.-% Argon und 0,03 Vol.-% CO_2, vielen anderen, nur in Spuren vorkommenden Gasen sowie sehr niedrigen Konzentrationen an anorganischen und organischen

Nährstoffen. Freies Wasser enthält sie nur in unregelmäßigen Abständen.

In der Atmosphäre werden verschiedene Schichten bis hinauf in Höhen von 1000 km unterschieden. Wir interessieren uns hauptsächlich für die Schicht, die der Erde am nächsten ist, die Troposphäre. In den gemäßigten Breiten hat sie eine Ausdehnung von 11 km, in den Tropen von 16 km. Sieht man von Unregelmäßigkeiten in der Nähe der Erdoberfläche ab, so beobachtet man einen Temperaturabfall mit zunehmender Höhe (etwa 1 °C auf 150 m) bis hinauf an die oberste Grenze der Troposphäre. Ab hier steigt die Temperatur wieder an.

Oberflächen, die dem Sonnenlicht ausgesetzt sind, haben eine höhere Temperatur als die sie umgebende Luft. Durch den Kontakt wird die Luft erwärmt, und es entstehen Konvektionsströme, die eine große Bedeutung für die Luftbewegungen haben. Während der Nacht kühlen Oberflächen, vor allem wenn eine isolierende Wolkenschicht fehlt, durch Ausstrahlung ab und können eine tiefere Temperatur als die umgebende Luft aufweisen. In einem solchen Fall sammelt sich kalte Luft in der Nähe des Bodens, warme Luftmassen liegen über ihr. Diese Situation wird als Inversionswetterlage bezeichnet, sie kann aufwärts gerichtete Luftbewegungen einschränken.

Der Wind kann Turbulenzen in der Umgebung feststehender Objekte hervorrufen, obwohl fast alle Oberflächen von einer unbewegten Luftschicht, der laminaren Grenzschicht, umgeben sind. Sie wird durch Reibung zwischen Objekt und Luft hervorgerufen.

Mikroorganismen kommen in der Luft im Vergleich zu Boden und Wasser nur in einer sehr kleinen Anzahl vor. Ihr Stoffwechsel ist aufgrund des geringen Wasser- und Nährstoffangebots meist stark eingeschränkt. Man findet Pilz-, Bakterien- und Algensporen, außerdem Cysten und Protozoen. Vegetative Zellen dieser Gruppen kommen ebenfalls vor; sie sterben aber sehr schnell ab, sofern sie nicht vor Austrocknung geschützt sind. In unbewegter Luft setzen sich Partikel, z. B. Sporen, ab; ein Teilchen mit einem Durchmesser von 20 μm hat eine Sedimentationsgeschwindigkeit von 1 cm/s. Sie sind deshalb auf Turbulenzen und Konvektionsströmungen angewiesen, um im Luftkörper zu verbleiben. Für die Mikroorganismen ist die Luft hauptsächlich als Transport- und Verteilungsmedium von Bedeutung.

8.2. *Luft außerhalb von Gebäuden*

8.2.1. *Aufnahme von Mikroorganismen in den Luftkörper*

Die meisten Mikroorganismen haben keine speziellen Mechanismen, die es ihnen gestatten, sich selbständig im Luftraum aufzuhalten (für Pilze siehe [3, 5]). Mikroorganismen des Bodens können mit Staubpartikeln in die Luft geweht werden, Spritzwasser kann Plankton- oder Neuston-Organismen enthalten. Viele Aktivitäten des Menschen unterstützen diese passiven Methoden, in den Luftraum zu gelangen, z. B. durch Verursachung von Turbulenzen und Zerstörung von Boden und Vegetation. Beim Aufschlag der Regentropfen entsteht ein feiner Wasserstaub, der Mikroorganismen von der berührten Oberfläche und aus der Luft enthält, durch die der Regen hindurchgefallen ist.

8.2.2. *Anzahl der Mikroorganismen und deren Verbreitung*

Unter den Mikroben der Außenluft dominieren Pilzsporen. Ausnahmen davon stellen die Lufträume um größere Tierbestände und Gebäude-Ansammlungen dar, hier können Bakterien vorherrschen. Die Zahlen schwanken natürlich stark. Auf dem flachen Land kann es einige Hundert Bakterien pro m^3 Luft geben, in der Stadt können es manchmal einige Tausend/m^3 sein. Pilzsporen sind weiter verbreitet. Im Sommer wurden über landwirtschaftlich genutztem Land schon Werte von einigen 10000/m^3 Luft ermittelt. Diese Zahlen können in der Nähe von lokal begrenzten Sporenquellen um 2—3 Einheiten ansteigen, aber auch über dem Meer um die gleiche Größenordnung sinken. Die beiden am häufigsten vorkommenden Pilze sind *Cladosporium* (*Deuteromycetae*) und die zu den Basiodiomyceten gehörende Hefe *Sporobolomyces*. Basidiosporen sind ebenfalls sehr weit verbreitet.

Die Dichte der Sporen schwankt im Jahres- und Tagesverlauf. Die Schwankungen im Jahresablauf werden in Ländern mit gemäßigter Temperatur durch das Klima bedingt, da die niedrigen Winter-Temperaturen ungünstigere Wachstumsbedingungen bieten. Zusätzlich steigt die Auswaschung durch Regen an (Abb. 8—1A). Sporen, deren Durchmesser 2 µm übersteigt, werden

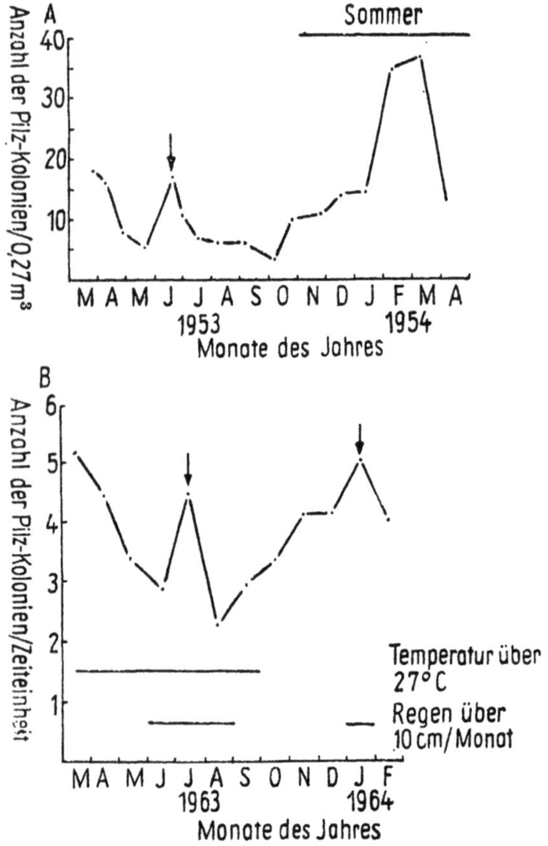

Abb. 8—1. A. Jährliche Schwankungen der Pilzsporenanzahl in der Luft über Dunedin, Neuseeland. In den warmen Sommermonaten treten die Sporen am häufigsten auf. Der durch den Pfeil gekennzeichnete hohe Wert wurde durch einen Sporenregen einer einzigen Gattung, *Penicillium*, hervorgerufen. (Aus: DI MENNA, M. E. (1955), A quantitative study of air-borne fungus spores in Dunedin, New Zealand. Transactions of the British Mycological Society *38*, 119—129).
B. Jährliche Schwankungen der Sporenmenge in der Luft in Honkong. Perioden hoher Temperatur (über 27 °C) und hoher Niederschläge (über 10 cm/Monat) sind vorherrschend: die sehr hohen Temperaturen reduzieren den Sporengehalt der Luft. Auswaschung durch Regen kann zur gleichen Zeit erfolgen. Die hohen, durch Pfeile gekennzeichneten Werte wurden durch Sporenregen von *Aureobasidium* hervorgerufen. (Aus: TURNER, P. D. (1966), The fungal air spora of Hong Kong as determined by the agar plate method. Transactions of the British Mycological Society *49*, 255—267.)

sehr häufig von Regen oder Schnee eingeschlossen und aus der Luft entfernt. Unter tropischen Bedingungen kann die Temperatur so hoch sein, daß sie Austrocknungserscheinungen hervorruft. Hier vermag die Zahl der Sporen in der Luft sowohl durch ausgedehnte Trockenzeiten als auch durch Regenzeiten zu sinken (Abb. 8—1B). Arktische und antarktische Luft weist generell nur eine geringe Zahl von Sporen auf, da es dort fast zu keinem Wachstum kommt.

Die tageszeitlichen Schwankungen hängen meistens eng mit dem Sporenausstoß zusammen. Dabei wurden verschiedene Phasen des Ausstoßes beobachtet (Abb. 8—2) [2]: Farblose Basidiosporen (einschließlich *Sporobolymyces*) sind nachts in größter Zahl vorhanden. *Phytophthora*-Sporangien werden in der Morgendämmerung freigelassen, wenn die relative Luftfeuchtigkeit absinkt, sie erreichen ihren Spitzenwert in der Luft während des Morgens. *Cladosporium* und *Alternaria* sind von Luftturbulenzen abhängig, daher sind sie während der Mittagszeit am weitesten verbreitet. Die Ausbildung von *Erysiphe*-Sporen wird offensichtlich durch das Licht kontrolliert; sie erreichen ihre Reife am Mittag und werden dann durch am Nachmittag auftretende Luftturbulenzen verbreitet. Das sind alles Beispiele für „Schönwetter-Sporen", die für ihre Freisetzung keinen Regen benötigen. Unter den Ascomyceten findet man viele „Feuchtluft-Sporen", speziell solche mit einer Peritheca. Hier ist eine Durchfeuchtung notwendig, ehe die Sporen ausgestoßen werden können. Dazu kann starker Taufall kurz vor dem Morgengrauen schon ausreichen, so daß sie in den frühen Morgenstunden ebenfalls sehr verbreitet sind. Die Wirkung des Regens besteht zunächst in einer Auswaschung der in der Luft enthaltenen Sporen und damit einer zahlenmäßigen Abnahme. Später jedoch führt der Regen zu einer Sporen-Zunahme, wenn die „Feuchtluft-Sporen" und die durch den Aufschlag hochgewirbelten Arten kurzzeitig größere Bedeutung erlangen.

Der diurnale Rhythmus kann gestört erscheinen, wenn sich die hauptsächliche Sporenquelle in einiger Entfernung von der Sammelstelle befindet. Bedingt durch die Transportzeit erhält man die höchsten Werte erst später, als dies zu erwarten wäre. Ein Beispiel sind die aus ländlichen Gegenden stammenden Sporen, die innerhalb großer Städte gesammelt werden. Über ausgedehnten Wasserflächen wird dieser Effekt noch deutlicher, hier sind die Sporen oft ganze Tagesreisen von ihrer Ursprungsquelle entfernt. Das

Meer selbst trägt Algen und einige wenige Bakterien (1 bis 5/m³) zur Besiedlung der Luft bei; fast alle Pilzsporen stammen aber vom Land. Herrschen turbulente Bedingungen vor, dann werden Sporen wahllos über große Flächen verteilt. Bei relativ laminaren

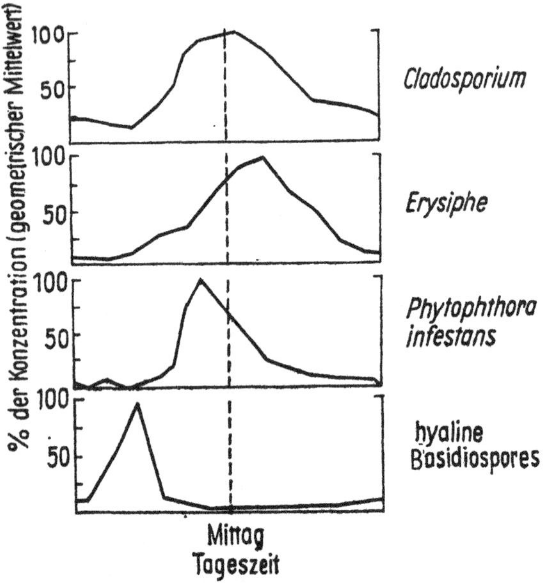

Abb. 8—2. Diurnale Schwankungen der Sporenkonzentration. Dargestellt sind verschiedene Gattungen oder Sporentypen, die unterschiedliche Verteilungsmuster aufweisen. Die Konzentrationen sind der geometrische Mittelwert aus mehreren Proben. Hyaline Basidiosporen stammen überwiegend von *Sporobolomyces*. (Aus: Hirst, J. M. (1953), Changes in the atmospheric spore content: diurnal periodicity and the effect of weather. Transactions of the British Mycological Society *36*, 375—393.)

Luftbewegungen dagegen können die Sporen als zusammenhängende Wolken über beträchtliche Strecken hinweg in einer Richtung verfrachtet werden. Jede Wolke repräsentiert dabei eine bestimmte Sporenquelle, die ihre Sporen zu einer bestimmten Tageszeit freigesetzt hat (Abb. 8—3). Einige wenige Pilzsporen können sogar mitten über den Ozeanen gefunden werden.

Die Möglichkeit, weite Strecken überwinden zu können, ist für die Ausbreitung von Pflanzenschädlingen von großer Bedeutung. Dabei bilden die Ozeane ein wirkungsvolles Hindernis, da die Anzahl der Keime nach dem Überwinden einer so großen Entfernung so stark gesunken ist, daß es kaum noch zu einer Infektion kommen kann. Für Sporen ist es jedoch ohne weiteres möglich, kleinere Meere oder Meeresarme wie den Englischen Kanal oder die Nordsee zu überqueren. Die zurückgelegten Strecken hängen we-

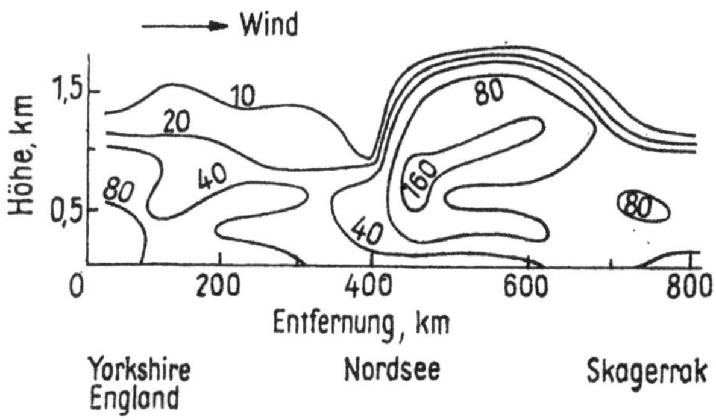

Abb. 8–3. Die Konzentrationsschwankungen von *Cladosporium*-Sporen über der Nordsee in ihrer Abhängigkeit von der Höhe und der Entfernung von der englischen Küste. Die Sporenkonzentration ist in $10^2/m^3$ angegeben; Punkte gleicher Konzentration sind durch „Isosporen"-Linien verbunden. (Aus: Hirst, J. M., Stedman, O. J., und Hurst, G. W. (1967), Long distance spore transport: vertical sections of spore clouds over the sea. Journal of General Microbiology *48*, 357–377.)

sentlich davon ab, in welche Luftschichten der Atmosphäre die Sporen gelangen. Geraten sie in bodennahe Turbulenzen, so werden sie meist nur einige Meter weit transportiert. 90% der Sporen werden innerhalb von 100 m Entfernung von ihrem Ursprungsort abgelegt. Wenn Sporen dagegen von Konvektionsströmungen gehoben werden oder aufgrund der Wetterbedingungen aufsteigende Luftmassen vorhanden sind, können sie über einige Dutzend und sogar über Hunderte von Kilometern verteilt werden. Ein gutes Beispiel ist die Verbreitung der Rostpilzsporen in den USA. Der Rostpilz, *Puccinia graminis*, kann in den kalten Präriestaaten nicht überwintern, in der Nähe des Golfs von Mexiko bleibt Winterweizen aber infiziert. Direkte Beobachtungen haben gezeigt, daß die Uredosporen, die im frühen Sommer gebildet werden, mit südlichen Winden durch das Mississippi-Tal über mehr als tausend Kilometer hinweg verfrachtet werden. Die Herkunft der Sporen kann anhand ihres physiologischen Stammes identifiziert werden. Durch Kenntnis der genauen Witterungsbedingungen zu einer bestimmten Zeit war es ebenfalls möglich, den Flugweg von Sporenwolken von ihrem bekannten Entstehungsort bis zu dem neuen Infektionsherd zu verfolgen. Es erscheint heute als gesichert, daß die Verbreitung pathogener Organismen eines bestimmten Entwicklungsstadiums über große Distanzen hinweg ein ganz normaler Vorgang ist. Organismen, die für Pflanzen pathogen sind, können aber auch in einer Serie von kurzen Sprüngen verbreitet werden. Zwischen dem Ausbruchszentrum einer Krankheit und ihrem Endziel können Zwischenstationen mit normalem Sporencyclus eingeschaltet sein.

Eine Korrelation zwischen aufgefangenen Sporen und Infektionen durch pathogene Organismen ist nur mit Einschränkungen möglich, da ein Teil der Sporen oft nicht mehr voll lebensfähig ist. Ein Beispiel hierfür sind viele hyaline Basidiosporen, deren virulenter Zustand nur eine kurze Strecke weit erhalten bleibt. Ein anderer Grund liegt darin, daß die vorhandenen Sporen zwar virulent sind, ihre Anzahl aber nicht ausreicht, um eine Infektion auszulösen. Die Pflanzen müssen außerdem für die entsprechenden pathogenen Organismen empfänglich sein, und Blätter erweisen sich zum Einfangen von Sporen gewöhnlich als nicht sehr effizient. Die Spitzen drehen sich weg vom Wind und richten die Blattkanten in den Luftstrom. Blätter sind nicht klebrig wie künstliche Oberflächen, die zum Sammeln verwendet werden, so daß die Sporen abprallen können, selbst wenn sie in die windstille laminare Grenzschicht eindringen. Haarige Blätter haben eine tiefe Grenzschicht und sind daher uneffektive Fallen. Blätter mit nur wenigen Haaren sind dagegen ganz erfolgreich im Einfangen von Sporen, da die Haare einen sehr kleinen Durchmesser haben und über die laminare Grenzschicht herausragen können.

Da pflanzenpathogene Organismen über weite Strecken hinweggelangen können, gibt es eigentlich keinen Grund, warum dieselben Luftmassen nicht auch andere Mikroorganismen transportieren sollen. Darüber existieren jedoch kaum Untersuchungen. Viren, die die Maul- und Klauenseuche hervorrufen, können über eine

Entfernung von 2,5 bis 3,0 km transportiert werden, es gibt aber auch akzeptable Werte für Entfernungen bis zu 120 km. Hierbei bleiben unter feuchten, kühlen Bedingungen genügend Keime virulent, um eine Infektion hervorzurufen [4]. Insgesamt ist die Verbreitung von Keimen, die für Tiere gefährlich sind, durch die freie Luft aber von untergeordneter Bedeutung.

Abgesehen von diesem Transport über lange Strecken hinweg, der durch die Luft oder über andere Mechanismen erfolgen kann, erfahren pflanzenpathogene Organismen in erster Linie nur eine Verbreitung über kurze Entfernungen hinweg, z. B. innerhalb eines infizierten Getreidebestandes. Sie kann durch einen anderen Mechanismus oder durch andere Sporenstadien als beim Ferntransport erfolgen. Man muß diese Mechanismen genau kennen, erst dann kann man geeignete Kontrollverfahren entwickeln, Krankheitsausbrüche vorhersagen und schützende Fungicide im Getreide schon vor dem deutlichen Krankheitsausbruch einsetzen. Beispielsweise kann *Phytophthora infestans* sowohl durch das Einpflanzen infizierter Knollen als auch durch Sporangien auf dem Luftweg in ein Feld gelangen. Erst nach erfolgter Infektion breitet sich die Krankheit von diesem Infektionsherd durch Zoosporen aus, deren Produktion durch die Messung der Regenmenge und der Luftfeuchtigkeit vorausgesagt werden kann [3]. Mit Hilfe theoretischer Berechnungen und Modelle wurde versucht, die Ausbreitung von Krankheiten vorherzusagen. So kann z. B. der maximal zu erwartende Krankheitsbefall berechnet werden, wenn alle äußeren Faktoren zugunsten einer Ausbreitung des Erregers in der betreffenden Richtung wirken. Auf ähnliche Weise kann ein sicherer Quarantäne-Abstand ermittelt werden, nach der Überlegung: „in x km Entfernung vom Krankheitsherd besteht noch eine y-große Gefahr eines Auftretens der Krankheit."

Bei der Besprechung der vertikalen Verteilung der Sporen in der Luft wurde bereits gesagt, daß die Chance einer Verbreitung über weite Strecken um so größer ist, je höher der betreffende Partikel schwebt. Die Dichte der Sporen nimmt mit zunehmender Höhe über dem Punkt, von dem sie stammen, etwa logarithmisch ab. Oft können die Sporenwolken noch in größerer Entfernung identifiziert werden, obgleich die Turbulenzen leicht zu einer Verteilung der Sporen während ihres Aufstieges führen. Gelangen Sporen von einer außerhalb gelegenen Quelle in ein bestimmtes Gebiet hinein, so kann ihre Anzahl mit der Höhe zunehmen (Abb.

8—3). Die vertikale Verteilung der Sporen spiegelt die lokalen Luftbewegungen wider, besonders die Stärke der Turbulenzen, das Auftreten von Temperatur-Inversionen und die Stärke von Konvektionsströmen. Durch Konvektion entstandene Cumulus-Wolken (Schön-Wetter-Wolken) können mehr Mikroorganismen enthalten als die umgebende Luft. Hierin spiegelt sich die Herkunft der Konvektionsströme von der lokalen Vegetation wider. Auch globale Wettersituationen vermögen die vertikale Verteilung der Sporen in der Luft zu beeinflussen.

Die höheren Luftschichten sind im Zusammenhang mit Raumfahrt-Programmen in der letzten Zeit mehrfach untersucht worden, besonders im Hinblick auf Sterilität bei interplanetarischen Untersuchungen. In 4 km Höhe wurden dunkle Pilzsporen wie *Cladosporium* und *Alternaria* und Bakterien wie *Bacillus* und *Micrococcus* noch in Konzentrationen von 2 bis 500/m^3 gefunden. Durch Anreicherung aus sehr großen Luftvolumina wurden selbst in 30 km Höhe noch Sporen gefunden. In dieser Höhe der Stratosphäre sind sie allerdings durch Austrocknung, ultra-violette Strahlung und niedrige Temperaturen sehr ungünstigen Bedingungen unterworfen. Solche Sporen werden durch hohe Luftströmungen über sehr große Entfernungen verbreitet; es ist jedoch fraglich, ob sie lebensfähig bleiben.

Virulente Sporen bleiben meist auf die unteren 6 km der Troposphäre beschränkt, doch besteht selbst hier schon ein Überlebens-Problem. Wie in den höheren Luftschichten sind auch hier Austrocknung und UV-Strahlung die hauptsächlichen Gefahren, auch wenn manchmal eine Photoreparatur von Strahlungsschäden möglich ist. Manche Bakterien verlieren ihre Virulenz durch Sauerstoff-Vergiftung. Während der Nacht führt ein bis jetzt unbekannter Mechanismus, der „open air factor“, zu Virulenz-Verlusten; dabei handelt es sich möglicherweise um eine chemische Luftverunreinigung.

8.2.3. Mikroorganismen auf oberirdischen Pflanzenteilen

Pflanzen, die sich in den Luftraum erheben, haben relativ nährstoffreiche Oberflächen mit einem leicht verbesserten Mikroklima. Die Mikroorganismen, die auf ihnen wachsen, sind eine wichtige Quelle für die Flora in der Luft. Die anderen Quellen (Boden- und

Wasseroberflächen) wurden bereits in Kap. 6 und 7 betrachtet. Stämme und Zweige besitzen eine seßhafte Flora, die aber noch nicht gründlich untersucht wurde. Sie schließt viele Algen und Cyanophyceen (z. B. *Chlamydomonas*, *Chlorella*, *Stichococcus*, *Tetracystis*, *Oscillatoria*) und auch Flechten ein, wenn es sich um ausdauernde Strukturen handelt. Kleine Zweige sind beim Auffangen von Sporen recht effizient, doch ist auf ihnen der Nährstoff-Spiegel recht niedrig, wenn nicht ein krankhafter Schleimfluß oder eine größere Anzahl von Algen als Primärproduzenten auftreten. Die Flora auf Blättern stellt dagegen eine wohl ausgeprägte Gesellschaft dar [1, 6, 7].

In der Nähe der Blattoberfläche ist die Feuchtigkeit gering, und der Wassermangel kann, außer unter tropischen Bedingungen, das Wachstum der Mikroorganismen begrenzen. Die Nährstoffe stammen aus Staub und Pollen, die durch die Luft herantransportiert werden, und aus Ausscheidungen des Blattes. Die Kenntnisse über diese Exsudate sind jedoch sehr gering. Durch künstliche Auslaugung können 5 oder 6% der Trockenmasse aus jungen Blättern entfernt werden. Auch bei älteren Blättern ist das die größtmögliche Menge, die abgegeben werden kann. Arten mit einer dicken Cuticula scheiden weit weniger ab. Dies gilt erst recht unter natürlichen Bedingungen, unter denen die Auslaugung vermutlich weniger stark ist als im Experiment. Exsudate, Tau, Regen usw. auf Blättern enthalten kleine Mengen an Mineralstoffen, aber die organischen Nährstoffe überwiegen, besonders organische Säuren und einfache Zucker. Die Nährstoffe begrenzen oft das Wachstum auf Blättern. Eine künstliche Nährstoffzufuhr, z. B. von Harnstoff, führt zu einer Zunahme der Zahl der Mikroorganismen auf der Blattoberfläche.

Die Mikrotopographie des Blattes kann, abhängig von der Pflanzenart, sehr unterschiedlich sein. Sie hat einen großen Einfluß auf die Mikroorganismen, da Mikro-Habitate entstehen können, z. B. ist es unter Dornen und Haaren schattiger und feuchter. Damit sind günstigere Bedingungen als auf dem Rest der Blattoberfläche gegeben (Abb. 8—4). Die Cuticula ist meist mit Wachs bedeckt, dessen Struktur und chemische Zusammensetzung sich mit der Pflanzenart und den Umwelt-Bedingungen ändert. Oft ist eine hydrophobe Schicht aus Röhren, Platten oder anderen Formen ausgebildet, die den Mikroorganismen den Kontakt mit der Blattoberfläche selbst stark erschwert. Da Wachs die Benetzbarkeit des

Blattes sehr beeinflußt, hat es große Bedeutung für die Wassermenge auf dem Blatt, die Auslaugung des Blattes, die Verteilung der Sporen beim Aufprall von Regentropfen und die Wirkung von Fungiciden, besonders wenn diese in wäßrigen Lösungen aufgetragen werden. Die Hauptbestandteile des Wachses sind *n*-Alkane und ihre Ester; sie widerstehen der Zersetzung eines großen Teils

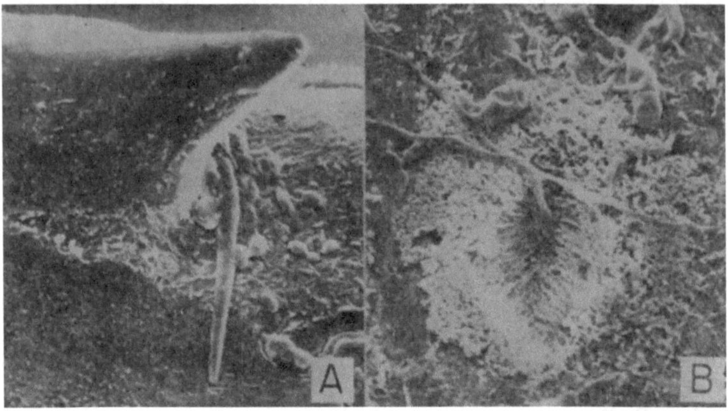

Abb. 8–4. Rasterelektronenmikroskopische Aufnahme der Oberfläche von Kiefernnadeln (*Pinus nigra* var. *maritima*). A. Dorn am Rande der Nadel, unter dem sich Hefezellen und eine Spore von *Lophodermella sulcigena* befinden; ×1100. (Aus: CAMPBELL, R. (1972), Electron microscopy of the epidermis and cuticle of needles of *Pinus nigra* var. *maritima* in relation to infection by *Lophodermella sulcigena*. Annals of Botany *36*, 307–314.) B. Tubuläres Wachs im Vorhof eingesenkter Spaltöffnungen mit Sporen und Hyphen von *Hendersonia acicola*. ×1300.

der Flora auf der Blattoberfläche; nur einige Bakterien können sie abbauen. Das Wachs kann die Keimung einiger Pilzsporen spezifisch fördern und ist somit einer der Faktoren, die die Zusammensetzung der Flora beeinflussen.

Cladosporium spp. (z. B. *C. herbarum*)und *Aureobasidium pullulans* sind wahrscheinlich weit verbreitete Pilze auf Blattoberflächen. Auch Hefen kommen häufig vor; die isolierten Arten schließen *Sporobolomyces odorus*, *Cryptococcus* spp. und *Torulopsis* spp. ein. Chromogene und Gram-negative Bakterien einschließlich Arten

Tabelle 8–1

Typen und Anzahl von Mikroorganismen, die auf der Blattoberfläche verschiedener Pflanzen gefunden werden (s. auch Tab. 8–2).

Mikroorganismus	Pflanzenart	Anzahl der Mikroorganismen/cm²	Zitat
Bakterien			
nicht identifiziert	Buche (*Fagus sylvatica*)	3300–31700†)	1
	Erdbeere (*Fragaria* sp.)	34100	2
	Kohl (*Brassica oleracea*)	5200	3
	englisches Ryegras (*Lolium perenne*)	1000–250000†)	4
Actinomyceten	englisches Ryegras (*Lolium perenne*)	1–4	4
Azotobacter	*Cocao*	$10 \cdot 10^6$*)	5
Beijerinckia	*Cocao*	$27 \cdot 10^6$*)	5
Pilze			
nicht identifizierte filamentöse Pilze	Erdbeere	7200	2
	Kohl	450	3
	Kartoffel (*Solanum tuberosum*)	13200–38500†) µm/cm²	6
nicht identifizierte Sporen	Kartoffel	1350–5350†)	6
nicht identifizierte Hefen	Erdbeere	5200	2
	Kohl	1700	3
	Kartoffel	1340–224600†)	6
Cladosporium	Kartoffel	760–2900	6
Alternaria	Kartoffel	50–150	6

† Die Zahlen ändern sich mit der Jahreszeit; normalerweise nehmen sie zu, wenn das Blatt altert.

* tropisch

Zusammengestellt aus folgenden Quellen: [1] Jensen, V. (1971), The bacterial flora of beech leaves. In: Preece, T. F., und Dickinson, C. H. (Eds.), Ecology of Leaf Surface Micro-organisms. Academic Press, London und New York, pp. 463–469. [2] Campbell, R., und Martin, M. H., Bristol University, unveröffentlichte Berichte. [3] Gingell, Sally M., Campbell, R. und Martin, M. H. (1976), The effect of zinc, lead and cadmium von *Xanthomonas*, *Erwinia*, *Flavobacterium* und *Pseudomonas* sind häufig. Gelegentlich treten *Lactobacillus*, *Corynebacterium* und *Bacillus* auf, sie sind Gram-positiv. Die Typen und Zahlen der Organismen auf Blattoberflächen sind in Tab. 8—1 zusammengestellt.

Pathogene Organismen, meist Pilze, müssen zunächst auf der Blattoberfläche wachsen. Selbst obligate Parasiten müssen keimen und ins Blatt eindringen, bevor sie Nährstoffe in beliebiger Menge erlangen können. Die Reserven innerhalb der Sporen sind also wichtig, doch kann der pathogene Organismus auch lösliche Nährstoffe vom Blatt erhalten. Es hat sich herausgestellt, daß Pollenkörner die Infektion durch einige Parasiten fördern, möglicherweise, indem sie Nährstoffe zur Verfügung stellen. Unter feuchten Bedingungen gedeihen Algen und Blaualgen auf den Blättern, wobei kokkoide Formen am häufigsten auftreten. Die meisten tropischen Bedingungen erlauben den Aufwuchs von Algen (z. B. *Trentepohlia*) und Flechten (oft mit *Trentepohlia* als Symbiont), selbst Protozoen wurden festgestellt [7]. Die tropische Flora ist möglicherweise artenreicher, doch gibt es nur wenige Informationen hierfür, da die meisten Arbeiten an Pflanzen der gemäßigten Breiten ausgeführt wurden. Die Zahl der Organismen (Tab. 8—1) dürfte hoch sein. Wie auch bei der Rhizosphäre (s. Abschn. 6.5.1.) schwankt der Anteil der Blattfläche, der davon bedeckt ist, zwischen 1% und etwa 10% in den gemäßigten Breiten. Auf tropischen immergrünen Pflanzen kann er höher sein.

Knospen enthalten Bakterien, Hefen und filamentöse Pilze und stellen geschützte Orte für die Überwinterung von Mikroorganismen dar. Die Anzahl dieser Organismen ist aber zu klein, um mit ihrer Vermehrung bei der Entfaltung des Blattes im Frühling Schritt zu halten. Daher sind neu entfaltete Blätter unter natürlichen Bedingungen nur sehr dünn besiedelt. Sie erhalten die

---

Fortsetzung Tabellenunterschrift Tab. 8—1

pollution on leaf surface microflora. Environmental Pollution *11*, pp. 25—37. [4] Dickinson, C. H., Austin, B., und Goodfellow, M. (1975), Quantitative and qualitative studies on phylloplane bacteria from *Lolium perenne*. Journal of General Microbiology *91*, pp. 157—166. [5] Ruinen, J. (1961), The phyllosphere. 1. An ecologically neglected milieu. Plant and Soil *15*, pp. 81—109. [6] Bainbridge, A., und Dickinson, C. H. (1972), Effect of fungicides on the microflora of potato leaves. Transactions of the British Mycological Society *59*, pp. 31—41.

meisten auf ihnen lebenden Organismen aus der Atmosphäre. Durch wiederholte Neubeimpfung und Vermehrung nehmen diese Organismen im Laufe der Vegetationsperiode zahlenmäßig zu, die maximale Populationsdichte wird erreicht, wenn das Blatt zu altern beginnt oder erkrankt. Solche Blätter geben möglicherweise mehr Ausscheidungen ab. Manchmal können Sukzessionen auf Blättern beobachtet werden, die mit dem Alter des Blattes

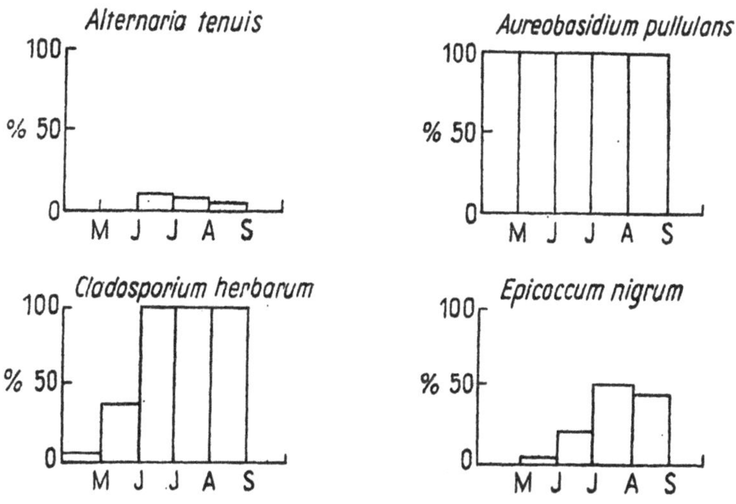

Abb. 8—5. Prozentuale Häufigkeit der Isolation von vier Pilzen, die auf Blattoberflächen wachsen, bei monatlichen Probeentnahmen von 50 gewaschenen Blattquadraten. (Aus: Pugh, G. J. F., und Buckley, N. G. (1971), The leaf as a substrate for colonization by fungi. In: Preece, T. F., und Dickinson, C. H. (Eds.), Ecology of Leaf Surface Micro-organisms. Academic Press, London und New York, pp. 640.)

und dem Sporengehalt der Luft in Beziehung stehen können (Abb. 8—5). Einige Pilze, wie *Aureobasidium*, treten in Knospen, auf Blättern aller Altersstufen und selbst innerhalb der Blätter auf, rufen aber keine krankhaften Wirkungen hervor. *Cladosporium* besiedelt die Blätter nach dem Austreiben und erreicht sein Maximum im Spätsommer. Andere Pilze kommen nur gelegentlich vor oder treten in kleinen Mengen auf. Obgleich Mikroorganismen von Blättern isoliert werden können, sind sie nicht unbedingt aktiv: die direkte mikroskopische Untersuchung zeigt, daß *A. pullulans* nur während der ersten Wochen zu Beginn der Wachstumsperiode aktiv wächst, danach ist der Organismus nur noch als Microsclerotia vorhanden.

Auf der Blattoberfläche findet eine Konkurrenz um Nährstoffe, vielleicht auch um günstige Mikro-Habitate statt. Zu dieser Frage wurden Untersuchungen angestellt, um die Parasiten möglicherweise durch Saprophyten zu bekämpfen. Unter Versuchsbedingungen zeigte sich, daß die Infektionsrate bei der Beimpfung mit Parasiten in Abwesenheit von Saprophyten am größten ist. Sie sinkt ab, wenn zunächst nur Saprophyten auf das Blatt gelangen, die die potentiellen Infektionsherde besiedeln, bevor pathogene Organismen auftreten. Darüber hinaus können Saprophyten Stoffe produzieren, die Keimung oder Wachstum der Krankheitserreger hemmen und gleichzeitig die Abwehrkräfte der Wirtspflanze stimulieren (z. B. Phytoalexin-Produktion). Diese Wirkungen sind bisher noch nicht praktisch ausgenutzt worden. Die Flora der Blattoberfläche kann durch das Auftragen einfacher Nährstoffe stark manipuliert werden. Durch Änderungen im Lebensraum mit Hilfe von Chemikalien, die wesentlich harmloser als viele Fungicide sind, kann die natürliche Kontrolle gefördert werden. Fungicide selbst können unerwartete Folgen hervorrufen; so kann z. B. das systemische Fungicid Benomyl bei *Alternaria* zu einer Zunahme der Erkrankung des Blumenkohls führen. Es ist bekannt, daß *Alternaria* bei einer normalen Dosierung von Benomyl kaum beeinflußt wird, daß aber die Saprophyten zahlenmäßig reduziert werden. Man ist daher versucht, die verringerte Saprophyten-Zahl mit der beobachteten Zunahme der Krankheit in Verbindung zu bringen. Fungicide mit breitem Wirkungsspektrum und Bakteriocide allgemein führen zu einer Abnahme der saprophytischen Flora, doch kann es auch resistente Organismen geben. Viele traditionelle Fungicide, z. B. solche auf Kupfer-Basis, wirken bereits in Konzentrationen, die nur geringfügig höher sind als die, die zur Bekämpfung der Pilze notwendig sind, phytotoxisch. Die phytotoxischen Verbindungen können ein vorzeitiges Altern der Blätter herbeiführen und dadurch die Menge der Ausscheidungen vergrößern. Andererseits ist bewiesen, daß dichte Populationen von Mikroorganismen die Alterungsgeschwindigkeit des Blattes gleichfalls beschleunigen, während nicht phytotoxische Fungicide die Alterung hinausschieben, möglicherweise durch ihre Wirkung auf die Mikroflora allgemein.

Auch die Auswirkungen atmosphärischer Schadstoffe, besonders von Schwefeldioxid, wurden untersucht. Meistens bewirken sie eine Abnahme der Zahl der Mikroorganismen, einschließlich pilz-

Tabelle 8–2

Die Auswirkung ungewöhnlich hoher Konzentrationen an Schwermetall-Verunreinigungen in der Nähe eines metallverarbeitenden Betriebes auf die Mikroorganismen der Blattoberfläche von Apfelkeimlingen. „Unbekannte Hefe 1" und *Aureobasidium* stellten sich als resistente Stämme heraus und nehmen zu, wenn die empfindlicheren Organismen der Population zurückgingen. Alle Unterschiede zwischen der Kontrolle und dem verschmutzten Standort waren signifikant mit einem Signifikanz-Niveau von 0,1%. (Unveröffentlichte Werte, CAMPBELL, R., und MARTIN, M. H., Bristol University.)

	verschmutzter Standort	Kontrollstandort
Schwermetall-Konzentrationen; ppm		
Blei	44,2	26,1
Zink	658,1	37,2
Cadmium	11,5	2,0
Anzahl der Mikroorganismen/cm²		
filamentöse Pilze	5000	15100
Bakterien	150	39350
Hefen*)	7200	16900
„Unbekannte Hefe 1"	6300	2450
Aureobasidium	4850	2300

* außer „unbekannter Hefe 1" und *Aureobasidium*

licher Krankheitserreger. Aus diesem Grunde könnte es zu verstärktem Krankheitsbefall kommen, wenn die Schwefeldioxid-Emission durch Gesetze zur Reinerhaltung der Luft herabgesetzt wird. Auch Schwermetalle zusammen mit lokalen Verschmutzungen durch Ausscheidungen der metallverarbeitenden Industrie und auch Blei aus den Autoabgasen führen zu einer Abnahme von Anzahl und Vielfalt der Mikroorganismen (Tab. 8–2). Wie bei den meisten Giftstoffen, so läßt sich auch hier eine Selektion toleranter Stämme oder Arten verfolgen, die dann eine dominante Rolle in der Flora übernehmen.

Die Blattoberfläche von Pilzen und Moosen ist weit weniger gründlich untersucht worden als die ökonomisch wichtiger Nutzpflanzen, doch dürfte sie eine ähnliche Pilz- und Bakterienflora aufweisen wie die Blattoberfläche von Angiospermen. Algen, bes. Diatomeen (z. B. *Pinnularia, Navicula* und *Hantzschia*), treten selbst unter relativ trockenen Bedingungen auf Moospolstern auf. Im feuchten Milieu steigt die Zahl der Diatomeen, daneben kommen auch einige Chlorophyceen und Cyanophyceen vor. Die Algen können in Beziehungen zum Vegetationspunkt des Mooses zoniert auftreten (z. B. auf antarktischen Moosen). Am häufigsten sind sie in der Region, in der die Moosblättchen abzusterben beginnen. So finden sich kokkale Chlorophyceen, Xanthophyceen und blaugrüne *Pseudoanabaena*-Arten in der Nähe der Thallusspitzen, während Diatomeen und die Blaualge *Nostoc* weiter unten auftreten (Abb. 8—6).

8.3. Luft innerhalb von Gebäuden

8.3.1. Anzahl der Mikroorganismen und ihre Verteilung

Der wichtigste Aspekt bei der Untersuchung der Luft innerhalb von Gebäuden war die Ausbreitung von Infektionen in Krankenhäusern [4], doch gibt es auch allgemeine Informationen über die Luftbewegungen [3]. Im Inneren von Gebäuden steht die Luft selten still. Selbst in unbewohnten Räumen herrscht Zugluft von Fenstern oder Türen, die sich mit einer Geschwindigkeit von 10 bis 14 m/min bewegt, dazu aufsteigende Luftbewegungen über Heizkörpern und fallende Luft in der Nähe kalter Fenster. Menschen im Raum rufen aufsteigende Konvektionsströme mit einem Wärmeverlust von etwa 105 kJ/h hervor, die Partikel der Körperoberfläche mit einem Durchmesser von bis zu 50 µm mitführen können. Bei der Bewegung verursachen die Menschen Turbulenzen. Zu den wichtigsten Ursachen des Staubes in der Luft von Wohn- oder Krankenhäusern gehören Bettenmachen und Hausarbeit (einschließlich des Staubwischens). Sie bewirken ein Aufwirbeln des Staubes und seine Rückführung in die Luft.

Die Luft innerhalb von Gebäuden enthält Pilze. Sie sind jedoch nicht so bedeutend wie im Freien. Die wichtigsten Gattungen sind allgemein vorkommende Saprophyten, z. B. *Penicillium* und *Aspergillus*, und andere, die auf Lebensmitteln und feuchten Wänden wachsen können. Eine dominierende Stellung erreichen Pilze und Actinomyceten in der Luft von Scheunen mit feuchtem Heu, in

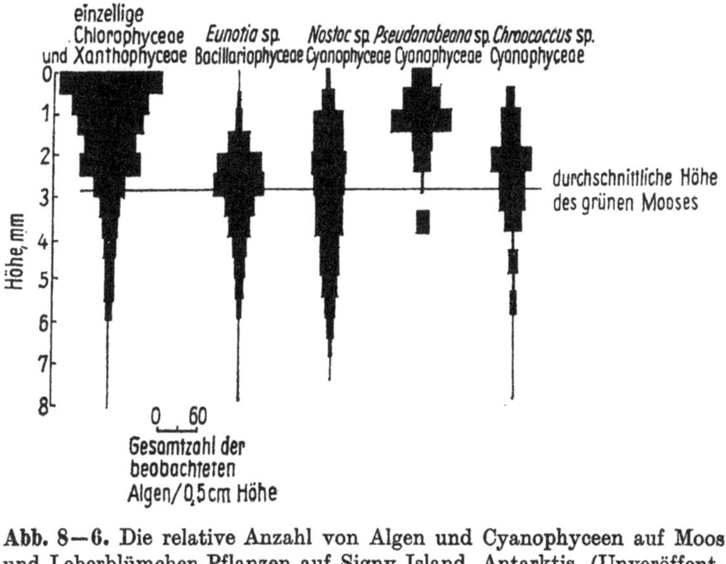

Abb. 8—6. Die relative Anzahl von Algen und Cyanophyceen auf Moos und Leberblümchen-Pflanzen auf Signy Island, Antarktis. (Unveröffentlichte Werte, Dr. Paul Broady, British Antarctic Survey.)

Gebäuden mit intensiver Tierzucht und Pilzfarmen. Sie können extrem hohe Konzentrationen erreichen, so daß bei ständigem Ausgesetztsein allergische Reaktionen auftreten können. In der Regel dominieren im Innern von Gebäuden aber Bakterien. Ihre Zahl kann — in Abhängigkeit von der jeweiligen Situation — stark schwanken. In gut gelüfteten Räumen treten einige Hundert Bakterien pro m^3 auf, in Schlachthäusern und Müllverbrennungsanlagen kann ihre Konzentration aber auf Zehn- oder sogar Hunderttausende/m^3 ansteigen.

In normalen Wohnräumen kommen Bakterien hauptsächlich

aus zwei Quellen vor [3, 4]. Zum einen stammen sie von den Schleimhäuten der oberen Atemwege der Menschen, von wo sie durch Niesen, Husten und Sprechen in feinen Wassertröpfchen ausgestoßen werden. Die Flüssigkeit verdunstet im Bruchteil einer Sekunde, so daß die Kondensationskerne übrigbleiben. Sie haben einen Durchmesser von 10—15 μm und enthalten jeweils nur einen oder wenige virulente Organismen. Die zweite hauptsächliche Quelle der Bakterien sind Hautschuppen. Durch Kleidung wird ihre Abgabe in die Luft verringert, doch keineswegs völlig unterbunden, Männer geben oft mehr infektiöse Partikel ab als Frauen, besonders aus der perinealen Region. Etwa 70—90% des Haushaltsstaubes setzen sich aus Hautschüppchen zusammen. Die bakterielle Flora in der Luft in Räumen spiegelt daher diejenige der Haut und der Atemwege wider. Es herrschen Staphylokokken (s. u.) vor, doch treten auch *Bacillus spp.* und Endosporen von *Clostridium perfringens* häufig auf. In Gegenwart infizierter Menschen findet man auch andere krankheitserregende Bakterien, einschließlich solcher, die Mandelentzündungen, Tuberkulose und Keuchhusten hervorrufen. Auch viele Virus-Erkrankungen werden durch die Luft übertragen, z. B. Erkältungen, Grippe und Windpocken.

Im Gebäudeinnern tritt kein Virulenz-Verlust durch Strahlung auf (s. Abschn. 8.2.). Dafür ist die Temperatur für die Mikroorganismen der Luft von großer Bedeutung: bereits bei 35—40 °C können sie rasch inaktiviert werden. Hohe relative Luftfeuchtigkeit — allerdings keine Sättigung — verlängert die Virulenz der Partikel in der Luft; auch Staub kann adsorbiertes Wasser aufweisen. Bakterien und Viren auf Staub können unter den normalen Bedingungen in Räumen viele Wochen lang überleben.

8.3.2. *Mikroorganismen auf tierischen Oberflächen*

Verschiedene Tierarten weisen auch eine unterschiedliche Flora auf. Diese wird meist bestimmt durch: 1. die Körpertemperatur, 2. die Menge an Pelz, Federn usw., die die Oberflächentemperatur bestimmen und 3. das Futter, das die Zusammensetzung des Hauttalges und des Schweißes (bei Tieren, die Schweißdrüsen besitzen) beeinflußt. Auf der menschlichen Haut sind Hauttalg und Schweiß die wichtigsten Nahrungsquellen für Mikroorganismen. Unsere Haut weist nur relativ wenige, ständig vorhandene Arten auf, kann aber aus dem Boden und von Faeces vielerlei Verschmutzungen aufnehmen. Eine genauere Betrachtung der Flora der menschlichen Haut würde den Rahmen dieses Buches sprengen [8], so daß sie nur kurz in ihrer Eigenschaft als Quelle für Luftsporen in geschlossenen Räumen betrachtet werden soll. Die Pilze werden in erster Linie durch Hefen vertreten. Am besten bekannt ist *Candida albicans*, eine normale, offenbar saprophytische Hefe, die auf vielen Menschen angetroffen wird. Sie kann manchmal Erkrankungen hervorrufen, wenn durch die Benutzung bakteriostatischer Substanzen, z. B. Antibiotika mit breitem Spektrum, wie Tetracyclin, die Konkurrenz der Bakterien vermindert wird. Einige andere Hefen finden sich gleichfalls häufig, *Pityrosporum ovale* besonders auf der Kopfhaut und *P. orbiculare* auf unbehaarten Hautpartien. Manche der normalerweise pathogenen dermatophytischen Pilze, wie *Microsporum* und *Trichophyton*, sind auch auf offensichtlich gesunder Kopfhaut vorhanden. *Torulopsis galerata* und nicht pathogene *Candida* spp. sind auf der Haut zwischen den Zehen und in den Achselhöhlen weit verbreitet, wenn auch nicht in großen Mengen.

Es gibt nur sehr wenige ständig vorhandene Virus-Arten, doch können viele Arten als vorübergehende Verschmutzung gefunden werden. *Herpesvirus hominis* tritt in einem latenten Zustand auf und ruft bei für eine Infektion günstigen Bedingungen Bläschen an den Lippen hervor.

Die bakterielle Flora (hauptsächlich *Staphylococcus aureus*) wurde in Beziehung zur Infektion von Wunden, sowohl natürlichen als auch operativ bedingten, untersucht. Staphylokokken sind unter den Bakterien auf der Haut dominierend, doch tritt *S. aureus* meist nur in der perinealen Region, auf Oberflächen innerhalb der Nase und an Stellen, die durch Nasensekret verunreinigt sind, auf. Etwa 10% der Bevölkerung tragen *S. aureus* auf sich, offenbar ohne schädliche Folgen. *S. epidermis* tritt ubiquitär auf und ist normalerweise mit mehreren Hundert oder Tausend Zellen/cm^2 vorhanden, wobei die Dichte zwischen den einzelnen Individuen und den jeweiligen Positionen auf dem Körper variieren kann. Am häufigsten findet sich dieses Bakterium in der Nähe von Haarbälgen. Bereiche feuchter Haut, z. B. die Achselhöhle, sind am dichtesten besiedelt (10^4 bis 10^5 Zellen/cm^2). *Sarcina* spp. ist, besonders bei Kindern, auf gesunder Haut ebenfalls zahlreich vertreten. Die Ausführgänge der Talgdrüsen weisen eine reiche anaerobe Flora auf. Häufig ist *Propionibacterium acnes*, auch Clostridien werden gefunden. Die Kopfhaut hat eine eigene Flora, in der Gram-positive Stäbchen-Bakterien (z. B. *Bacillus*) vorherrschen, im Gegensatz zu den Kokken auf haarfreier Haut.

Die Gründe für die recht eingeschränkte Artenvielfalt auf der Haut sind unbekannt. Es wird vermutet, daß Konkurrenz zwischen den Mikroben eine Rolle spielt, da sich, wenn das Gleichgewicht künstlich gestört wird (z. B. durch Antibiotika oder Waschen mit bakteriocidhaltigen Seifen), eine Zunahme normalerweise unbedeutender Arten beobachten läßt, die gegen die verwendete Substanz resistent sind. Einige Lipide der Haut haben bakteriocide Wirkung. Bakteriocine (Antibiotika, die gegen Stämme der gleichen Art wirken) können für die Erhaltung der Dominanz von *S. epidermis* über *S. aureus* von Bedeutung sein.

Im Mund tritt *Streptococcus salivarius* am häufigsten auf. Allerdings zeigt der Belag auf den Zahnoberflächen eine spezialisierte Flora, die von Gram-positiven Stäbchen und Filamente-bildenden Arten (meist *Actinomyces*) beherrscht wird. Im Nasenrachen dominieren Gram-positive Kokken, das Auftreten von *S. aureus* wurde bereits erwähnt. Wie dieser potentielle Krankheitserreger und andere in der Nasen-Rachen-Region kontrolliert werden, so daß offensichtlich die infizierten Personen gesund bleiben, ist nicht bekannt. Erfahrungen aus der Anwendung von Antibiotika mit einem breiten Wirkungsspektrum führen zu der Vermutung, daß unter normalen Bedingungen eine Konkurrenz zwischen den Vertretern der typischen Flora stattfindet, die dazu führt, daß pathogene Organismen und andere Arten nicht Fuß fassen können.

Das Studium der Luft-Flora hat sich aus Pflanzenpathologie und Medizin entwickelt, wo die Problematik der Übertragung von Krankheitserregern durch die Luft eine Rolle spielt. Inzwischen gibt es beachtliche Informationen über die Zusammensetzung der Flora in der Luft und ihre Verteilung. Das Fehlen eines aktiven Stoffwechsels der Mikroorganismen während des Transportes führt dazu, daß keine der biochemischen Wechselwirkungen und keine gegenseitige Abhängigkeit der Mikroorganismen wie in den komplexeren Gesellschaften in Boden und Wasser auftreten. Allerdings existieren bisher auch nur begrenzte Informationen über die Wechselwirkungen zwischen Mikroorganismen sowie der

Mikroökologie auf pflanzlichen und tierischen Oberflächen. Aus diesem wichtigen Forschungsgebiet kommen erst jetzt erste nutzbare Ergebnisse.

9. Schlußbemerkungen

Die Tatsache, daß sich dieses Buch mit der Ökologie der Mikroorganismen beschäftigt, spiegelt die unglückliche Trennung der Mikroorganismen von der übrigen Ökologie wider. Mikroorganismen sind jedoch integrierter Bestandteil von Ökosystemen und können sowohl bezüglich der Biomasse als auch der Aktivität wichtig sein. Es gibt keinen Grund, warum Mikroorganismen nicht nach den gleichen grundlegenden Konzepten der Struktur der Gesellschaften, der Populationsdynamik mit quantitativen Untersuchungsmethoden, die auf mathematischen und statistischen Techniken beruhen, untersucht werden, wie sie für größere Organismen angewendet werden. In der Mikrobiologie vorhandene methodische Probleme sollten jedoch eher ein Anreiz sein, verfeinerte Techniken zu entwickeln, statt als Entschuldigung dafür zu dienen, die Ökologie der Mikroorganismen weniger gründlich zu berücksichtigen, als dies in anderen Bereichen der Ökologie üblich ist.

Die verschiedenen Gebiete der Mikrobiologie sind bisher verschieden intensiv untersucht worden. Das sollte in den vorhergehenden Kapiteln an vielen Beispielen deutlich geworden sein. Besonders die Protozoologie ist in den meisten Habitaten stark vernachlässigt worden, während die Algen in aquatischen Lebensräumen möglicherweise zu stark hervorgehoben wurden. Die Untersuchungen an Bakterien litten unter der Komplexität, den Schwierigkeiten, sie zu klassifizieren und dem Fehlen einer klaren Systematik. Alles das hat zu ungenauen Beschreibungen von Bakterien-Gesellschaften geführt. Das Problem kann vermutlich nur dadurch gelöst werden, daß noch viel Arbeit in die Klassifizierung der Bakterien investiert wird. Die numerische Taxonomie kann eine langfristige Lösung darstellen. Voraussetzung ist jedoch, daß Gruppen verwandter Isolate so exakt definiert werden können, daß ähnliche Organismengruppen auch dann identifiziert werden können, wenn die Untersuchungsbedingungen anders sind, als sie während der ursprünglichen Analyse waren. Das führt zu dem Punkt zurück, der schon in früheren Kapiteln angesprochen wurde: Eine deskriptive Ökologie der Mikroorganismen erfordert mehr Zeit und Arbeit, um entsprechend genaue Ergebnisse zu erhalten, wie sie bei höheren Pflanzen und Tieren relativ leicht gewonnen werden können. Ökologen, die sich mit Mikroorganismen beschäftigen, befinden sich in der gleichen Situation, in der andere Ökologen vor einem halben Jahrhundert waren. Zwar wurden einige unkoordinierte Sammelausflüge in besondere Habitate unternommen, doch gibt es für die meisten Habitate nur wenig genaue Informationen darüber, welche Arten wo zu finden sind. Physiologische Untersuchungen sind bei Mikroorganismen häufig einfacher als bei höheren Pflanzen durchzuführen, da sie einfacher zu kultivieren sind. Es ist wahrscheinlich, daß die physiologischen Wechselbeziehungen zwischen Mikroorganismen in natürlichen Lebensräumen bereits teilweise verstanden werden, noch bevor vollständige Daten zur Verfügung stehen.

Über die Ökologie einer sehr kleinen Zahl von Mikroorganismen, die für Pflanzen und Tiere pathogen sind, ist viel bekannt. Pflanzen- und Tierkrankheiten und die Medizin erfahren berechtigterweise mehr Aufmerksamkeit. Demgegenüber wird die überwiegende Mehrheit der Mikroorganismen, die harmlos oder sogar nützlich ist, weitgehend vernachlässigt. Es besteht die Hoffnung, daß auch weiterhin *ad-hoc*-Lösungen für besondere Probleme in der Landwirtschaft, der Wasserbewirtschaftung usw. gefunden werden. Bevor solche Lösungen auf einer wissenschaftlich gesicherten Grundlage erarbeitet werden können, sind erheblich mehr grundlegende Informationen über Mikroorganismen in natürlichen und künstlichen Lebensräumen notwendig.

Literatur

Literatur zu Kapitel 1

[1] Aaronson, S. (1970): Experimental Microbial Ecology. Academic Press, New York. Ein verständliches „Rezeptbuch".

[1a] Bergter, F. (1972): Wachstum von Mikroorganismen. Fischer, Jena.

[2] Brock, T. D. (1966): Principles of Microbial Ecology. Prentice Hall, New Jersey. Eine physiologisch orientierte Darstellung.

[3] Jannasch, H. W., und Mateles, R. I. (1974): Experimental bacterial ecology studied in continuous culture. Advances in Microbial Physiology II, S. 165–212.
Simulationen unter Kultur-Bedingungen.

[3a] Loutit, M. W., and Miles, J. A. (Eds.) (1978): Microbial Ecology. Springer-Verlag, Berlin, Heidelberg, New York. Symposium-Bericht.

[3b] Lynch, J. M., and Poole, N. J. (1979): Microbial Ecology. A Conceptual Approach. Blackwell Scientific Publications, Oxford, London, Edinburgh, Melbourne.

[4] May, R. M. (Ed.) (1980): Theoretische Ökologie. Prinzipien und Anwendungen. Verlag Chemie, Weinheim.
Eine gute Abhandlung der Modellierung mit Computern.

[5] Phillipson, J. (Ed.) (1971): Methods of Study in Quantitative Soil Ecology: Population, Production and Energy Flow. IBP Handbook 18. Blackwell, Oxford.
Methoden werden beschrieben und diskutiert.

[6] Rosswall, T. (Ed.) (1973): Modern Methods in the Study of Microbial Ecology. Bulletin 17 from the Ecological Research Committee (Stockholm) of Swedish Natural Science Research Council.
Bericht über eine Konferenz, auf der Methoden diskutiert und beschrieben wurden.

[6a] Shilo, M. (Ed.) (1978): Strategies Of Microbial Life In Extreme Environments. Verlag Chemie, Weinheim, New York.

[7] Sorokin, Y. I., und Kadota, H. (1972): Techniques for the Assessment of Microbial Production and Decomposition in Fresh Waters. IBP Handbook 23. Blackwell, Oxford.
Methoden werden beschrieben und diskutiert.

[8] Wilkinson, J. F. (1974): Einführung in die Mikrobiologie. Verlag Chemie, Weinheim.
Eine Einführung.

Literatur zu Kapitel 2

[1] Brock, T. D. (1966): Principles of Microbial Ecology. Prentice-Hall, New Jersey.
Einflüsse von Umweltfaktoren auf Mikroorganismen.

[2] Clapham, W. B. (1973): Natural Ecosystems. Macmillan, New York.
Allgemeine Ökologie.

[3] Dawes, I. W., und Sutherland, I. W. (1978): Physiologie der Mikroorganismen. Verlag Chemie, Weinheim.
Wachstumsraten und Wachstumsdynamik in Laborkulturen.

[4] Odum, E. P. (1971): Fundamentals of Ecology. 3rd Ed., Saunders, Philadelphia und London.
Allgemeine Ökologie.

[5] Philipson, J. O. T. (1966): Ecological Energetics. Institute of Biology: Studies in Biology, I, Arnold, London.
Energiefluß im Ökosystem.

[6] Strickland, J. D. H., (1965): Production of organic matter in the primary stages of the marine food chain. In Riley, J. P., und Skirrow, G. (Eds.), Chemical Oceanography, Vol. 1, Academic Press, London und New York, S. 478–610.
Primärproduktion in Ozeanen.

Literatur zu Kapitel 3

[1] Alexander, M. (1971): Microbial Ecology. Wiley, New York.
Allgemeines Lehrbuch.

[2] Barnell, H. R. (1974): Biology and the Food Industry. Studies in Biology 45. Arnold, London.
Mikroorganismen bei der Lebensmittel-Herstellung und -Zersetzung.

[3] Brock, T. D. (1966): Principles of Microbial Ecology. Prentice-Hall, New Jersey.
Eine physiologische Betrachtung.

[4] Dickinson, C. H., und Pugh, G. J. F. (Eds.) (1974): Biology of Plant Litter Decomposition. Academic Press, London, Vol. 1, Vol. 2.
Verständlicher Überblick.

[5] Higgins, I. J., und Bruns, R. G. (1975): The Chemistry and Microbiology of Pollution. Academic Press, London, New York und San Francisco.
Abbau von Pesticiden und synthetischen Polymeren, Abwasser-Reinigung.

[6] Hill, J. R., and Wright, S. J. L. (Eds.) (1978): Pesticide Microbiology. Academic Press, London, New York, San Francisco.
[6] Laskin, A. I., und Lechevalier, H. (Eds.) (1974): Microbial Ecology. C. R. C. Press, Cleveland, Ohio.
Abbau von Pesticiden.
[6a] Schlegel, H. G. (1974): Allgemeine Mikrobiologie. Thieme, Stuttgart.
Grundbegriffe der Mikrobiologie, kurz und verständlich dargestellt.
[7] Sykes, C., und Skinner, F. A. (1971): Microbial Aspects of Pollution. Wiley, New York und London.
Überblick über die Behandlung von Pesticiden, Abwässern und Abfällen.
[8] Turner, J. N. (1967): The Microbiology of Fabricated Materials. Churchill, London.
Biologische Zersetzung von Materialien.
[9] Wilkinson, J. F. (1974): Einführung in die Mikrobiologie. Verlag Chemie, Weinheim.
Einführendes Lehrbuch.

Literatur zu Kapitel 4

[1] Aleem, M. I. H. (1970): Oxidation of inorganic nitrogen compounds. Ann. Review of Plant Physiology *21*, 67–90.
Überblick über die Nitrifizierung.
[2] Brown, M. E. (1974): Seed and root bacterization. Annual Review Phytopathology *12*, 181–197.
Enthält u. a. Inoculationsversuche mit Rhizobium.
[3] Burns, R. C., und Hardy, R. W. F. (1975): Nitrogen Fixation in Bacteria and Higher Plants. Molecular Biology, Biochemistry and Biophysics *21*. Springer-Verlag, Berlin.
Ein verständlicher und neuer Überblick über die Chemie und ökologische Aspekte.
[4] Hutchinson, G. E. (1957): A Treatise on Limnology, Vol. 1. Wiley, New York.
Enthält die Stickstoff-Verteilung im Süßwasser.
[5] Lie, T. A., und Mulder, E. G. (Eds.) (1971): Biological nitrogen Fixation in natural and agricultural soils. Special volume; Plant and Soil.
Eine verständliche Sammlung von Übersichtsartikeln, besonders über Rhizobium.
[6] Payne, W. J. (1973): Reduction of nitrogenous oxides by microorganisms. Bacteriological Reviews *37*, 409–52.
Überblick über die Denitrifizierung.

[7] Postgate, J. R. (1971): The Chemistry and Biochemistry of Nitrogen Fixation. Plenum Publishing, London.
Ein verständlicher Text.

[8] Riley, J. P., und Skirrow, F. (Eds.) (1965): Chemical Oceanography, Vol. 2. Academic Press, London und New York.
Enthält die Stickstoff-Verteilung im Meer.

[9] Stewart, W. D. P. (1973): Nitrogen fixation by photosynthetic micro-organisms. Annual Review of Microbiology *27*, 283–316.
Gibt einen Überblick über die Stickstoff-Fixierung durch Cyanophyceae.

[10] Wallace, W., und Nicholas, D. J. D. (1969): The biochemistry of nitrifying micro-organisms. Biological Reviews *44*, 359–391.
Überblick über die Nitrifizierung.

Literatur zu Kapitel 5

[1] Alexander, M. (1961): Soil Microbiology. Wiley, New York und London.
Grundlegende Betrachtung über die biogeochemischen Zyklen.

[2] Aristovakaya, T. V., und Zavarzin, G. A. (1971): Biochemistry of iron in soil. In Soil Biochemistry. Vol. 2, McLaren, A. D., und Skujins, J., (Eds.). Marcel Dekker, New York.
Ein Überblick.

[3] Brock, T. D. (1966): Principles of Microbial Ecology. Prentice-Hall, New Jersey.
Grundlegende Betrachtung der biogeochemischen Zyklen.

[4] Doetsch, R. N., und Cook, T. M. (1973): Introduction to Bacteria and their Ecobiology. Medical and Technical Publishing, Lancaster.
Grundlegende Betrachtung – Kreisläufe der wichtigen Elemente, besonders von Schwefel-Umwandlungen.

[5] Ehrlich, H. L. (1971): Biogeochemistry of minor elements in soil. In Soil Biochemistry, Vol. 2, McLaren, A. D., und Skujins, J. (Eds). Marcel Dekker, New York.
Ein Überblick.

[6] Hutchinson, G. E. (1957): A Treatise on Limnology, Vol. 1. Wiley, New York.
Schwefel, Phosphor und Silicium in Seen.

[7] Kellogg, W. W., Cadle, R. D., Allen, E. R., Lazarus, A. L., und Martell, E. A. (1972): The sulfur cycle. Science 175, 587–596.
Allgemeiner Überblick.

[8] Martin, D. F. (1968): Marine Chemistry, Vol. 2, Marcel Dekker, New York.
Von besonderem Interesse für Silicium-Umwandlungen.

[9] Miller, J. D. A. (1971): Microbial Aspects of Metallurgy. Medical and Technical Publishing, Lancaster.
Eisen und Mangan, Korrosion.
[10] Wood, E. J. F. (1965): Marine Microbial Ecology. Chapman and Hall, London.
Besonders über Schwefel-Bakterien.
[11] Zajic, J. E. (1969): Microbial Biochemistry. Academic Press, New York und London.
Mikrobielle Einflüsse auf mineralische Ablagerungen.

Literatur zu Kapitel 6

[1] Alexander, M. (1971): Microbial Ecology. Wiley, New York und London.
Allgemeiner Text.
[2] Baker, K. F., und Cook, R. J. (1974): Biological Control of Plant Pathogens. Freeman, San Francisco.
Konkurrenz und Antagonismus zwischen pflanzenpathogenen Organismen und Saprophyten des Bodens.
[3] Bowen, G. D., und Rovira, A. D. (1976): Microbial colonization of plant roots. Annual Review of Phytopathology *14*, 121–144.
Überblick über die Rhizosphäre.
[3a] Brauns, A. (1968): Praktische Bodenbiologie. Fischer, Jena, S. 59–133.
Lebensbedingungen im Boden.
[4] Burges, A., und Raw, F. (Eds.) (1967): Soil Biology. Academic Press, London und New York.
Einschließlich Algen, Protozoen und Bodentieren.
[5] Dickinson, C. H., und Pugh, G. J. F. (Eds.) (1974): Biology of Plant Litter Decomposition, Vols. 1 und 2. Academic Press, London und New York.
Schließt die Mikrobiologie der Zersetzung ein.
[6] Gray, T. R. G., und Williams, S. T. (1971): Soil Micro-organisms. Oliver and Boyd, Edinburgh.
Allgemeiner Text.
[7] Harley, J. L. (1969): The Biology of Mycorrhiza. Leonard Hill, London.
Grundlegender Text über Mykorrhizen.
[8] Noland, L. E., und Gojdics, M. (1967): The ecology of free-living Protozoa. In Chen, T.-T., (Ed.): Research in Protozoology, Vol. 2. Pergamon Press, Oxford, S. 215–266.
Einschließlich eines Überblicks über im Boden lebende Protozoen.

[9] Parkinson, D., Gray, T. R. G., und Williams, S. T. (1971): Methods for Studying the Ecology of Soil Micro-organisms. IBP Handbook *19*. Blackwell, Oxford und Edinburgh, S. 116.
Enthält alle wichtigen Methoden.
[10] Round, F. E. (1977): Algal Ecology.
Einschließlich Boden-Algen.
[11] Sandon, H. (1927): The Composition and Distribution of the Protozoan Fauna of the Soil. Oliver and Boyd, Edinburgh und London.
Verständlicher Überblick über die Protozoen.
[12] Stotsky, G. (1974): Activity, ecology and population dynamics of micro-organisms in soil. In Laskin, A. I., und Lechevalier, H. (Eds.), Microbial Ecology. CRC Press, Cleveland, Ohio.
Behandelt besonders die Wirkungen der Oberflächen-Adsorption.
[13] Swift, M. J. (1976): Species diversity and the structure of microbial communities in terrestrial habitats. In Anderson, J. M., und Macfadyen, A. (Eds.), The Role of Terrestrial and Aquatic Organisms in Decomposition Processes. Blackwell, Oxford, London, Edinburgh und Melbourne, S. 185–222.
Ein guter Überblick über die Struktur von Gesellschaften und Sukzessionen.
[13a] Szegi, J. (Ed.) (1977): Soil Biology And Conservation Of The Biosphere. Akadémia Kiadó, Budapest.
[14] Walker, N. (Ed.) (1975): Soil Microbiology. Butterworths, London und Boston.
Gibt einen Überblick über ausgewählte Aspekte der Verteilung und Aktivitäten von Boden-Mikroorganismen.

Literatur zu Kapitel 7

[1] Anderson, J. M., und Macfadyen, A. (Eds.) (1976): The Role of Terrestrial and Aquatic Organisms in Decomposition Processes. 17th Symposium of the British Ecological Society. Blackwell Scientific Publications, Oxford.
Eine Sammlung von Übersichtsvorträgen.
[2] Colwell, R. R., und Morita, R. Y. (Eds.) (1974): Effect of the Ocean Environment on Microbial Activities. University Park Press, Baltimore, London und Tokio.
Überblicke und Original-Arbeiten.
[3] Hutchinson, G. E. (1957): A Treatise on Limnology. Vols. 1, 2 und und 3. Wiley, New York und London.
Ein verständlicher Text über die chemischen und physikalischen Faktoren und die Populationen, besonders das Algen-Plankton, in Seen.

[4] Jones, E. B. G. (Ed.) (1976): Recent Advances in Aquatic Mycology. Elek Science Publishers, London.
Der einzige weiterführende Text über Pilze im Wasser.
[5] Kinne, E. (Ed.) (1970): Marine Ecology. Vol. 1. Wiley Interscience, London, New York, Sydney und Toronto.
Die Einflüsse von Umweltfaktoren.
[6] Mitchell, R. (Ed.) (1972 u. 1978): Water Pollution Microbiology. Vol. 1 u. 2. Wiley, New York.
Überblick über viele Aspekte der Wasser-Verschmutzung.
[7] Noland, L. E., und Gojdics, M. (1967): Ecology of freeliving protozoa. In Chen, T. T. (Ed.), Research in Protozoology, Vol. 2. Pergamon Press, Oxford, S. 216–266.
Einer der sehr wenigen Überblicke über die Ökologie der Protozoen.
[8] Rheinheimer, G. (1971): Mikrobiologie der Gewässer. Fischer, Jena.
Stoffkreisläufe und Mikroorganismen unserer Gewässer.
[9] Riley, J. P., und Skirrow, G. (1975): Chemical Oceanography, Vol. 2. 2nd Edition. Academic Press, New York und London.
Besonders informativ für organische und anorganische Nährstoffe im Meer.
[9a] Round, F. E. (1975): Biologie der Algen. Thieme, Stuttgart, S. 72–155.
Ökologie der Süßwasseralgen und der marinen Algen.
[10] Round, F. E. (1977): Algal Ecology.
Verständlicher und sehr detaillierter Text.
[10a] Schwoerbel, J. (1977): Einführung in die Limnologie. Fischer, Stuttgart.
Grundbegriffe der Limnologie.
[10b] Tait, R. W. (1971): Meeresökologie. Thieme, Stuttgart, S. 18–203.
Abiotische, biotische Parameter, Produktion, Sukzession.
[10c] Uhlmann, D. (1975): Hydrobiologie. Fischer, Jena,
[11] Wetzel, R. G. (1975): Limnology. Saunders. Philadelphia, London und Toronto.
Von besonderem Interesse für Nährstoff-Kreisläufe.
[12] Whitton, B. A. (Ed.) (1975): River Ecology. Studies in Ecology, Vol. 2, Blackwell Scientific Publications, Oxford.
Übersichten, einschließlich Mikroorganismen.

Literatur zu Kapitel 8

[1] Dickinson, C. H., und Preece, T. F. (Eds.) (1976): Microbiology of Aerial Plant Surfaces. Academic Press, London, New York und San Francisco.
Überblicke und Original-Arbeiten.

[2] Gregory, P. H. (1973): The Microbiology of the Atmosphere. 2nd Edition. Leonhard Hill, Aylesbury, England.
Grundlegender Text über die Luft außerhalb von Gebäuden.

[3] Gregory, P. H., und Montieth, J. L. (Eds.) (1967): Airborne Microbes. 17th Symposium of the Society for General Microbiology. Cambridge University Press, Cambridge.
Überblicke mit weiteren wertvollen Informationen.

[4] Hers, J. F. P., und Winkler, K. C. (Eds.) (1973): Airborne Transmission and Airborne Infection. Oosthoek Publishing, Utrecht, Nederlands.
Besonders informativ für Fragen der Luft innerhalb von Gebäuden.

[5] Ingold, C. T. (1971): Fungal Spores, their Liberation and Dispersal. Clarendon Press, Oxford.
Allgemein gehaltener Text.

[6] Preece, T. F., und Dickinson, C. H. (Eds.) (1971): The Ecology of Leaf-Surface Micro-organisms. Academic Press, London und New York.
Überblicke und Original-Arbeiten.

[7] Ruinen, J. (1961): The phyllosphere. 1. An ecologically neglected milieu. Plant and Soil *15*, 81–109.
Der erste wichtige Überblick über das Thema.

[8] Skinner, F. A., und Carr, J. G. (Eds.) (1974): The Normal Microbial Flora of Man. Symposium Series No. 3, Society for Applied Bacteriology. Academic Press, London und New York.
Besonders interessant für medizinisch wichtige Organismen.

Sachregister

Verzeichnis der Mikroorganismen

Bei Fragen zur Produktsicherheit wenden Sie sich bitte an:
If you have any questions regarding product safety,
please contact:

Walter de Gruyter GmbH
Genthiner Straße 13
10785 Berlin
productsafety@degruyterbrill.com